持続可能な日本

土木哲学への道

吉原進 著

技報堂出版

まえがき

自然の中に人や社会を適応させる土木は、個別的で多様な状況に適《かな》うように知的な創造によって精力的な実践を重ねて普遍的な体系をつくってきた。新しい知的成果を得たり、困難な課題を克服するたびに、その既存体系に加え、次の新しい実践に備えた。この過程では、知的創造や理性的認識の他に、感性的・直観的認識や総合的判断に頼る必要があったに違いない。土木は本来的に哲学への要件や動機を内在していたのである。ところが、異常なほどの客観性への呪縛が自らをして哲学への扉を閉ざしてしまった。だから土木哲学という体系はまだない。公共性を課された土木の悲劇である。

工学系のほとんどの分野は実利的で実用的であることから、具体的で応用性が高く、合理的で普遍的であろうとして客観性や再現性や即効性を尊び、論理性や定量化を重視してきた。そして感性や個性を避けてきた。近代的土木工学が生まれてほぼ一〇〇年。この間、世の中のシステムや人々の考え方の変化に対応できるように、科学や技術の進歩に併せて土木の体系も変化してきた。

このようにできあがった知的体系をひもといて、新しい諸課題に対応し、役立つ土木を実践してきたはずなのに、このところ諸処にほころびができた。この主たる原因は、少ない予算で早く世の要請に応えるために土木を取り巻く自然や社会やその中に生活する人々の思いを、公共性のゆえに合理性や効率性という一つの物差しですっぱりと割り切ってきたところにある。多数の人々の心や多様な地域の個性を十把一絡《じゅっぱひとから》げにして、公正で平等なる幻想を理であるかと思ってきたから、市民意識に対応できなくなってほころびたのである。しかしこれを懺悔《ざんげ》するべきとは思わない。時代の中で最善を尽くし、豊かな社会つくりに貢献できたからである。

ただそのほころびを放置したままでは、「持続可能な日本」を支えられる土木にならない。繕い直さねばならない。しかし環境汚染や資源枯渇などもはや豊かな地球を前提とする状況ではなくなった。価値観の多様化など土木の実践の場が変わった。既存の体系だけでは限界があるのは事実である。

特に、閉ざされた自然環境にある日本の持続可能性を担保した国づくりが求められる。それには個を蔑《ないがし》ろにしないが、個に迎合もしない公共感に基づく社会適合性の高い土木と今日の環境問題を乗り切るための環境適応性の高い土木が必要となる。ここでは利の獲得のみではなく、相応の害の負担に耐える安全感の転換、多少の利便性の犠牲を見据えた土木が想定される。

このような新しい状況には新しい体系がいる。その拠《よりどころ》をどこに求めるべきか。単なる説得や説明では役不足である。土木が本来的に持っていた哲学である。総合的にして個別的な思索と検討から生まれる主張を明確にした土木であるなら、広く批判に応えられ、社会の合意形成に役立たないはずがない。

構成と内容の適否や、どこまで達成できたかなど心配はあるが、本書は土木が本来的に持つ哲学的な匂いを目に見える形にしたものである。これによって多方面からの批判を誘引し互いに切磋《せっさ》して、哲学的土木を模索し、土木の既存体系に加えようとする試みである。もとより万全の説得力を持つとは思わないが、あえて割り切って記述した。押し付ける気はないが、明確な主張を提示しなければ批判が起こりにくいと考えてのことである。

本書では土木を議論の核としながら、各論的な土木の説明をしていない。それは既存の体系が古いとか不要だという意味ではなく、膨大な体系を個人で説明することが不可能だからである。是非関係書を参照していただきたい。なお、写真は掲載可能数に限りがあるので、筆者の責任においてホームページ上で写真を公開することにした（http://www.oce.kagoshima-u.ac.jp/users/susumu/）。両者を併せて辿《たど》ることによって、土木の全体像に迫れないかとの願望を託している。もちろん撮影した数は多くないが、写真による土木通論への試みとも考えている。

また本書では、社会に起こる諸相を述べる必要が多々ある。かつて筆者が滞在した中国を通して日本を考え、「実感！中国―門外漢日語老師的」（東洋出版）を書いた。できるだけ重複する部分はそちらに譲ることにして、本文ではこれを「前著」と記した。併せて参照していただければ幸いである。

二〇〇〇年四月

吉原　進

目次

コラム

序章

一・一　土木

土木の由来

中国前漢時代の准南子《えなんじ》巻一三の氾論訓にある「聖人乃作、為之築土構木、以為室家、上棟下宇、以蔽風雨、以避寒暑、而百姓安之」の「築土構木」が、「土木」の由来を示す文書とされる。[1] 別の文献もあるらしいが、「土木」は材料と手法を表す築土構木を縮めた用語で、今で言う建築と土木を包括するものである。

＊技術の母胎は土木　氾論訓第一章の第一段で聖人の徳を簡単に述べ、第二段は湿地や穴蔵に住まった昔の人々の悲惨な暮し振りを書いている。その後に、聖人が「築土構木」によって、家を造り、それで風雨を遮り、民を安んじさせたことが書かれ、次に食料増産に触れている。その後の段に、昔は河や渓谷が往来を妨げていたが、舟運の施設を造って交易を盛んにしたことが書かれている。土木は人間生存の技術であった。

この氾論訓は、世間の古今の諸事について得失の理を論じ、道によって教化し、真理を悟らせるために書かれた文書である（楠山春樹著「准南子中」明治書院。新釈漢文体系55、六八七頁参照）。その冒頭に「築土構木」を書いていることは、人間生存の持続性を担保し利便性の改善を実現する土木は技術の母胎であること、その基幹技術の拠は道理にしかないことを暗示していると見ることができる。

准南子の時代は今から二千数百年も前のことであるが、近代的な工学がシビルエンジニアリングとして確立したのは、自然から資源やエネルギーを獲得し、活用するためで、これを技術として初めて体系化したのはやはり土木であった。土木は近代国家建設や産業革命推進の不可欠の技術であったのである。

以前、土木は実体を表していないし古くさいので、この呼称を変えようとの議論が盛んに行われた。百姓安之という精神を忘れなければ、用語が古くても問題とする必要はない。自然を活かし、かつ自然からの猛威を避け、利害の絡みがちな人間社会の中で、生活の安全や利便の向上を通して公共の福祉増進を担う土木はいかにあるべきか、いかに実践すべきかが問題とされるべきである。

倭《やまと》は国のまほろば《最も優れた場所》　たたなづく青垣
　山ごもれる　倭しうるはし　　古事記倭建命

ここから、自然に恵まれた自分の住む倭なる地域への誇りや政治や経済の安定を誇る気持ちが読み取れる。

今《こ》の代《よ》にし楽しくあらば来む生には
　虫に鳥にも吾はなりなむ
　　大伴旅人（万葉集巻三・三四八）

ここには「死」を用いていないが、死に直面した絶望感がある。人々から幸福を奪う過酷な自然への恨みである。これは「酒」への讃歌であるとのこと[2]だが、むしろ捨て鉢な心情には自然観が吐露されているとするのが素直な読み方であろう。

願はくは花のしたにて春死なむ
　そのきさらぎの望月《もちづき》のころ
　　西行法師（山河集上春）

「死」を用いているが、ここに危機感は全くない。むしろ多様な自然の中の一局面に過ぎない穏やかさや豊かさへの一体感や憧れが感じ取れる。作者は願いどおり望月に没した（釈尊入滅は二月一五日で、西行はその翌日）。

世の中は何かつねなる飛鳥川《あすかがわ》
　きのふの淵ぞ今日の瀬になる
　　詠人知ず（古今集一八雑下九三七）

これは豊かさと破滅をもたらす川に託した処世訓で、激変する無常な自然への対峙の心構えを示している。

日本人の自然の捉え方は多様で、今昔物語など多くの文献に残されている[3]。先の歌の作者が生存していた頃、人間は自然に対して絶望したり、物質的豊かさや精神的安らぎをもたらす自然を誇ったり、また災いの少ないことを念じ、常に備えていたに違いない。まさに自然との共生の日々であった。自然をはじめ物事を一局面で捉えない総合性は、「無常感」、「あわれ」、「抽象性」など日本文化の本流である。これが日本人の自然観である。そして絶望を誇りに変え、あるいはせめて妥協しようと、知恵と工夫で収まりの場を作り出してきたのである。この妥協を社会状況・技術水準に応じて具体化したものが

「土木」である。これは現代も変わらない。先に示したどの歌も土木そのものを直接掲げていないが、土木による国づくり（の成果）、過酷な自然からの災いを小さくする期待が裏に込められていると解釈できる。

＊今昔物語と土木　一二世紀初頭の今昔物語で取り上げられている香川にある満濃池は、作者が言うように今見ても実に壮大である。当然今あるものが昔からあったわけではなく、時代を継いで拡張されてきた。いまはこの池全体がきわめて自然なまことに好ましい風景となっている。この光景を賞讃する人は、この池はどれだけの田畑を犠牲にした自然改変によって造られたのかを考えるだろうか（異常に巨大な余水吐きが人為を主張している）。食を産する田畑をあえて犠牲にしてまでこの規模の貯水池を造らなければ、食を満たせなかった現実を直視しなければならない。今は技術が進歩したから、この必要はないと断言できるだろうか。

今昔物語はこのあとが本領発揮で筆が踊り始める。「○の○といふ人、・・『あはれ満濃の池には・・三尺の鯉などもあらむ』など語りけるを、守傳へ聞きて・・魚を取らばやと思ふに、池遙かに深ければ・・能はず」、しかし諦められず「池の堤に大きな穴を通して・・水走り出づるに随ひて、その穴より多くの魚ども・・取りてけり」。そしてその後、穴を塞ごうとしたが水の勢い強く、「池には樋《ひ》（水門）といふ物を立てて、打樋《うちひ》（長い管）を構へて水を出せばこそ池は持つことにてはあるに・・」、その面倒を省いて堤に直に穴を開けたために、「その穴もととして、堤突き頽されにけり。されば・・その國の人の家ども田畠など、みな損じにけり。・・今はその池跡形もなくてぞありける。・・」と、大惨事を引き起こした国司の罪を追求したあと、「されば、人のあながちの欲心は止むべきなりかし。また國の人どもも、今に至るまでその守をぞにくみ謗るなる。その池の堤などの形は、未だ失せであるなりとなむ、語り傳へたるとや」と物語の主たるテーマ（因果応報）の例としたものであろう。「千丈の堤も蟻穴より崩る」と韓非子にいう蟻穴の教訓を活かしていない。ごくわずかな手ぬかりから取り返しのつかぬ大事に至ることは今日でもそのまま当てはまることである。口では環境保護を唱えながら利の獲得しか考えない現代人を強欲な国司にだぶらせるのは、的外れであろうか。

なお、今昔物語には土工、運搬など施工に関する記載はないが、当時すでに相当高度な制水技術を持っていたこと、またその役割が広く知られていたことを伺い知ることができる。[4] この物語を土木に照射しながら読むことの意義は大きい。

浪漫派の文芸評論家保田與重郎はその代表作「日本の橋」で、「あの茫漠として侘びしく悲しい日本のどこにもある橋は、やはり人の世のおもひやりや涙もろさを芸術よりさきに表現した日本の文芸芸能と同じ心の抒情であった。」と、日本伝統文化のあえかな美と対比することを通して、橋のような人工物さえ「その極致に於いては自然を救うために構想せられた」と言い、また「さういふところにある優雅にして深遠な哲学を今日の人は考へねばならない」と土木のあり方を六〇年も前に指摘していた。[5] 彼の言う今日からすでに自然も社会も激変してしまっていても、日本の自然は自らがあり方を変えようとしたのではない。したがって根源的な土木のあり方が変わるものではない。ただ、自然への畏敬の念がなくなる一方の今日の混沌たる社会や来るべき社会では、土木が持つべき抒情は「深遠なる哲学」に加えて、環境適応性の高い人為をいかに実践するかに掛かっていることを自覚することが保田の課題への応えになろう。土木の意義は、自然と人間の間に調和を求めて彼岸へ橋を架けることにあるのだからである。

土木工学を英訳する時は、土とか木とかは使わないで、目的を前面に出したCivil Engineering（シビル・エンジニアリング）を用いる。近世以降、安定した市民生活のための技術と言う意味で使われた用語である。

土木は、百姓《ひゃくせい》（貴族、平民などすべての社会的階級の人の意味）といい市民というものの、農村に住む人、街に住む人に限定することなく、その国で生活し、活動するすべての人を対象とした技術やその成果を表す用語である。先に土木は建築と土木を包括するとしたが、さらに食料増産にかかる農業土木や街並み形成や庭園造営など造景にかかる景観土木でもある。さらに簡潔にとりまとめれば、土木とは「自然の中で生きる人間を前提として、人間と自然を円満に取り結び、幸せな生活を実現する福祉活動、生活の安定を追求する経済活動、生活の安定を実現する技術活動」と捉えられる。

土木の要件

今から四〇年ほど前、筑後川上流に計画された松原ダム、下筌ダムに対して、「理にかない、情にかない、法にかなう公共事業」の実現を求め、「法には法。暴には暴」と徹底的にダム建設に抵抗した室原知幸なる人がいた[6]。後でまた触れるが、彼の信念には、自然と人間の間に収まりどころを見つけ、実践しなければならない土木の要件は、起業者だけの理屈や論理だけではないとの思いがあったに違いない。彼が掲げた要件を参考にして、土木の要件をとりまとめる。

①　自然の正しい「理解」、計画の「論理性」、「理論」にあう技術（調査・設計・施工）などは、安全で役立つ土木にとって不可欠の要件である。膨大な知識体系が、この前提にあることは言うまでもない。

②　土木はその事業完成までに、また完成後に直接、間接に、利益を受ける人、また影響を受ける人が多く、それらの人の「感情」や「感性」を尊重した正義ある計画や施工が求められる。

③　多様な価値観のある社会で、利害を調整しながら土木を進める最後の拠は「法」である。しかし法は万能ではなく、法の根底に社会正義に関して共通認識がなければ、うまく機能できない。

なお、土地収用を一律に「暴」と見ると近代社会を否定することになるが、当然その乱用は許されない。法に則《のっと》った適切な段取りと収用される土地地主の痛みに配慮した正義ある事後処理が不可欠である。室原の言う暴は、ごり押し推進を言ったのであろう。しかし災害対策としての土木では、緊急性が何より求められることがある。そのための用地取得も同じである。ただその際は、手続きにおいて瑕疵《かし》があってはならないし、将来計画と齟齬《そご》があってもならない。何よりそのために犠牲になる者への対応において、社会的な正義を忘れてはならない（災害が起こってから対策を練ってもこうはならない。災害を前提とした国づくりを考えていれば可能である）。

現在は民意が社会の意志であることを前提に、事業推進の可否を住民投票に付すことが多くなった。例えば室原問題では、水没する上、事業から恩恵を直接受けないと思われる上流住民の投票では全員が否定するであろうし、洪水調節としてのダムによって多大の恵みを受けると予想される下流住民の投票に付せば大多数が賛成するであろう。行政区画を越えて異なる投票結果となった時、社会意志はどこにあると見るべきか。地方の行政区割が流域単位であれば、水問題など上下流で利害の対立する問題の調整は少しは決まりが着きやすい。

＊土木と土地　土地私有を禁じた社会主義国中国で土木事業に際して土地収用が問題になるとは思ってもみなかった。しかし滞在してみると土地収用のこじれで事業が途中で放棄された例や、三〇年も前に計画されたダムがいまだに着工できない例などを見聞きした。一〇〇万人以上の移住が必要で、環境への影響が大きすぎると、中国内外で賛否渦巻いた三峡ダムを推進したことからはとても考えられない。

身近な例をあげる。道路新設の工事が始まってから、近隣住民が夜間に植樹して工事を妨害し始め、除去しても懲りずにまた植えると、執拗な繰り返しがあったためについに行政当局が工事を断念した。工事半ばの跨線橋が無惨な姿を晒したままで、車が増えたのに、細く曲がりくねった、がたがたの古い道が長い間使われていた。中国滞在を終えて五年経過してやっと当該道路の工事が再開されたと聞いた。

土地への私権が大変強く保護されていて、その上地価の大変高い日本では、例えば河川改修、都市再開発など災害対策としての土木にとって、理想的な姿を実現するのが容易ではない。関東大震災からの復興事業では、「激しく土地収用に反対した市民も都市を災害からまもらねばならないという意識をいだき、政府の提示した安い価格で自己所有の土地を提供した」ために、道路拡幅、新道路創設、公園新設が多数に及んだ。これには「江戸時代に防火のため火除原と称された広場や広い道路（広小路）が造られていたのに、それが無駄な場所と考えられいつの間にか民家で埋められ・・防火思想が江戸時代より後退している」と紹介された震災予防調査会委員の見解の効果もあろう。[7] しかしなにより悲惨極まりない災害を防がねばならない、過密の都市では公によらねば個がまもれないとする私権意識の変化によるものである。

この他に、

④　事業効果の評価が必要である。公共の便益や安全の増進を通して社会福祉を実践する土木では、何をもって効果を計るかが難しい。単純な費用効果比を唯一の指標にすることは問題である。土木の経済波及効果は大きいが、すべての土木に共通する特性ではない。景気対策の土木は別として、通常の土木における安全対策や環境対策は単純に経済性で捉えるべきではない。

⑤　利害対立の調整。人々の人生観や仕事、生活環境は多様である。それぞれに常によりよい環境を求めることから、用水の争奪、治水と利水の葛藤、利便性と工事に

ソウル地下鉄銘板．土木に歴史の罪人とは激しい．しかし土木では当然である．

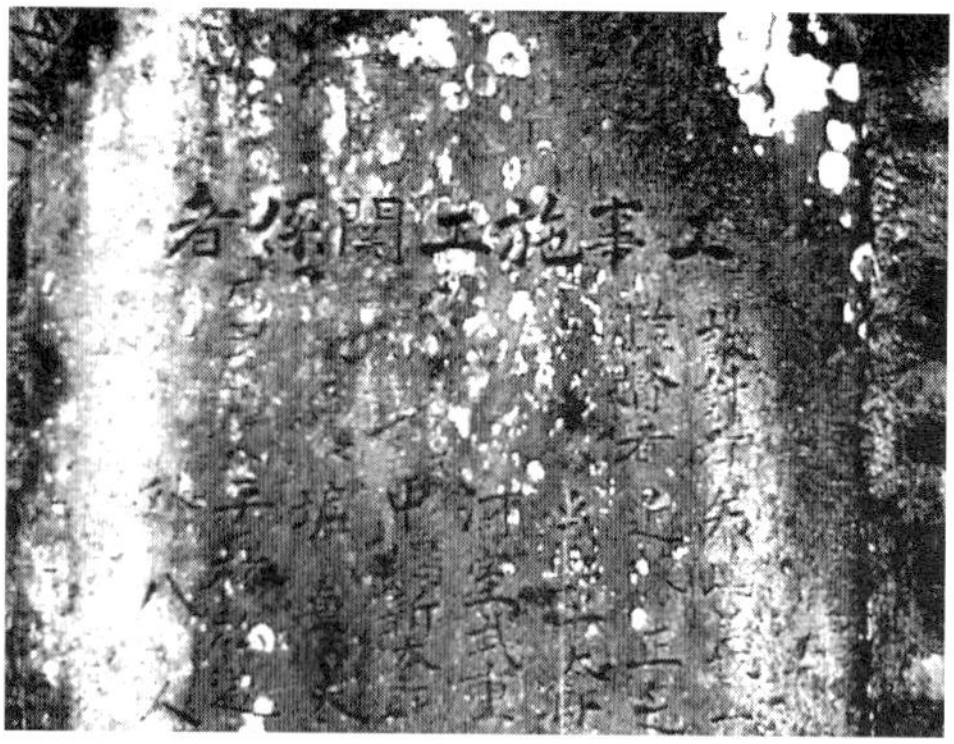

明正井路の施工者名．施工の質は明文化できない．質は誇りから．誇れるものが人に感動．

関東大震災犠牲者鎮魂碑．江戸時代の大火を忘れ，過密になって起こった悲劇の犠牲者を悼む．

地方篤志家の顕彰碑．過疎で公金が出ず，篤志家が私財で道を拓いた．忘れてはならない．

屋久島．道は生態系を切る．高架かトンネルならここまで無残にならない．

スイス・アルプスの斜面崩壊．山は崩れる．自然克服型でも不可侵自然には降参．人為的自然の極意．

伴い、また供用開始に伴い生ずる不快感など、関係多方面で土木事業を挟んで利害の対立が起こる。居住地や資源の争奪、資源開発と環境汚染などの利害対立は国際紛争となって現れることもある。土木事業は、人間の生存と利便と安全とに関わり、それら自体が相互に矛盾を含むためになおさら利害が衝突する。

利害調整の際の決め手はない。あっても普遍性がない。ある一つの地域共同体の中に限っても難しいのに、行政区域を越えるとおよそ客観的な決め手はない。日本には国際河川がなく、地理的差異や民族感情を越えた戦いや協調の経験がないところに、意識の平等が入り込んで一層混乱するばかりである。

土木の起業者

① 将、為政者。　中国では聖人がなした。秦始皇帝（流域変更、道路）や隋の煬帝（大運河）が有名である。日本でも将門、信玄、信長、秀吉、家康、清正など枚挙にいとまはない。ローマ帝国の祖たるユリウス・カエサルも有名である。

土木の仕事は大規模工事が多く、権力ある者しかなし得なかった面もあろうし、また土木やそれがもたらす恩恵によって人心を惹き付け、これが権力掌握に繋がったと考えることもできる。

② 僧。　辞書によれば、Pontifex, Pontiffは「古代ローマの最高僧、ユダヤの司祭長、カトリックのローマ教皇」とあり、the Pontifex Maximus＝ポンティフェクスマクシムスは「ローマ皇帝、大神祇官（最高僧院長、大教皇）」とある。[8] ところが Pon や Pont, Ponti （ポン、ポント、ポンティ）は橋を意味し、例えばパリのポンヌフ＝新橋（今やパリ市内のセーヌ川に架かる一番古い橋）、fecは造ることを意味し、maximus は maximum すなわち最高の（人）である。ローマが華やかな頃あるいはそれ以前から橋造りは困難な仕事で、最高権力者しか当たれなかったことから、最上位の聖職者の呼称として用いられたものであろうか。

危険など現世の苦しみからの解放は、来世の救済以上に、現実に御利益をもたらすものであった。間違いなく衆生の救済の道であった。ヨーロッパだけではなく、中国や韓国でも、日本でも行基や弘法大師など、僧による土木の事例は多い。

③ 民、農民。　資金や労力を持ち寄ってなした土木は多い。[9] また地方篤志家のボランティアによる土木も多い。中世ヨーロッパでは架橋資金の拠出は免罪符になったと言うし、日本では勧進橋も残っている。

④ 現在の日本では、建設省・運輸省・農水省はもちろん、通産省・環境庁から文化庁・外務省までほとんどの中央官庁や地方自治体が土木に関係する公共事業の起業者となっている。その他特定事業ごとに法律に基づいて

設立された日本道路公団などの特殊法人や電気・ガス・鉄道輸送などの公益事業を担当する民間会社とか、地方公共団体と民間が設立した第三セクターもある。

土木の目的

先に、土木とは、自然の中で生きる人間を前提として、人間と自然を円満に取り結ぶ福祉・経済・技術としたが、言い換えると、空気、水、大地からなる地球上表面近くにおいて、自然からの外力を軽減することによって、人間の生活や活動を安全、便利、快適にする行いとなる。

これまでの土木は社会の発展を支え、安定した生活を送るために、自然の効率的利用と自然環境からの外力を小さくすることにのみ熱中してきた。しかし最近では資源の枯渇や廃棄物の蔓延が現実問題となってきて、より永く人類の活動を支えられる状況を保つため、自然への負荷を減少させようとする気運が高まってきた。これからは環境負荷の小さい土木、環境適応性の高い土木が必要である。以下、土木の目的を少し具体的に述べる。

① 自然の猛威による破壊や凶暴な動物、外敵から生命と財産をまもる（危険削減）。

日本は災害多発国であり、居住可能な平地が少ないにもかかわらず人口が多い。これは豊富な食料が確保できる恵まれた自然であることを意味している。災害を受けないような対策（防災対策）の他に不幸にして被災した際にいち早く復旧（災害復旧）することも重要である。

なお、災害救助は警察、消防、自衛隊などが任務とするが、土木にも重大な役割がある。災害復旧は業務で行われるが、災害救助は作業の迅速性や重機の手配などボランティアで取り組まれる。また、各種災害常襲国の日本では、救助活動に際し特定の人だけではなく地区代表を被災地に派遣して、救助実務に精通しておく必要がある。防災対策としての施設は施設の複合化が望ましい。

国の安全保障の点では、災害に備えるばかりではなく、侵略の企てからの防衛・自衛も必要となる。侵略、防衛いずれにしても、かつては戦闘上、土木の果たす役割は大きかったし、多くの地にはその痕跡・遺跡が残されている。現在、日本の通常の教育機関では、直接戦闘を対象にした土木は取り扱ってはいない。

＊土木と戦闘　今日では土木は civil engineering（民生技術）といって、military engineering（軍事技術）と区別されるが、本来、土木の範疇は広く、この区別はなかった。すべての道がローマに通じると言われた攻撃の発進基地の建設や進軍の道路の建設もあったし、領土的野心を持って攻め来る外来勢力の侵入を防ぎ、撃退するための城壁や城郭などの施設を整備することもあった。中国やヨーロッパでは戦闘など軍事技術が土木の主要任務であった時期もある。なお、防衛・攻撃のための爆破技術（構造物解体、岩盤爆破工事）、上陸作戦（波の発生、変形の予測）、滑走路舗装（地盤の締め固め、道路などの路面舗装）や応急構造物の施工など、軍事土木が民生土木に生きている部分は多い。

中国やヨーロッパでは、街が城壁で囲われていることがある。

「国破れて山河あり、城春にして草木深し」の城は日本の城と違って街のことである。街を取り囲む城壁や橋頭堡はそれ自体が攻撃能力を持たない自衛施設である。見通しの利かない道路の行き違いや橋の配置なども戦闘対策であった。延焼防止のために家屋を強制撤去して広幅道路とするのも間接的な戦闘対策である。

② 人々の日々の生活や生産活動を豊かに、便利で快適にする(国土開発)。

開発の意義は広く深い。国土開発は主として資源の獲得や立地の改変を意味する。資源の関係では食料生産のための田畑、用水、収穫・搬出・輸送に関わる建設事業が、エネルギーの関係では電力・ガスに関わる原材料の受け入れ施設や変換などの施設、送電等の移送施設の建設事業がある。地域開発や地域振興のためには、土地造成・港湾・空港・鉄道・道路・運河の建設・維持のための事業があり、都市問題解決のための都市再開発がある。

なお国土保全は利用を前提とした自然管理であって、国土保全には危険削減を含むが、これまでは生活の豊かさ志向との関連でしか捉えず、環境保護の観点は少なかった。土木の由来は風雨を凌ぐことにあったが、今日の土木はこれを越えて災害から人命・財産をまもるばかりではなく、環境保全も重要な役割である。

③ 人々の健康維持のための生活環境を改善する(衛生環境改善)。

人間にとって有毒・有害な細菌などによる疫病の発生・蔓延を防ぐための下水道など衛生環境の創出がある。上水道は生活利便にも役立つ。

人間の行為による有毒物質や不快物質、騒音・振動・日照・色などの不快状態の発生による環境悪化を阻止する。生活や産業活動から排出される廃棄物の後始末のためのゴミ焼却場や廃棄物処理場の建設がある。単純な投棄や消却や埋め立てでは、廃棄物に含まれる毒性が完全に分解されず、拡散・希釈・蓄積されるだけで本質的な解決にならない。廃棄物から資源やエネルギーを取り出す完全なリサイクルシステムが求められる。仁徳天皇が、

高き屋にのぼりてみれば煙立つ
民のかまどはにぎはひにけり　(古今集・賀)

と喜んだ煙は社会活力の象徴であった。生活からの廃棄物も量が少なく、それ自体が分解され循環可能であって、人畜に害を与えることがなかった。しかし生活の快適、利便のために自然界にない物質を合成し、大量に消費する現在は事情が全く異なる。普通、毒と言えば人畜へ直接害を与えるものであるが、人為毒の影響が現れる緩急に幅があり、影響を受ける部位や連鎖に差があり、新物質への知見が少なかったり、有害無害の限界が簡単に定まらない。自然界にある有害物との相互影響もある。

環境維持のために土木の果たすべき役割は大きい。しかし、土木自身が廃棄物を包含している上に、大なり小なり自然に影響を与える点が他分野と異なっている。

＊火があって煙は立つ　仁徳天皇は「・・又秦人を役ちて茨田堤及茨田三宅を作り、又丸邇池、依網池を作り、又難波の堀江を掘りて海に通わし・・墨江の津を定めたまひき」後、高山から四方を見て「國の中に烟發たず。國皆貧窮し。今より三年に至るまで、悉に人民の課、役を除せ」と言って、宮殿の雨漏りを器で受けて過ごした。そうしているうちに「國に烟満てり・・」とある[10]。土木に関わる人間にとって示唆多い話である。

国民が疲弊している時、食料増産のための水作りに土地造り、交易のための港造りなどの公共事業に加えて、長期間にわたる超大型減税の継続。思い切った景気対策で活力が戻る。火のないところに煙は立たないのである。しかし、活力の象徴である竈《かまど》の煙も、増えすぎると喜んでばかりもいられない。今日では景気が十分に回復していないのに、空には煙が満ちている実態である。二〇〇〇年近くも経つのだから、火の勢いがあっても、煙を減らし、社会の活力を維持できる土木が求められる。

④　景気対策、地域振興としての土木。

減税、消費拡大、公共事業は従来からの景気対策の主役であるが、最近は多少減税しても消費は増えない。規制緩和も即効性はない。公共事業は規模が大きく、裾野が広い。土木の雇用力は、熟練者の他に非熟練者にも及び、これが季節労働力を吸収する。安定した断続雇用が農村の所得増に果たした役割は大きい。その上、建設産業従事者が六〇〇万人を超えているから、公共事業がその即効性、波及性、雇用力吸収効果によって直接に広く資金を撒き、関連産業が資金を循環させる。そしてできた土木が新たな価値を生み出す。まさに一石二鳥であった。地域振興にも絶大の功績があった。土木の功績と言うより、土木は地域の活性にとって不可欠の社会基盤造りの核であった。こんなわけで、地域振興・離島振興や失業対策に土木の出番が多くあった。しかし頼りすぎたきらいはある。特にどの地方も小東京を目指し、基準が地方性を損ねた。

最近は土木のこの神通力が薄らいできたから、もう土木は不要と言われる。その裏には順位の選定や業者の選定に、不明朗な事犯があったのは事実である。運用の仕方を誤ったに過ぎないのであって、土木の本性から来たものではない。

一・二　歴史認識

歴史認識

単に世代交代することを歴史とか、歴史を重ねると言わない。世代交代は生態の摂理に過ぎない。歴史はものの価値や創造やそれらの必然の推移や偶然の発生を時間座標と空間座標の上で評価することである。

この歴史を過去の一時点で停止して、あるいは今日までの流れだけで捉えるのではない。未来へ継ぐ視点が必要である。今日は明日から見れば過去であるというだけではない。今の私の存在は長くて一〇〇年で消滅するが、決して無に帰すわけではない。人間は先祖から受け継いだ遺伝子に私の何かを加えて子孫を介して未来永劫に伝えて行くと期待できる。当然、公による行為、まして土木的行為はその時々の国づくりであるから、多少の変化はあっても間違いなく明日に伝わる。

従来の歴史学と未来学を融合したような「今日の歴史観」がいる。これを実感し、実践するエネルギーの源は何か。今日の問題解決の道を探り、明日への責任の所在を明らかにし、明日への積み残し課題を広く世間に晒《さら》すことである。ところが日本人にとって歴史観には苦い過去が付きまとう。戦争問題では未来逃避、その他は過去への単純な憧れと二極に分かれ、今日が欠落して連続の観点がない。加害意識と被害意識の葛藤が遺伝子の継続まで絶ったかのようである。

韓国ソウルの地下鉄は、現在も建設が続けられているが、すでに多くの路線ができている。初期にできた三号線の駅舎に銘板があり、その社是は、「（地下鉄の）建設に際して誠実に行い、歴史の罪人とならない」と高らかに謳っている。土木において歴史の罪人とはなんと激しい言葉であることか。これは今日は未来に繋がるとの歴史認識からきている。そしてその銘板は起業者・発注者だけではなく、これに加えて設計者・施工者など工事関係者の名前を大きく表示して、責任の所在を明らかにしている。決意と責任の明示が関係者の誇りとなり、明日への確たる歴史認識への糧となるのである。この意味では犠牲者の鎮魂碑のみではなく、昔あったような工事担当者名を列記した記念碑を復活すべきである。

数年ほど前、ローマ法王ヨハネ・パウロII世はガリレオ・ガリレイに下されていた審判の不当性を認め、名誉回復の処置を取られた。四〇〇年近くも経って今さらの感はあるが、複雑な思いで聞いた。その後、ダーウィンの進化論を容認された。偉大な天才たちによる真理の発見ですら無きものとできたのは、絶対的な一神教の力であったが、その同じ神の下であえて遠い過去の過ちを置き去りにせず、むしろ明日への繋がりを重視して贖罪《しょくざい》された。その他に、これまでは聖地への巡礼と善行が免罪符交付の条件であったのを、「意味のない消費を削減する」ことが免罪の条件になると変更されたとのこと。これは人間にとって宗教が前提ではなく、生存が前提であるとの宣言である。ルネッサンスにおける神からの解放が帝国主義へと繋がる産業革命を起こす契機となった点において、自然保護派からキリスト教への評判が悪い[11]ことを意識されたとは思わない。環境危機を乗り切るに大胆な消費削減という最大の今日的課題解決の道を示さなければ人類はこれからの歴史が刻めない、すなわち持続可能性を担保できないとの強い危機感が感じられる。これは間違いなく明日へ繋ぐ今日の重要な歴史的課題である。観念的で、具体性を持たない環境倫理（本書では、後述するように環境原則という）よりはるかに倫理的である。

砂防ダム．ダム天端の摩耗を見れば土石流の破壊力がわかる．

シラス崖の浸食．水がなければ硬いシラス地山も，流水でここまで無残に抉られる．

出水《いずみ》の山腹崩壊．山腹崩壊は起こり得る．すべてを防ぐ絶対安全のダムを造るべきか．

人工斜面の植栽．切取斜面の緑化は，斜面保護と景観保全．生態を乱さぬ配慮はいる．

山腹を下る．高架方式で山沿いを走ると生態を切らない．地表の水脈を切らない．

山腹を上る．高架方式は切土，盛土の量が少ないので，流出土砂も少ない．

僭越《せんえつ》ながらキリスト教世界に光があると思った。

資本主義論理は、今日を無事過ごすことだけが主眼であって明日への展望を持たない。特に為替に典型的に出ていて、明日のことは全くわからない。明日の貨幣価値がわからない中で、責任ある明日への事業計画が描けるわけがない。明日の不確かな中でベンチャービジネスといっても、ますます賭狂い・一発狙いの研究開発や事業家ばかりを増やすことになりはしないかと心配になる。

資料主義

歴史事象の検証は、文書史料の他に遺物史料（建造物、用具器具、彫刻、絵画など）、伝承またはこれを記した二次資料（習俗、説話など）に委《ゆだ》ねられる。その他に技術資料（ものを完成させた技や精神）も重要である。技術資料の特異な点は、技術の成果が完成品として残されていても、完成させるための技術や技は消えてしまうことである。この技術や技は、記録し難いこともあって文書に残りにくい。だからせめて技術の成果は失うことがあってはならない。

古い土木が運良く、あるいは努力の末現存していても、製作に関わる図面や計画の根拠となった資料があるとは限らない。昔は現場での直接施工が主流であったり模型が使われることが多く、図面を使わないことが多かった。しかし現物がありさえすれば、時を重ねた集大成となっているから、詳細な関連資料が仮になくても、必要な際に再現できることもある。例えば、日本の建築技術は文字や数字を受け継ぐのではなく、手や体で創る心を受け継ぐとのこと[12]。いかにも昔気質であるが、ここにものつくりの本質がある。逆説的であるが、文字や数字には普遍性はあってもそれ自体には再現性はない。眼前の特異な一つに込められた技術の成果から、訓練を積んだ手や体がものつくりの必然の流れを通して汲み取り、再現の心とするのである。資料を超越した技術の普遍性である。鹿児島の甲突川五石橋の解体・復元に際しても、ほとんど当時の資料がないままに、旧石材を削らないとの制約の中、元通りに組み上げたのを見て実感した。

記念や顕彰のために碑文や文書が残されていることがある。この種の文書には誇張されている可能性があることを知っておかねばならない。権力に絡む関係者の微妙な葛藤や権威に絡む複雑な文化現象や多様な民衆の生活や心情は一筋に綴られるものとは限らない。人間はそんなに単純なものではない。

＊土木の伝承　伝承は不確かなものと限らないのに、客観的な検討材料にはならないとの説がある。土木に関わる伝承は、架橋、開削、洪水制御、用水確保など不可能なほど困難な仕事を成し遂げたことへの感謝など、それによってもたらされた具体的な現実と共に伝承されるのであるから、多少の誇張はあってもあながちに否定されるべきではない。

古事記に記載されている仁徳天皇の溜池造りや応神天皇による

裂田の溝や関門海峡の開削などは、規模を拡大しながら満濃池になり、各地の用水路になり、河道開削になったものである。人心掌握のための天地創造談や権力の争奪絡みの英雄譚ではなく、すべてが日常生活の安定・安全・利便に繋がり、すべてが現在に受け継がれている土木に関わる伝承が完全な創作のはずがない。役割を終えた神籠石《こうごいし》そのものは残っていても、これには伝承はない。

この意味で一般的伝承を過大に評価するのは慎むべきとしても、土木の伝承を完全に無視する態度も過ちである。

なお、セゴビィアの水道橋を連想させる花崗岩の丸味を帯びた切り石を積み上げて造った行橋市の神籠石巨壁は、中国の長城にも匹敵して、明らかに防衛の壁である。これだけの建造物が必要なほどの強大な侵攻勢力が存在したことを想像させる。また、洪水絡みの伝承も神話として各地に残されている。外来勢力や大洪水に襲われたようないわば敗北の記録は権威を尊ぶ側ではありのままに記録できない。この破綻を埋めるのは神しかなかったとは、邪推に過ぎようか。ともあれ、真実をそのまま記せない事情があって神懸かり的表現になったから神話と言われるのである。こう考えれば記紀のすべてが否定されるべきものではないし、神懸かりに隠された部分や記録されない部分は推測も許されよう。無秩序で混乱を極めた太古の自然の中で、人間がいかなる生き方をしてきたかを通して、自然観を考えることができるはずである。

非存在証明

存在証明は運があれば簡単である。難しいのは非存在証明、すなわち存在しなかったとか存在していない証明である。対象が人文であれ科学技術であれ、発見されないことが即、「非存在証明」にならないことに注意すべきである。きわめて難しいにもかかわらず、簡単に「存在の証明ができなかった」として、誤った推論を重ねることがあってはならない。論理的には存在証明ができるまでは非存在であるが、これは間違いである。ここに学術の難しさがある。存在が確認できなくても未発見に過ぎなかったり、消失していることがあるからである。

＊三角縁神獣鏡　これは日本の弥生から古墳時代への転換期における中国人と倭人の交流実態のみならず当時の社会や技術水準を語る小さいが貴重なものであるらしい。数多くの発掘品に共通要素と非共通要素があるところから、これが国産か中国産かをめぐって論争があるとのこと。国産説の有力な根拠は、三角縁神獣鏡はこれまでに中国から一枚も発見されていないところにあるそうである。[13]本件に対してどちらが正しいかを言う能力はない。しかし「非存在証明」というのはこんな簡単にできるものだろうか、まだ発見できていないだけではないかと疑問を感じている。

日本へのアーチ石橋の伝来ルートについては、中国説、欧州説、朝鮮説、琉球説など諸説ある。かつて欧州説と中国説の論争があった。[14]その論争は共通要素、非共通要素など数少ない存在証明や不確かな非存在証明を根拠として行われた。すなわち共通要素の存在から伝来の可能性を主張したり、簡単に非存在の証明ができたと連続性を否定している。このようなことから、この論争自体に疑問を持っている。なお、この種論争においてどちらもアーチの日本発生説を簡単に棄却していることに懸念を持っている。土木のように大きくて、土着性が強く、移動し難く、生活になくてはならないものでは、独自発生も十分にあり得るので、日本説を簡単に棄却するのは安易すぎよう。アーチは高等技術であるから日本での発生はあり得ないという思い込みがあったようである。

＊アーチの発祥　アーチ石橋の原初の姿と考えられる種々の擬似アーチが日本でも造られていた。持ち送りアーチは日本の古墳から発掘されているし、熊本には小さいが橋に使われている。もう一つ可能性ある形として、二枚の石版を合掌型に立て掛け、その上に路面を造れば、ある程度長い空間を跨ぐことができるし、橋下空間も確保できる（二辺アーチあるいは山形アーチと言えよう）。川幅が広くて二枚で届かないなら、水平の石版を挟めば（三辺アーチ）よいし、場合によっては五辺アーチにする必要があるかも知れない。ここまでくればその延長として曲線アーチに辿り着く。注目すべきは、中国にある五辺アーチ[15]は実見していないが、鹿児島には対称山型の二辺アーチ橋が、山口には非対称山形の二辺アーチ橋や対称な三辺アーチ橋が存在する（ついでに石造りの肘木橋がある）。また大分には外観からは桁橋としか見えないが、構造的にはリブ型の三辺アーチに相当する橋がある。架設年代が特定できないものもあるが、このようなことを考えるとアーチが日本で発生したことを簡単には否定できない。

将来にわたることは、存在証明も非存在証明も、もっと難しくなる。むしろ証明不可能な課題と言うべきである。生態調査において、事業着手の前提条件として、ある特定種の非存在が課せられた時、どの段階で調査を打ち切るかは、まことに難しい。絶滅危惧種と言わないまでも、希少種が対象なら、不可能な証明を課したというより、安易な証明を暗に求めたのと同然である。また、廃棄処理において、ある物質が生態的に悪影響を及ぼさないことを証明するのは至難のことである（新薬の副作用の有無の調査にも似たところがある）。また、同様な観点から環境影響調査において、影響はないとか軽微であるとか、逆に影響があるなど迂闊《うかつ》に影響の有無を論じてはならない。そのことを事業の推進や反対の論拠にすることには疑問を持っている。影響があるが、これにいかに対応するか、事業の必要性、危険性の説明・監視、想定外の異変が発生した時の対処法を明示し、広く開示することが必要である。また影響があった時には直ちに計画が修正できるように長時間かけて事業を推進する、いわばテスト事業、計画の修正を前提とした事業としての位置付けを明確にするのがよい。

歴史の客観性

学術とは、真理や原理を探究する行為であり、それによって得られた成果への判断や評価を通して論理的に体系化されたもの、あるいは体系化すること。工学や技術ではその体系が人間生活に役立つ実用性や再現性を持つことが要件となる。

主観とは、ある対象に対して行動し、体験し、考え、認識し、感動する主体である。ここから、普遍性のない独自の考え方を指す意味にも使われる。客観は本来、思索や認識などの精神作用が目標として向かう対象で、主観の作用から離れた存在である（この立場に立てば自然を無情的物質と見る自然観が可能となる）。第三者の立場、すなわち独自の考えを離れて普遍的立場で臨む対象を意味することから、普遍的考え方を指すことがある。一般に、主観の集合は無論のこと、その共通の重なりにさえ必ずしも客観性があるとか、真実があると言えない。一方、客観化されない主観に真理がないとも言えない。

歴史事象の本筋を求めて、事象の絡まりを実証的に解して結論を得ようとしても、存在証明はまだしも非存在証明の難しさから主観的な結論になりがちである。学説となるためには普通は同業権威者（査読者・校閲者・検定者）の評価を受けるが、彼らは単なる主観あるいはその集合である。分野によって異なろうが、査読者などの匿名性・権威性が反論や論争の機会を与えないで、学説か否かの判断を下す。その際、査読者らの主観ないしその集合からはみ出た部分があれば否定され、集合の一部になっている場合のみ採択される。学説や学術はこのように特定の匿名者の主観の枠内にあるかどうかの近視眼的評価から特異な主観や特定の主観を排除してでき上がり、均一化に向かう。その結果に客観性や普遍性はない。まして創造性が生まれるとは思われない。主観が葛藤し琢磨することから共通認識や客観が生まれるとすれば、むしろ査読者・学会権威などの主観と新たな価値を主張する主観をそのまま提示して、衝突する主観の評価を世間や同業他者の主観に委ねる方がよほど客観的であるし、意義が大きい。このような意図せざる学説の方が幅が広い。固定した焦点のない多様の中にこそ創造性があり、永遠性や普遍性が潜んでいるものである。

日本ではかつて歴史学が大きな誤りを犯したことを知っている。歴史的事象の評価において権威が、あるいは権威を動かして学説・学術を私して虚偽の物語を作りだし、それ以外を排除した。権力がそれを強制し、権力におもねる無批判な陰の取り巻き人が強制した。このような画一的学説や学術に客観性や普遍性があるわけがない。偏光ガラスを通った光はどれだけその光が強くなっても偏光でしかない。誰もが強い偏光を遮れなかったがために、悲惨な事態を招いたことを忘れてはならない。それはかつての悪魔のなせること、現在は善意のボランティアの判定であるからそんなことは起こり得ないと思うのは気楽すぎる。これまでに意図的にしろ無知からにしろ、善意のなした悪行がいかに多いか歴史が語っている。

特に歴史からは客観を装った主観や多様を認めない権威や他を論《あげつら》うだけの無責任を廃さなければならない。経済・政治・科学・技術など多くの分野では実証や検証ができるが、歴史だけは再現性の検証法を持たないからである。

古い技術の今日的意義

葛《かずら》橋、藁《わら》切れ入り土壁、梯子《はしご》胴木、アーチ石橋、（浮き）

舟橋、城石垣、流れ橋、潜り橋、霞提、河床の敷石、柴の束による堰、竹筋コンクリートなど旧い技術の結晶体が、現在もあちこちに残って使われている。「技術は進歩するから古い技術は今日では意味がない」とか逆に「古い技術はそれ自体に意義がある」と単純に決められる。特に土木のように学術の他に現実課題の解決を課されている分野では、それが本来的に持つ力学性やそれを完成させるに至った技に込められた創造性に思いを致すことのないままに、単純に懐古的な目でしか見ないことになる。このように古さのゆえに忌避したり、古さのゆえに尊ぶ態度は歴史を停止させ、生きている土木をさえ単なる展示物にしてしまう。

なぜ古い技術が今日も重要なのか。古いがゆえに重要なのではない。環境問題が深刻になってきた今日、古い技術は素晴らしい環境適応性を持っているから重要なのである。環境適応性とは自然との共生を実現する基本である。また、古い技術は実践の仕方は古くても、そこにある創造性は決して古くない。むしろ独創の芽があり、人間生存のための安全に対する基本認識がある。古い技術ゆえに新しい技術に劣るものではない。

現在は科学や技術が進歩したため、豊富な材料の特性が完全に把握され、外力の把握が進んだ。設計手法や施工管理手法も進んだ。こうして力には力で抵抗するのが主流になって巨大完璧型土木ばかりとなった。しかし高強度材を多用する巨大完璧型土木にこだわる限りは、材料の調整に莫大なエネルギーを消費し、大量の資材を得るために山を削って景観を大きく変え、寿命が尽きれば処理の面倒な大量のゴミに成り下がる。また起業者にも住民にも慢心を生む。これらが持続の道を絶つ。明日への持続の道は循環技術の開発や環境適応性の高い技術でしか繋げない。新しい技術ゆえに古い技術に勝るものではない。古い技術にも出番はある。

＊古い技術の重要性　藁入り土壁がファイバーコンクリートに、舟橋が浮体式橋梁に、葛橋が吊り橋や斜張橋に、梯子胴木がジオテキスタイルに近代技術で蘇《よみがえ》った。しかし小さな三角錐型の水切りの耐洗掘性能を十分に検討しないままに直柱ないし下細橋脚を採用したり、美しい城石垣の耐土圧機構を検討することなく陳腐な擁壁を多用している。

中国やヨーロッパや日本の文献[16]には幻のアーチとされている全円アーチを持つ橋が日本で三橋確認できた（京都市の円通橋：二スパン、堀川第一橋：一スパン、岡山笠岡市の菅原神社めがね橋：二スパン、不定形乱切り切石でアーチリングを構成するという特徴もある）。これら離散的な石積みの全円リングや城石垣や扇積み壁石の力学性状や施工法について検討を加えることは、コンクリートや鉄にこだわらない環境適応性の大きな新しい構造体の開発に貢献できよう。また柴の堰や流れ橋のように、まれな異常荷重に対して抵抗するより早期回復を目指す退避型構造形式も、今後のあり方を示している。

歴史は繰り返す

栄枯盛衰は歴史の必然とか、歴史は繰り返すとしばし

中島川のバイパス．バイパスは局部的には効果はあるが，広域で見れば疑問．

川内川の長崎堤．珍しい制水工．堤防も強くなる．解析できなくても解決できる技術．

吉野川第十堰．川への民意は全流域の民意．安定は理想だが，一局面．無常は無情．

美しい堰（高梁川）．千変万化する水の芸術．美しさに秘められた機能を理解したい．

錦帯橋付近の河床敷石．橋をまもるのに河床をまもる．この総合性なしに危機管理はない．

筑後川の背割り堤．水位が高くなると水没するこの細い堤が低水時の流水を制御する．

ば言われる。しかし歴史はなぜ繰り返すのか。この命題に答えるのは難しい。諸行の連続や転変は歴史事象の繰り返しとみることができる。仏教はこの諸行の無常を言い、輪廻転生を説き、これを前提にした生き方を教える。そして教義の絶対性や普遍性を言うが、なぜ諸行は無常なのか、なぜ転生するかを教えていない。

閉ざされた領域内で、誰もが「勝ち、得する」戦略に熱中しても、立地や資源に限界がある限り、分配は偏り、全員が常時勝てない。勝ち負けや損得は転変するのである。しかしかつては何とか勝ち組を続けたいと活動領域を増やすために技術や土木が働いてきたのであって、歴史の繰り返しは、地球の無限性の上にあったのである。

世の中のあらゆる存在や状態は時間的空間的に連綿と繋がる総合的な関係性の一局面におけるものにすぎず、栄枯といい、勝ち負けというは、単に一国、一地域、一家、一個人の一時点における現れである。また栄枯と言い、盛衰と言うは一つの認識であり、一つの評価にすぎない。一時、一場に限れば凹凸あるが、時間的、地域的な評価レンジを変えれば、平均化されて歴史の一方向性と見えることもある。地球の有限性があちこちで顕在化し始めたからには、これから先は負け組は淘汰されるばかりで復活はなくなり、歴史も繰り返さなくなる。

「持続可能な日本」であるためにはどうすべきか。まず、勝てないと諦め、栄枯は盛衰し、諸行は無常だとして時節の到来を待つのもよいだろう。あるいは、地球の有限性が見えてきたからには、主体的に考え、能動的に行動しようと戦略を練り、創意をこらすのもよい。かつての経験の活きない、規範や見本のない新しい時代を模索するのにどちらが望ましい態度かは言うまでもない。

一・三　感・知・理

先に土木の要件や目的を記したが、これを要約すると「土木は与えられた自然環境の中で、その時の財政事情や社会システムに立脚して、多くの人々の生活や諸活動の安全をまもり、利便を向上させるために、科学や力学を活用し、技術を駆使して行う実践」となる。

それなりの根拠となる科学や力学と経済性の他には必然や絶対を持たない中で、土木は社会の要請を多様な自然の中に適応させて、二つとして同じもののない実践をしなければならない。個別的な実践を通して種々の知識や認識、判断や技を経験として積み重ね、この経験を知識体系に組み込み次の実践への糧としてきた。土木が難しいのは、人々に安定した生活の場を提供し、自然の影響を避けるための行為が人々の間に利害の対立を生み、自然に影響を与えることである。

土木の種々の過程で客観的な知や理の役割が重要であ

るが、同時に、認識や判断、理想や願望など個々人の能力や行為を、所与の制約や条件に適合させるという難しい場面では主観的な感性の役割も重要になる。この感性が重要なのは視覚的側面において発揮されるだけではなく、総合的認識能力であり判断能力であるからである。

＊土木は経験工学　経験ほど貴重なものはないのに、「土木は経験工学」と言われるのを嫌った。経験と言われることが、丼勘定的金銭処理や大雑把な施工精度などの非知的行為、強引な我田引水に応ずる反理性的決定、強引な工事推進など反文化的行為に照射されたのである。そしてなんとか知性的で理性的な技術でありたいとの思いが、多様より均一、情より理、無駄・ゆとりより合理・効率、総合性より分析性へと傾斜した。結果的に土木は感性を蔑《ないがし》ろにし、人間性や主体性の喪失に繋がった。

それらの行為は、土木が経験工学だからではなく、単に貧しい時代ゆえにやむなく割り切ったところから出た行為にすぎない。技術や学術において、経験を避けていて進歩はない。

二〇世紀の科学や技術が感性よりも理性による機能性と経済性と効率性を追求したからこそ、豊かさをもたらすことができたのである。この物質的幸せには当然限界がある。しかし感性のもたらす豊かさは精神的幸せであって、おそらく限界はない。理知と感は、適宜に重視されねばならない。

知と理

辞書によると、人格とは「ある個体の認識的・感情的・意志的および身体的な諸特徴の体制化された総体」また「道徳的行為の主体としての個人。自律的意志を有し、自己決定的であるところの個人」と言う。人とか人格は、知性と理性と感性の相互作用によって醸成される個性と、判断し認識したことを実現する意志を持つ。また、文系人間とか感覚人間とか、実行力が強いとか協調的とか人によって感知理の持ち分比率に多少の差があり、これが個性となり意志となる。時に優しくなったり、厳しくなったりその比率が揺れるが、これは感情の揺れによる。

知は学習や経験によって知識を集積すること、理は物事に筋道を付けること。両者とも客観性が重視されるが、実際にはどちらも主観（感情）と離れてあり得ない。

知性とは、経験などにより得られた素材を整理・統一して、認識し判断の糧とする精神的作用または能力のこと。知的作用によって得られたものを知見という。客観的に、時には主観的に統一され、妥当性や正当性を持つとされる知見の集合を知識体系という。この知識体系への知的作用ないし知性の関わり方に二通りある。知の修得はすでに共有されている評価システムを遵守し、その枠内にある素材の正当性、妥当性を認識し判断する知的行為であり、ここでは批判的精神が求められる。これは過去の成果や他人の成果への受動的行為で、教育や学習において見られる。それに対して、知の創造は既定の評価システムの枠を超えて、新規な認識や判断基準を創ろうとする新たな探求性の強い知的行為で、ここでは批判力の他に創造力が求められ、客観より主観が重視される。

資源枯渇や廃棄増大による環境危機、頭打ちが見えてきた経済成長における資本主義の限界や価値観の多様化や選挙に見る民主主義の限界など、これまでにない新しい時代に相応《ふさわ》しい新たな価値体系や行動規範が必要になった。揚げ足取りやしがらみや思い込みなどを排した批判力と新たな知の創出という知的作用の必要性が高い。

理を「ことわり」と読む時は、自然界や社会に内在する存在のための必然や物事が移り変わる必然の筋道を意味する。道理、条理、理由を追求し、表現する力を理性という。単に理というは論理と同じく物事の筋道。理性は可能な限り感性の影響を除いて客観的な判断や思考によって筋道立てて認識し、帰結を導く能力。

土木に引きつけて言えば、自然や社会という複雑な状況の中で、個別的で多様な実践を行う上の判断の拠は知と理である。が、これだけでは合意の力にならないことが多くなった。

感性と直観

視・聴・臭・味・触の五感に感情を加えた感覚的把握による総合的認識能力を感性と言い、時にセンスと言う。単に、視覚的能力のみを言うのではない。

感性において直観（直感）や想像が重要な役割を果たす。理性や知性を能動的行為とすると感性はそれらへの受動的反応と考えられ、確実性や客観性において劣ると受け取られる（これまでの技術と感性の関係に現れている）。しかし全く逆に、知の探求や技の創出において感性が能動的な働きを果たす場面は多々ある。

土木の機能を評価し判断するには知や理の作用が重要である。しかし土木の持つ価値を社会や自然から課される制約との整合性や総合性において認識し評価するには、知・理のみならず感性による調和がいる。

直観（直感）は、勘とか予感との連想から認識因子として重視されないが、それは間違いである。本来、凝視することとか瞑想することを出自とする直観は、他人の認識や伝聞や推測ではなく、現実にある具体事象に対する自分の感知理の全能力を動員した直接的な認識や判断である。だから、直観は新規な知への獲得因子でもある。

既存知見に新知見を加え、理による筋道を立て、感性による調和を構想したとしても、社会意志の合意形成に至るとは限らない。社会意志に関わる個々人が、それぞれに主観によってバラバラな理想を描くからである。

想像と理想

想像は、現実に存在しないとか眼前に存在しないとかまだ経験していない対象への推量によって得られる心象で、必ずしも感覚的把握や思考的把握ではない。しかし、時には過去の体験の上に高度な精神作用を重ねて得られる理想への自分の強い意志と創意による実現の原動力になり得る。この点で想像は、物事の認識や判断にとって不可欠の能力であり、創造の原動力となる。

考え得る最も完全で崇高なものを理想と言うが、どちらかと言えば理念が絶対的であるのに対して、現実にある制約や課された条件を満たすという意味では本来理想は相対的である。にもかかわらず、不備や欠陥あるいは不満を捨て去り、煩わしい条件をことごとく完全に具備させた状態を理想と誤解される。自然と社会の中で新たな価値を創出する土木が一切の偏りのない、あらゆる面から見て欠陥のない、不確定要素のない完璧な理想を達成することは不可能である。ところが、現実には土木の受け手たる社会の個々人は、自分の利害と体験に基づき一方的な理想や時には現実味のない理想を描くので、簡単に一つに集約できるものではない。このような状況において、利害を超え、時には取引に似た総合的判断や決断をするには、知・理の上に立つ感性が非常に重要になる。

感・知・理を調和的に併せ持つ概念を一言で表すとすれば、「巧妙」である。これはごく普通の言葉であるが、功利主義の功利の現代版と考えてよい。用例としては、持続可能な日本を支え得るのは「巧妙な土木」である。

一・四　安全と危険

人間の生存を脅かす災害は数多い。天災とも言われる自然災害、高度システムの不調による技術災害に加えて、関係者の怠慢や不注意に起因する人為災害、危険の限界が明確ではない危惧災害および危険の存在が関知されないままに無知から起こる思いがけない災害（横災）となる。安全を脅かす状態を危険と言う。

現象としては安全と危険は表裏の関係にあるが、覚悟とか備え方としての判断や認識においては安全と危険は全く別物である。この意味では、安全を追求すれば危険がなくなるものではない。安全確保と危険削除は全く別次元の話である。

安全を前提にする

誰もが危険より安全を願う。その願いが高じると、安全を前提にした確信になる。例えば土木は巨大完璧型ばかりになった。安全の前提や確信は安心感を生むが、これが慢心を生み、油断から悲惨な事故を招くことになる。

危険に対する不安感を小さくしようとして安全を強調する。少し安全が続くと、安全であることが当然になる。これは安全過信・危険不感症を生む。すると大した危険でもない事故があると、大変な危険であるかのように不安感を増長させ、ついにはパニックに至る。これは安全神話と言う安全過敏症の典型的症状で、小さな危険さえ身の生存を否定するものと誤解することから発症する。主体的な安全確保がいつも視野にあればこんなことは起こらない。安全を強調しても危険性が小さくなるわけではないのに、当事者として覚悟しないし、具体的に備えないし、滅多なことでは避難をしないで、時には悲惨な事態を招く。

例えば、巨大で頑丈な砂防ダムや防潮堤ができれば安心できるが、これが安全の過信になり、同時に危険には不感症になって、避難行動に繋がらない。しかしこの一〇〇年少々の近代的気象観測記録は、各地で頻繁に更新される。自然現象にとっては、一〇〇年程度では必ずしも最大現象が発生するに十分な長さではないことを示している。それから得られる予測の正確さが十分でもない。この状況で安全を前提にして、危険と無縁になったと考えることの愚かさに気付かねばならない。

原子力委員会は、今後「絶対安全」なる用語を使わないと決めた。膨大な機器からなるシステムに一切の瑕疵がないわけがないのに、すべての人を非当事者にする絶対安全などの用語を用いることが間違いであった。日本人の放射能アレルギーを思えばなお、考えられる危険と然るべき対策を事前に広く開示しておく方がよほど重要である。絶対安全を前提にしていてはこれはできない。

土木にしろ原子力などの高度システムにしろ、安全の過大評価はありもしない安全を確信させ、危険意識を失わせ、備えることをしなくなる。安全管理体制を強化しようとしても、起こり得る危険を想定しない限り、まさかに備えた体制つくりも進まないし、いざという時に役立たない。だから土木でも高度システムでも、安全の限界や不確定要素（すなわち、危険の可能性）を開示しなければならないのである。

遺伝子操作、クローンや廃棄物などこれまでに経験のない人為がこのところ増えてきた。それらによる影響の非存在証明は簡単ではない。それを迂闊《うかつ》に信じるのは安全を前提にしたことになる。難病が完治するならと遺伝子操作に臓器移植と超自然人為に頼る。より美味なものがやすく大量に採れるならと非自然農業になる。信じられない事故による横死《おうし》は、安全を前提にするところに起こる。

安全が続くと慣れて、いつの間にか安全が前提となり、緊張感をなくし、危険感知能力が低下して人為災害が起こる。日常の安全からまれな異常を推し量るのは難しい。危機管理は危険感知能力がなくてはできない。予防は危険を予感することで、安全が前提では不可能である。

＊吉田兼好の備え　徒然草の第九二段に「初心の人、ふたつの矢を持つ事なかれ。後の矢を頼みて、はじめの矢に等閑の心あり。毎度ただ得失なく、この一矢に定べしと思へ」との弓の師の言葉を紹介している。二の矢があると思うことから生まれる懈怠《けたい》の心を戒めとしている。

人口に膾炙《かいしゃ》した親鸞上人の「あすありと思ふ心のあだ桜夜半に嵐は吹かぬものかは」と同じで、もう後がないとの考えが適度な緊張をもたらし失敗が避けられるとの教えである。

海岸保護工事．武骨なコンクリート塊だが，砂を捕捉し始めている．

防潮堤（大阪市）．川を遡る津波や高潮を遮る可動式の壁．

防潮堤（清水市）．海岸沿いの巨大な壁．普段は圧迫感．犠牲や我慢なしではまもれない．

蜂の巣城攻防．かつて新聞を賑わした蜂の巣城の攻防（管理事務所の掲示物を撮影）．

山頂が切り取られた．山頂にグラウンド？．セメント原石を採取しているらしい．

棚田．山の稲作は治水を意図しない．米作りが水作りになる（新日本写真協会会員宮崎茂氏提供）．

安全側の判断

安全でありたいとの思いが安全側の判断とか安全側の処置になる。危険を強調して万一の事態を避けようとするのであるが、期待に反して危険不感症を増やす。

気象予報において、安全側の判断として警報を出したとする。結果的に心配された事態が起こらなかった時、まことに幸いであったと喜んでおられるだろうか。災害発生の可能性に応じて使い分けられるはずであるのに、こんなことが続けば、警報はもちろん、注意報はなおさら危険の判断材料にならないし、行動規範にもならない。だから避難をしない。地下室の水没はあり得るのに、それまでに警報が出ても水没の事態にならなかったら、水没への危機意識が遠のく。不用意な安全側の判断がこのような悲惨な災害を招くことになる。

さらに、気象庁は、台風や熱帯低気圧の予報から「小型・・」とか「弱い・・」という表現を「防災上、市民の油断を招く恐れがある」として、止める方針を決めたと報じられた（平成一一年一二月）。これは同年八月、弱い熱帯低気圧による豪雨で神奈川県のキャンプ客が増水した川に流された悲惨な事故に対して、「予報に『弱い』の表現がなければキャンプ客も警戒し、事故は避けられたのではないか」との声に応えたものらしい。しかし、小さい危険に対して過大な危険を予報するのは、羊飼い少年と狼の逸話と同じ結果を招く。外れることを期待して予報を出すことになるこの方針は、「自然災害の予防・軽減、・・など公共の福祉の増進に寄与する」と規定する気象業務法に反するばかりか、気象庁が自ら気象観測や予報の意義や科学性を否定することになる。ここから生まれる不信感や油断の方がよほど恐ろしい。

高速道路で少し雨が降れば（少しの霧でも）走行速度が毎時五〇キロに規制される。しかしこの規制に従っている車両や取り締まりの場面を見たことがない。これは走行車に対する安全側の処置ではない。単なる責任逃れの処置で、速度規制の有効性を管理者自らが否定するものである。速度取り締まりそのものへの不信感を増やすことになる。ハイドロプレーンの発生限界など危険性を正しく伝えた上で、安全走行は運転者の責任であることを常に明確にすべきである。その上で、道路の瑕疵を少なくするのが管理者としての安全側の処置である。

重量制限のある橋に多少制限超過の車両が通っても、橋は落ちない。これもまた危険不感症を生む。安全の限界とか余裕の意義が認識されていないからである。

危険を前提にする

自然の中で安全な場を確保する土木が、危険を前提に計画を立てることはあり得ないと受け取られる。しかし完全な予測が困難な自然を相手にする土木が安全を確保するためには、起こり得る危険を常に想定しておかねばならない。かつて科学や技術がそれほど進歩していなかった頃の土木は、事前退避や早期避難と頻繁な防災活動を前提とした弱小連携型であった。これは日本の自然が過酷で悲惨な災禍をもたらせるというものの、それはきわまれにしか起こらないで、日常は穏やかで豊かな自然であることを知った上の巧妙な対応である。危険を前提として、復旧の覚悟の上に備える意識を持ち、なお災禍をもたらす異変の早期把握に神経を研いでいたのである。

＊二宮尊徳の備え　日本人の災害観を表すものとして、二宮翁夜話（五七話）がある。「三河国吉田の郷士に、高須和十郎と云う人あり。舞阪駅と荒井駅の間に湊を造らんとて企て、絵図面を持来て、成否を問ふ。翁曰、卿が説の如くなれば、顧慮する処なきが如くなれ共、大洋の事は測るべからず。往年の地震にて、象潟は変地して、景色を失ひ、大坂の天保山は、一夜にできたりと。皆近年の事なり。かかる大業は、実地に臨むと云え共、容易に正否を決す可からず。況や絵図面上に於てをや。斯くの如き大業を企るには、万一失敗ある時は、斯くせんと云、控堤の如き工夫あるか。又何様の異変にても、失敗なき工夫があり度物なり。然らざれば、卿が為に賛成する者、共に成仏する事、なしとも言ひ難かるべし。然る時は、山師の謗あらん。・・」[17]。人間生存を前提にしたり、安全を前提にした危機管理の愚かさを教えている。

危険を前提にして十分に備えて、事故や災害が起こった時は、人智を超越した不可抗力とみなせる。もし被災しなくても自然を知る者は、この場合安堵しても、決して危険不感症にはならない。

非存在証明は難しい。廃棄の環境への影響や薬害はあり得るが、限界を見極めるのが難しい。利の獲得だけではなく害の負担への覚悟や薬を多用しないで自力快復を待つ忍耐と、遅滞のない正しい情報開示が必要である。

危険を前提にした方が、安全な生活を送れそうである。しかし、いつも危険を前提にすればよいものでもない。飛行機は落ちるもの、船は沈むもの、新幹線はいつも一〇〇キロ走行をするものとしたら乗客はいなくなる。雨が降るたびに避難勧告を出しても従う者はいない。これらは科学や技術への不信でしかない。技術には信頼性が必要な由縁である。技術の信頼性を高めるのは、安全の限界を開示した上のまさかの備えと緊張である。

危険を前提にして初めて現実味のある本当の危機管理が構築できる。

安全率と危険率

土木の持つ抵抗能力とこれに働く外力の比を安全率と言い、1以上であれば安全と判断する。この場合、作用外力より抵抗能力が大きいから備えの必要に考えが及ばない。むしろ逆に抵抗能力が大きすぎれば、過大設計として非難の対象になる。仮に予測ミスや計算ミスがあった時は大惨事になる。また、抵抗能力にも作用外力にも不確定要素があり、解析は多くの仮定や前提の上で行われる。したがってこの安全率はきわめて脆い。

安全率の逆数は危険率と言えよう。これが1以上であれば危険と判断される。この場合、自然現象による作用外力を簡単に小さくできないので、抵抗能力の不足分を補い、備える意識が強くなる。危険意識を強く持ち、厳重に備えるのは危機管理の要諦である。また、予測ミスや計算ミスがあって危険性を過大に評価しても、安全を損なわない。

安全と危険の差

安全と危険は紙一重の差と思われる。しかし、安全は通常であり、日常的にある。危険は偶発であり、日常的にない。ある時は特別に強く意識しない限りない（すなわち、危険）を感知できないが、ない時にある（すなわち、安全）は構想しやすい。この感知と構想の有無が覚悟や備えの差になり、これが生と死を分ける差になって現れるのである。

一・五　主張と批判

土木の哲学

哲学とは「世界や人生の根本原理を理性的、感覚的に追求し、捉われない目で事物を広く深く、自身の問題として究極まで突き詰めて評価すること」となろう。すでにある知識体系の上に、ものごとの本質や価値について、理性的な思考を重ね、感性の作用によって得られる総合的理解や総合的認識を哲学と言うこともできる。端的に言い切れば、哲学はものやことの「価値評価の学」となる。価値には、真善美聖利など好感され期待される価値もあり、偽悪醜俗害など嫌われ忌避される価値もある。認識上の観念的価値もあり、日常的な実際的価値もある。有益無益、有害無害など、その価値の普遍性や絶対性を一概に決められないものもある。また、価格のように価値を計るものが物事の本質になることもある。

工学や農学などの技術は自然の能力を活用した「価値創造の学」である。しかし創造においてのみ意味があるものではなく、当然生み出した価値に対する評価が必要である。この技術哲学が問題にする価値は、市場経済の下では、価格や売れ行きや効率など即物的、利己的なものになりがちである。これまでの技術は、自然、創造、社会への一方向の流れの中で、科学のもたらす知的成果を拠に、価値を創造し、評価してきた。創造者の数が多く、評価者は受益者個人であるので、価値創造者の競争や誘導が本質を離れて効を奏することもある。だから、技術は即金性を高め、哲学性を失いがちになる。

ところが工学や技術の中にあって土木は多少異なった側面を持っている。自然に手を加えて価値創造を行い、その後において再び自然の中で価値を発揮し、評価され、不幸にして価値が損なわれることがある。価値創造の資金や価値評価する受益者は特定の個人に関わらない。この点で土木には普遍性が求められる。そして創造時の社会や自然に適うように価値を創造するのは当然として、別の時空でも価値が評価され、消滅する。土木の価値は自然、創造、社会が双方向であるべきである。

土木を取り巻く個別的で特殊な現実のうちから多様な事例を集め、比較や秩序立てなどの理性的認識を通して根本的なものや普遍性が目指される。この理性的認識の成果は自然や人間社会に対して構築された知識体系に新知見として加えられる。この過程において理性的認識の他に、自然観や人間観など感性的・直観的認識や、なにより総合的判断が必要とされる。土木は本来、しかも工学の分野では他のどの分野よりも、哲学への動機や要件を内在しているのである。

これまで土木は現実に追われた対症療法が多かったものの、経験を積み、それを活かして高度化、専門化、細分化、合理化、効率化を極め、膨大な体系を創ってきた。しかし公共的土木のゆえをもって個別や感性を排除してきたこともあって、それは閉ざされた体系であった。しかも公共事業であれ、公益事業であれどちらかと言えば土木は起業者が与えるものであった。これは乏しい財源の中、早く快適で安全な生活や活動の場を全国に造るために、すべての面で効率性と合理性を唯一の判断基準とせざるを得ないところからの帰結であった。このようにしてかつてない物質的豊かさを創出する上で、また災害を軽減する上で多大な貢献をしてきた土木である。ところが、総合認識と言うより独善となったこともあろうし、高度技術への依存はあっても自ら主張することや、世上広く批判を求めることを避けてきた面があったと言わざるをえない。そうこうする間にこれまで創り上げた知識体系や実践システムに基づき、同じ考え方で土木を造る状況ではなくなった。長い伝統のある土木のあり方について見直しが必要になった。そのためには、土木の本質を考え、哲学せねばならない状況になったのである。

土木の土俵たる自然環境観が限界近くなった資源や廃棄の点で転換を迫られる。これまでにないほど豊かになって価値観の多様化した社会を背景にして、たかりに近いほどの公依存性に加えて、極端な公不信感や我儘《わがまま》ばやりで、公意識の再構築が求められる。財政赤字を生みやすい社会システムや社会風潮もあって社会活力の源泉であるはずの土木は今や景気維持の具になり、財政危機の元凶とされ、しかも経済性がコスト、特に初期投資額のみで評価される事態になった。人間の尊厳に基づく適切な支援が福祉の原点であったものが、救済が目的になり、生産意欲を削ぐようになっている。生産性から離れた福祉は、破綻しやすく持続性がない。

＊土木の伝統と因襲　土木の体制が、伝統に安住するばかりで社会の変化に対応できる改革の努力をしていないとは言わない。産官学のいずれもが、折に触れ緩やかに、時には過激に改革を重ねてきた。しかし伝統あるところ必ず因習があり、陋習《ろうしゅう》がある。これが生まれる由縁は、永年の間に身に染みついた関係者の思い込みや固定観念など常識が自らの心を狭くするからである。明治維新の御誓文が言う「広ク会議ヲ興シ万機公論ニ決スヘシ」はこの事情を明らかにしている。激動の予感から、心を広くして総合認識と総合判断と広範な批判によって新時代に立ち向かう決意を誓ったのである。今、土木に同じ決意がいる。

貧しい時代を支えてきたこれまでの土木が良くも悪くも果たしてきたことを否定する気はない。豊かになって価値観が揺らぎ始めた中で実践するのに必要なのは、これまでの来し方も含めて土木の根源に立ち返り、深く考えることである。これからの土木のあり方は、社会や自然と言うきわめて難しい背景があるからこそ、論理の立った哲学や主張の上に構築されるべきである。単なる言い訳や対策としての説得の仕方を学ぶことではない。

以下、土木にかこつけて色々なことを書き綴る。広い裾野を持つ土木が総合性や整合性を持たなくては、日本の持続がないとの思いからである。目指すは唯一、持続可能な日本を支えうる土木のあるべき姿であり、それをいかにして実践するかである。

＊土木の哲学　本書では、多少はためらいながら先の文芸評論家保田與重郎や後でしばしば引用する哲学者竹内敏雄氏や宗教学者久保田展弘氏の言葉に励まされ、書名を土木哲学を前提にした「持続可能な日本」とした。もとより私は哲学者でも宗教学者でもない。土木にも精通していない。しかしもともと土木は哲学たる要件を備えていた。主観の切磋や葛藤から真の客観が生まれるとの信念からすれば、哲学的土木を志向した主観なり主張なりの提示がなければ、世上に葛藤が起こり得ない。しかし説得力ある議論が観念論に陥らずに構築できるかにためらいがあったのである。

石川文康著「そば打ちの哲学」（ちくま新書）を読んだ。哲学者の名調子に惹かれ、「うどん」党であったのに、「そば」も試そうと思った。彼はプロ級のそば打ちであるらしい。「そば」を食するまでのあらゆる実践の過程について、深い考察がわかりやすく個性的な文で記されていた。しかし、これを読んで誰もが「そば打ち」になれるか。その技や心をものにしない限り、それはない。味わい評価するだけである。それにしても彼の哲学には、「そば」への強い思い入れがあった。思い入れと言う主観が哲学になっていた。だからこそ、「そば」が輝いたのである。

思い入れなら彼に負けていないが、説得力の有無はわからない。

土木への批判

これまでの土木には功績があっても、同時に問題があることや苦情が多いのも承知している。

批判や批評とは欠点や欠陥を論《あげつら》うことではなく、真実や価値の正当性、妥当性、言い換えれば善悪、美醜や是非について幅広く検討して評価することである。英語辞書によると批評や評論を意味するcriticやcriticalは、酷評と言う意味も持つが、危機、重大、限界という意味を持っている。苦情やあら探しだけが批判ではない。

まいまいず井戸（東京）．地下水位が低ければ人間から水に近づく．螺旋で下りる．上るのは大変．

裂田溝（福岡・那賀川町）．記紀に記されている用水路．神懸かり的表現だから信憑性をなくす．

玉川上水．江戸市民を支えた水は，この人工水路で延々運ばれた．

セゴビィアの水道橋．命の水を得るためにここまで苦労する．必要を技術が適える．

満濃池（香川・満濃町）．海のような人造湖．広大な田畑を犠牲にした自然改造による自然順応．

セゴビィアの水道橋．幅 20 cmの水路造りを悪魔に委ね，死守するのをマリアに託す．

土木は、自然環境の中、あるいは歴史・風土ある多彩な場で住まい活動する種々の価値観を有する市民・住民を対象として、その時々の財政状況の下で、多様な価値に応えうる機能を満たすために、なにがしかの犠牲との妥協の下で実践されてきた。ところがこのような土木を取り巻く価値体系が前項で述べたように現在根底から見直しを迫られる状況に立ち至った。

土木には、力学以外の意志決定に関わるあらゆる要因において客観たること以外に絶対や必然がない。絶対や必然のないところに決定されるものには、あるいは客観たる由縁について、批判があって当然であり、むしろ不可欠である。土木は多方面からの批判に応え得る強さを持たなくてはならない。その強さをどこに求めるか。哲学に基づく意志と決意と責任に裏打ちされた確固として筋の立った主張を持つことにしかない。

最近、可算性とも弁明性とも誤解されそうなアカウンタビリティなる用語を用いて、説明責任（主体不明で、意味もわかりにくい）の向上が言われる。ここには、社会に波風を立てるのを避けたいとか、苦情や不満を和らげたいとする消極的な意識しかなく、土木が直面している危機的状況にある諸課題へ立ち向かう積極性や能動性や先を見通した戦略性がない。先進国の例や従来のやり方や習慣を持ち出してみても、説明材料にさえならない。単なる言い訳であって、必然でもなければ主張でもない。

先に、土木は技術であり、経済、福祉であると書いた。すなわち土木は政治である。政治は論理を超越することがあるが、いかなる政治的判断にも耐え得るように土木は主張を持っておくべきである。持続的発展を唱えながらなお景気回復のための施策を志向する矛盾さえ乗り越えねばならない政治は、時にはその場限りの判断になったり、有権者に押されて揺れることがある。だから土木は真の持続可能性を担保できる主張を明確にし、それを実現する手法の開発を疎かにしていてはならない。最終的には、政治すなわち国民の判断に委ねればよい。これが国を支える価値創造の学であり、価値評価の学としての土木の真価である。

一方、土木への批判と称するものに、日本の気象や立地など苛酷な自然条件やそこで培われてきた歴史や風土、土地への私権を尊重する社会的特性などを一切抜きにしたまま単純に欧米に規範を求める無定見、利の獲得ばかりで害の負担を考えない自然観、個人商店主のような損得勘定しかない経済観や民主社会に潜む欠陥に気付かない偏狭な感情からくる国家観、人間の尊厳を損ないまた生産性を考えない福祉待望論、選んだ側の責任を忘れた政治や公への不信感、自分のことしか考えない身勝手さからの地方切り捨て、地方蔑視の都会絶対観など人間の生存に根差した正当な批判と思われないものがある。欠陥探しはあっても社会的正義感が感じられない。

起業者にも批判者にも必要なことは、日本の自然に立脚した環境観、日本の社会システムと整合する公共感、日本人の特性や歴史に培われた国家観、日本の身丈に見合った持続性のある福祉観や豊かさより幸せに力点を置いた経済観に立ちつつ、将来を見据えた主張であり批判であらねばならない。日本の特異性からくる限界を踏まえた現実味のある総合的な視点や認識や判断が求められる。このような主張と批判が切磋することにより、本当に必要な土木、利用者が感動する土木となるのである。

＊土木は感動のもと　見知らぬ地へ導く道、川や谷を跨ぐ橋、山を潜るトンネル、異国への船や飛行機、危険を凌いで安心をもたらす堤防や防波堤、命を支える水や食、生活を支える電気や情報。願望を託し、想像を生む。夢がある。夢を適える努力が感動を生む。土木は大人にも子供にも感動を与える宝庫である。芸術家たちは、はかなく消え去る美的感動を永遠に定着させるために身を削って創作に励むのであろう。土木がもたらす感動には、目的を果たしなお消えない永遠性がある。この強みをもっと活かすべきである。

実践する土木の立場から言えば、箇所付け、予算シェア、発注システムなどから派生して疑問や不明朗に感じる事例や日常目にする工事に関連して、また供用開始に伴って生ずる不愉快な事例などに対する不満や苦情への真摯な応接が重要なこと言うまでもない。普遍性に立脚してなお個別や主観を省み、対応することが、土木の理想と現実の溝を埋めることになるのである。

必然の少ないところに社会意志に関わる土木を企画すれば批判があり、苦情があるのは当然である。事業評価や対応の妥当性について、様々の個別や主観を総合しながら大所高所から判断や認識を提示し、限界を見据えてよりよい実践への道を付ける土木評論家の誕生が待たれる。避けるのではなく情報提供などを通して、土木批評家や評論家が多数活躍できる土壌を作らねばならない。ただ土木評論では、文芸批評などのように極端に主観的な、また極端に客観的な判断基準を持ち込むことが許されるものではない。がここでは、そのあり方にまで言及するのは避ける。

＊土木評論家のために　各地を訪ね歩いていると見知らぬ橋や池など曰くありげなもの、美しいもの、不思議なもの、時には悲惨なもの、あまりにも不愉快な工事現場にも出くわす。その由来や事情を知るために役所の担当部署に問い合わせる。ところがお役人風が強くて、不愉快で、腹立たしい対応のことがある。これでは土木ファンを逃す。本来、土木の仕事はすべて非専門家のためにあるといっても過言ではない。

こんな調子ではいつまで経っても土木評論家は生まれない。

第二章　自然・環境

二・一　自然と人間

自然の定義

自然に優しい、自然の成り行き、自然との共生など、「自然」はごく普通に使われる日常語であるが、その意味は深く、この言葉が持つ具体的な対象を個々に提示するのは、不可能に近い。

広辞苑によると「おのずからそうなっているさま。天然のままで人為の加わらないさま。あるがままのさま」とあり、また「人工・人為になったものとしての文化に対し、人力によって変更・形成・規整されることなく、おのずからなる生成・展開によって成りいでた状態。超自然や恩寵に対していう場合もある」、あるいは「おのずからなる生成・展開を惹起させる本具の力としての、ものの性。本性。本質」と定義されている。

自然の区分

ここでは自然の中で普通に活動する人の立場から、地球上に「存在するもの」、「起こること」、「起こすこと」をすべて自然と捉え、これを区分けする。ただし、ここでは複雑な自然を独立なものとして細分化するのではなく、重複は承知で人間が生活し活動するために人為を加え、また利用し保護する際に関わりのあることを念頭に整理してみる。

① 生態系　動植物が織りなす誕生・成長・闘争・死亡・再生などの万象（あらゆる現象）・万般（あらゆる状態）。食材・エネルギー・原材料として利用され、活用される対象となる。鉱物資源と異なり、適切な条件の下では再生は簡単である。現在利用価値がなく、あるいは有害であっても、将来利用法が開発される可能性があるので、種の絶滅は避けるべきである。

② 現象系　生態系を除く万物の物理的・化学的な生成・変質・変動などの万象、万般。人工物に起因する万象含む。人間に役立つ現象を利用するための改変を開発と言い、利用の継続のための改変を保全と言う。利用のための人為が自然への負荷となる現象もある。人畜・財産に危害・損害を与える現象を災害と言う。

③ 資源系　人間に直接・間接に役立ちうる生態系・現象系に関わる万物（あらゆる物）・万象・万般。地下（鉱物、水）、地表（水、風、動植物）、空中（空気、太陽）、海中（海水、潮位・潮流、波浪）にあるものや熱、風、温度、日照などの状態、さらに高い山にあること、それが移動することからくるエネルギーなど利用のための開発の対象となる。景観や風土もこれに含む。密度が小さくて、利用しにくく、使うのに不便でコストが掛かるものまで含めれば無限にある。

④ 立地系　土地・水・空気など人間の営為の場・空間としての万物・万般。使いやすくなるように改変する。この開発は生態系や現象系に影響を与える。

⑤ 景観系　地形・地質およびそれらに関わる生態系・立地系・現象系や種々の人工物の色、形、姿、大きさなど静態や動態を含めた万物・万象・万般の視覚など全感覚を通して心象に影響を与えるもの。経験・慣れ、生活状態、心理状態、天候、時刻などで変化する。雲・太陽などそれ自体は景観の対象としない。

⑥ 分解系　生活や産業活動の不要物・廃棄物などの環境負荷に応ずる受容系。自然の万物の持つ特性であるが、受容できる限界容量は生態に及ぼす影響の程度から、人間が決めるしかない。分散効果もある。

⑦ 風土系　人間が地域の自然特性に適応して活動する際、世代を越えて受け継いできた自然の中における人間の営為としての万物・万象・万般・心象全般。倫理、宗教、風習、歴史、自然絡みのタブーなど。

風土論概論

人間は、自然から存立を担保できる恵みを受けようと自然に働きかけを行い、同時に存在を否定されるか存在はできても一時的な損傷や災いを直接、間接に受けている。自然からの恵みを安定化、便利化、大量化するため、そして災いを軽減するために、古来人間はその場、その時に応じて知恵を絞って自然と格闘してきた。それを知識として、文化や技術として親から受け継ぎ、自分の経験を加えて子へ引き渡してきた。

人間が自然をどのように利用し、どのように対峙して生活様式を適応させてきたか。自然観を端的に表す時、順応型と克服型があるとされる。「あるようにある」、「ないようになる」と見るのが不可侵型ないし順応型であり、「ないようにする」とか「あるようにする」や「なるようにする」とか「ならぬようにする」のが克服型である。人間が身を置いた地域の自然特性に応じて、最適な生き方や、最適な生活様式を作り出したもので、ある地域の生き方が別の地域の生き方と適合できないのは当然である。遠い過去から連綿と受け継いできたこの生き方は地域文化であり、風土であって、国際化時代においてはそれらを互いに理解し、尊重することが重要である。以下、典型的な地域を取り上げ、自然と人間との関わり方が自然観のみならず倫理感にいかなる影響を与えるかに的を絞って簡単にまとめる[1]。

① 日本　夏の暑熱と湿潤が恵みをもたらす総じて豊かな自然と風雨や地震・火山噴火などによる暴威を繰り返す気まぐれな局所性の強い自然の中にある日本では、「もののあわれ」の前提である時の無常性や場の多様性を認識しつつ、人為の及ばぬことやものそれぞれに神を想定する多神教世界を作った。恵みを安定的に大量化しようとする生産性の高い稲作農耕は、長期間にわたる集団的労働が不可欠である。そこから組織の秩序や協調を大切にする集団としての道徳感が個々人の自律性や倫理感より優先されるのも当然で、協調型正義が社会の規範となる。稲作農業は生産性を左右する用水や日照の確保において、また河川氾濫などの破滅に対して、人知を尽くしてなお及ばぬ時は呪術に依存するという独特の風土を生む。中国や朝鮮を経由して導入された仏教や儒教が言うところの因縁とか秩序などの概念が受け入れやすい状況にあった。

② ヨーロッパ　夏の乾燥と冬の湿潤が雑草のない豊かな牧草を育てる不思議な土地にあって、穏やかで、規則的に循環して捉えやすい大局的な自然にあるヨーロッパで生きていると、調和への絶対感が生まれ、また合理的な気質が強くなる。このような調和ある自然は偉大な神による創造との認識に繋がる。同時に人間は神の許しを得れば自然を支配できるとの自然観となる。

総じて深い地下水位と低温からくる小麦を中心とした分散的な農耕と豊かな牧草による牧畜では、個々の人間の力や能力にかかる部分が強く、個としての自律的な倫理感が優先されるし、分配の公平さが必要とされる分配型正義が社会の規範となる。競争的自律も生まれる。

③ 中央アジア　極度の乾燥と不毛の土地にあって常に死の脅威をもたらす厳しい自然の中央アジアでは、対

抗的で、戦闘的でなければ生きられない。単一の激しい自然を背景に男性原理を帯びた全知全能の唯一絶対の神を戴く。自然や他部族から生を戦い取る、生存のための闘争的倫理感を各自が確立している。

以上三地域をあげたが、地域特性に応じて生きねばならない人間は、生き方をここまで変えるものである。これが人間の生存にとっての普遍である。それぞれの地の自然に応じて連綿と受け継いできた生き方に絶対はない。環境問題が深刻になったとしても、世界共通の普遍的環境原則を見出すのは簡単ではない。

日本の自然との対峙の仕方

豊かだけれども厳しい自然に対して、日本人は各種工夫をこらして災害対策や防災組織など西欧とは異なる防災文化を作ってきた。それは災害を前提として、トータルとしての損害を小さくすること、被災後の復旧を早くすることを目指すいわゆる自然順応型である。これは科学技術が未熟だったからと言うだけではない。

偉大な一人の巨人が自然に敢然と立ち向かうかのような巨大独立型あるいは巨大完璧型（人為的自然に基づく土木）ではない。力が弱くてもそれぞれが力を合わせて自然に寄り添う形で人為を加えてきた弱小連携型あるいは小細工寄せ集め型（自然的人為に基づく土木）いうべきものである。巨大型はまれにしか起こらない大災害を特化し、弱小型はまれな大災害には弱いが、通常時には必要な機能が発揮できる。たとえ自然が克服できなくて被災の頻度は高くても、壊滅的破壊を避けたり、被災から容易に復旧できるように、トータルとしての被害を小さくすることに主眼を置いていた。穏やかな日常とまれにしか起こらない異常に巧妙に対応する方法であった。

絶対安全を目指す巨大独立型は安心や慢心から危険不感症を増やす。自然の破壊力が小さい間は防御能力が大きいから被災回数は少なくても、ごくわずかの瑕疵が命取りになったり、防御能力を超えると壊滅的被害を受けることになる。防御の程度が高くなればなるほど、いったんその能力を超えた後の影響は甚大である。「災害は文明に比例する」という不思議な言葉の本質はここにある。

危険の一部容認や早期避難を必要とする弱小連携型では個々の能力が小さいので、施設面と意識面を含めた総合的な備えに万全を期す。意識面の備えとして、異常の発生をより早く捉えようと神経を研ぎ澄まして、予兆を懸命に感じ取ろうとする。自然のわずかな移《うつろい》や気象の微妙な変化に敏感になり、雨、風など微妙な差異を評価し区別できるように多様な言葉を用意した。

＊気象に敏感な日本人　例えば、古今集にある「秋来ぬと目にはさやかに見えねども風の音にぞおどろかれぬる」は自然変化への過敏さを典型的に表している。歳時記は、折々の自然や年中行事を記した書であり、句作で使う季語を分類した書である。気

象に敏感な日本人を象徴する書である。広辞苑によると雨を含む単語は三八〇語、風の単語は九〇〇語、雲は四二〇語、曇りは二四語、霧は八一語掲載されている。なおここでは雨霧と霧雨のように注目する語が用語の前や後にくるものの数を単純に総計した。またこの数には気象に関係ない用語も含まれている。日記や日誌にその日の天気を詳しく書くのも同じ理由であろう。

　また気象用語だけではなく自分の住む地に水巻、水流《ずる》、出水《いずみ》、川内《せんだい》（カワウチもあり）、河内《かわち》（コウチもあり）、水内、荒川、荒瀬、悪渡瀬、圦《いり》、圷《あくつ》、垰《たお》、塙《はなわ》などと地名や字名としてその土地の弱点や成り立ちを連想できる名前を付けて、現在言うところの危険度地図のような形でその地域の特性を子孫へ伝える工夫もしていた。

　弱小連携型の施設面での備えを具体化したものは、両岸の堤防の高さを意図的に変えたり、信玄堤のようにある程度の河川水位になると意図的に越流させたり、低い土地に人工的に盛り土した輪中で洪水に水没しないようにしたり、出水に備えて常に小舟を用意していたり様々の工夫と労力を惜しまなかった。大雨の時の水防活動はもちろん普段から防災活動が防災訓練の役割を果たしたであろう。洪水時に使用できなくなるのは構わないが致命的破壊を避けようとして潜り橋としたり、洪水で流されるのはやむを得ないが、手際よく回復できるように流れ橋とした。これらは、まことに理にかなった橋である。中には、柴を立て掛けたり、竹や小枝を詰め込んで堰とした。ただ小さな洪水でも流れた桁を回収する手間が掛かり、毎年新たな柴を集め、束ねる手間が掛かる。この不便や手間を惜しんでいては弱小連携型はあり得ない。

*昔の土木は退避型

　潜り橋は、水中の方が表面より流速が小さいから水に没することにより流水圧が小さくなるばかりではなく、表面を流れる流木が掛かるのを防ぐことができる。流れ橋は、洪水で桁が流れると橋脚に作用する流体力は小さくなって、橋としての致命傷が避けられ、小さな橋脚でも安全を保ちやすい。洪水時の不便、洪水後の手間および日常のこまめな維持管理の面倒を惜しまなければ、トータルとしての経費は小さい。これも弱小連携型土木の持つ合理性である。

　割地とか門割という土地の定期割替制は、利益や危険の分散のために採用されていたと言われる。これも災害を前提とした制度である。

　巨大完璧型（人為的自然に基づく土木）に比べると弱小連携型（自然的人為に基づく土木）はどれも環境適応性が高く生態的・資源的・景観的な影響は小さい。ところが現代社会でこのような早期避難を前提とした弱小連携方式は、まさかの際の安全感を変えない限り不可能である。密集度の大きい大都市志向や自ら水没の危険を招くような地下街や地下室（このような地下利用を始めた欧米は河川水位や地下水位が低かった）、危険だから利用されなかった遊休地の居住地や商業地への転用、あるいは危険な崖上や崖下の利用。これらは本来自己責任の下で開発されたはずである。にもかかわらず安全が前提と

重連水車（福岡・朝倉町）．水車を回すため上流に壮大な堰．水なしで水車回らず．水はシステム．

石堰（鹿児島・加世田市）．水は大地を削り水位を下げる．田は高いから，堰で水を持ち上げる．

柴の堰（鹿児島・串良町）．環境適応性土木はまもる努力，維持する努力抜きにはあり得ない．

高速道路脇の太陽電池．スイスの高速道沿いに設置された太陽電池．

椎葉ダム．雨水，太陽光，風，海水，菜種など自前のエネルギー源は多い．

高圧鉄管．小さな発電機しか回せないが，自前のエネルギーを持つのは大事．

なっているからか、避難勧告が出されるまでは、自主的避難はしない。早期避難を余儀なくされる弱小連携型はこの面倒を避けようとしては成り立たない。

ところが自然状況の全く異なる欧米からの外国人教師に学んだこともあろうし、科学技術の進歩もあろうが、いつの間にか自然は押さえ込めるとばかり、害の負担や損の分担を拒否する巨大完璧型一辺倒になってしまった。穏やかだがまれに過酷な災害をもたらすような局地性の強い自然環境にあって、しかも近代的な観測が始まってわずか一〇〇年程度しか経たない日本において、巨大完璧型土木なるハードのみに依存するのは無謀で、逆説めくが自然を甘く見ているとしか言えない。この考えが種々の環境問題をもたらすことになった。

二・二　日本の自然

日本列島の気象

日本は国土が狭いが地域ごとに特徴ある自然からなる。

①　日本は北半球の中緯度にあって、亜寒帯から亜熱帯にまたがる南北に細長い列島からなっている。

②　日本はアジア大陸東岸沿いに日本海を挟んで太平洋に面している。

③　日本は偏西風帯にあり、南からと北からの恒流的海流の中にある。

④　冬季には日本海を越えてくる大陸からの寒気団が、夏季には太平洋からの暖気団がそれぞれ全盛となるが、春秋には北からの寒気団と南からの暖気団が拮抗して前線を形成し、西から東へ移動する。

このことから、日本の気象は総じて温暖で穏やかで、四季の区別がある。季節風、梅雨、積雪、台風、空っ風などの地域ごとに定期的で再現性の高い気象メカニズムが比較的単純で予測しやすい。

⑤　日本列島の中央に急峻な脊梁山脈があって陸地の七〇％以上に大小の山々が連なり、また富士山のような火山性独立峰が点在する。近海には島嶼がある。

この地形が前線の動きや風に微妙な影響を与えて局地性が強く、変化の大きい気まぐれな気象現象の要因となる。例えば集中豪雨のように時間的、空間的に極端に変化するゲリラ的な激しい気象で、メカニズムが複雑で、予測しにくい。

それが人間の生活や動植物の生育に適した穏やかで、豊かな自然を作り、同時に、梅雨期の豪雨、秋口の台風、冬季の低気圧による嵐などに加えて集中豪雨など過酷な気象現象を呈する。これが豊かでありかつ厳しい多様な日本の自然を作り、地域特有の風土を形成してきたし、景観を作ってきた。

日本列島の地象

① 四つのプレートと言われる地殻の複雑な絡み合いによって生まれた日本列島は、過去に大規模な地殻変動を経験していて、列島を縦断・横断する構造線や地溝帯があり、各地にこれらの影響による活断層が縦横に走っている。総じて言えば、きわめて局地性が強く、多様で複雑な地下構造をしている。

② あちこちに火山があり、部分的に熱変性を受けた岩や風化しやすい火山岩地層（花崗岩、玄武岩）が地表面近くにある。また隆起・沈降などの地殻変動のため風化層・砂層・火山灰など透水性の高い地層の下に不透水性の粘土層からなる斜面があり、地域によって表面はシラス・黒ぼく、ローム・マサなど力学的に変な癖を持つ浸食されやすい火山性噴出物からなる土壌に覆われている。

③ 激しい降雨など気象とも関係して、急峻で複雑な地形を形成している。侵食しやすい急傾斜地から流れる河川が運ぶ大量の土砂が下流部で堆積して河床を高め、河道を変えやすく、水位が生活基盤より高くなり、越流時の被害は惨《むご》い。河川水位が高いために、地下水位も高い。

④ 生活・産業の基盤である数少ない平地は沖積層からなり、河口部では粘土やヘドロが溜まりきわめて軟弱である。また沖積層の下の基盤層は過去の地殻変動を受けて、深さや地質が複雑に変化している。

このように日本の地質・地形はきわめて局地性が高い。これが日本の山や川を特異なものとしている。ヨーロッパやアメリカは、安定した一様な地質状況であり、地形も変化が少ない。日本のこのような自然状況を抜きにして、先進国たるヨーロッパやアメリカをそのまま真似ようとしても無理である。

＊世界の災害　日本だけが自然災害の多い国と言うのではない。アメリカのハリケーンや竜巻、地震、バングラディシュの洪水、フィリピンやイタリアの火山、アフリカなど大陸の蝗《ばった》など世界にはそれぞれ地域に特有の災害が多い。これは人間の癖のような地球の癖である。さらに極寒から酷暑までの気象や資源の偏り、生育する動植物まで考えると、自然環境が同じ条件の場所はない。洪水と言っても急流河川と大陸性の河川では様子は全く違う。土木を真似るにはよほど注意がいる。

予言と予測

将来に起こることは神のみぞ知るで、誰も知り得ない。しかしいつの時代でも、種々の目的で、吉にしろ凶にしろ、将来に起こることを誰もが事前に知りたいと願い、種々の方法で行って来た。その行為を表す言葉も多い。予言（予感）、霊感（胸騒ぎ）、予期、予見、予想、予測、予知、予報など。どれが一番妥当な成果を出すかは、一概に言えない。

占いや霊感による予言には、その方法や評価の仕方において、誰をも納得させる客観性、同じ条件での再現性がなく、特別の異能者が特異な手段により神意を聞き取り、評価する点において神秘性や秘匿性がある。ただ、それらに将来の成り行き（運勢、運命）やその吉凶を託したとしても、それを聞く人間の心には融通性があって、願望と結果にずれがあっても割に鷹揚で神に責任を求めることはない。だから当たるも良し、当たらぬもなお良しと、少なくとも現在では責任が追及されることはない。

土木の分野でも将来の予測は非常に重要で、予測次第では多くの人命や財産に重大な影響を与えるし、神頼みと異なり責任が追及されることにもなる。だから予測の精度をいかにして高めるかに非常に強い関心が持たれる。が、ここでは占いや霊感による予言の類は用いられない。土木で使う予測では、科学的な観測によって過去の事象を集め、因果関係を分析し、評価するものである。一連の手順は客観性や再現性を重視した手法によって進められる。特別の異能者ではなくても結果の評価ができるように組み立てられている。

近代的な手法によるこのような予測が成果をあげているのは事実であるが、あくまでも過去の観察や経験の積み重ねが基本となっているから、将来に起こりうることに対しては自ずと限界のあることを明確にしておかねばならない。特に直接的な強い因果関係を有するものと関係要因が多くて間接的な因果関係しかないもの、過去のデータの蓄積期間と想定する将来時点までの期間の関係、生活の基盤たる社会の変化などは、予測の信頼性を大きく左右する。ましてこれまで発生していないとか、発生したとしても記録できていない現象は予測のための基礎データにさえなり得ない。

自然現象の予測

降雨量の最大はどれくらいか。それに伴って河川は氾濫するか、斜面崩壊は起こるか。発生する地震の最大値や、被害の程度は。海水面の潮位や最大波高は。このような予測は土木の計画において基本要件である。それらによって起こる現象の解明には、自然現象や社会現象を十分に理解しておかねばならない。

①　観測的解釈と経験的予測　気象現象は地球規模の要因と地域要因に影響される。しかし昔から緻密な観天望気を積み重ね、局地的短期予測に限れば傑出した成果を出す人がいる。また、地域ごとに独特の気象格言がある。これらには普遍性はないが、意味のない普遍性より意味ある特殊性が重要なことがある。予測は客観性があっても適中しなければ意味はない。占いではないが個人の能力に依存するし、広域的長期予測には向いてないので、土木の計画に取り入れられることはほとんどない。

＊科学的観測と感覚的観測　あるテレビの番組で、気象予報士と漁師が一週間にわたって翌日の天気予報の正確さを競ったことがある。場所はその漁師の地元である。気象予報士は近代観測

機器による予測であるが、漁師は全感覚を動員した観天望気であった。両者とも過去の経験や知識を加味して予測したに違いない。番組ディレクターは、近代的予報と漁師の五感の素晴らしさのどちらに焦点を当てたのかわからない。結果にはほとんど差はなかった。予報士は広域観測データも加味していたが、当該地域についての蓄積は少なく、データは精密でも当該箇所の予報は簡単ではない。しかし番組に出た予報士ではなくても同じ結果になったであろう。漁師には過去の観測結果の蓄積があり、それが数量化されていなくても気象の変化を感じることはできる。しかし別の漁師なら別の結果になった可能性が高い。

この期間にゲリラ的な気象変化があったとしたら勝敗の行方はわからない。また三箇月後の予報を課されていたとしたら結果はやはりわからない。日本のように地域性の強いところではデータの客観性や特異性を見分け、使い分けることが重要である。

② 統計的な解釈とこれによる予測　個々の災害などの発生時刻、規模、場所などの基本データが正確で観測期間が長いほど、目標期間が短ければ予測の精度は良くなる。しかし昔のデータは数が少ないことに加えて、現在のデータに比べれば精度が良くないので、基本データの質や精度のばらつきが多くなる。

例えば、降雨現象は大きく見れば一年周期でほぼ同じように繰り返す大局的で定期的な変動である。しかし、日本のように複雑に変化する地形、地質に関連して起こる自然現象は、時期が同じでも過去に起こった現象と同じとは限らないし、ある場所で起こった現象が他の場所で起こる現象と同じであるとも限らない。日本は狭い国であるが、地域特有の現象に注意しなければならない。また、人間が時を経て自然を改変することも現象の発現の仕方を変える。

③ 数理的な解釈と予測　最近では計算機の演算能力と記憶容量が大きくなって、シミュレーションによる自然現象の理解と予測の精度が相当程度に進んだ。しかし重要な問題点がある。

ⓐ 現象を起こす媒体（空気、水、土など）の持つ物理的性質を、注目すべき要因の影響のみが抽出できるように極端に単純化する。

ⓑ シミュレーションを実行する際、地域分割と時間分割の大きさは、計算機の能力と費用に左右される。境界条件と初期条件も同じ程度に理想化される。これが地域的変動の細かさや精度に限界を与えるし、時間的変動にも同じ限界を与える。

一般にシミュレーションの定量的な精度は良くない。なぜなら自然は種々の要因が相互に影響し合う総合的な長期的現象であるのに対して、解析で注目されないとか影響が小さいとして排除された要因が、長期的に見れば、あるいは大局的に見れば無視できない影響を持つことがある。解析は注目する一つの現象のみ抽出して、これに関係しないか関係しても影響が小さいものは無視され、単純化され、しかも解析時間も長くないからである。また、この手法では前提や仮定を越えたところでなお再現性があるかを問題とすべきであるが、適宜設定されるそれらが作る仮想系を越えられない。ここに限界がある。

感覚的観測は予測の確実性で劣るとしても、ありのままの自然を直視したことからくる総合性や繊細さにおいて劣るものではない。特に日本は大局的で定期的な変動に加えて、地形・地質の多様性がもたらすゲリラ的変動があって、数理的な解釈がすべてに適用できるわけではない。その近代科学技術の成果を鵜呑みにしてはいけないが、実務としてはこれに頼らざるを得ない現実がある。

④　突発現象の予測　科学技術が進歩した現在でも地震などの突発現象の予測には無力である。しかし地震雲と言われる異様な光彩、ナマズ、犬など動植物の特異行動、大地を流れる地下水や電流、また最近では太陽黒点の消長などとの関連が指摘されている。気象現象に敏感で記録好きな日本人でさえ、これまでにその関連をほとんど残していないようだから、これらを的確に予測するのはそう簡単なものではない。特に現代の日本人は器械頼りで、ディジタル好みだから、今後この種の観測を継続するのは難しい。

なぜ災害が防げない

膨大な研究費を使って実験器具、観測機器の高精度化を達成し、解析、シミュレーションなど科学技術の進歩を取り込んで複雑な現象の把握・解明が進み自然現象への理解を深めた。また膨大な事業費を注いで、リアルタイム予報、監視・警報システムを整備して災害に備え、また河川改修、危険斜面の補強、砂防事業、防波堤や防潮堤の建設などを進め、対策を講じてきた。にもかかわらず災害がなくならないのはなぜか。

①　自然の現象系の全貌は捉えられない。異常現象はまれにしか発生しないし、これまでに発生した最大は既往最大にすぎず、今後起り得る最大ではない。また、観測器の能力オーバーとか、最大が発生した地点に観測器がなかったり、人間がいなかったり、記録が紛失したりで、過去の異常現象を正確に把握していないこともある。

＊地震の記録と記録的地震　阪神淡路大震災が発生するまでは、日本の構造物の耐震安全性を説明するのに、「関東大震災を引き起こした地震にも耐えられる」が使われていたようであるが、ここには何重かの誤りがあった。日本で起こった地震あるいは今後起こりうる最大の地震を同地震と同じ程度と特定していること、関東大震災を起こした地震の実態が捉えられてもいないのに、捉えたかのごとき印象を与えたことである（土木工学ハンドブックでは最大加速度として二五〇〜三〇〇ガルと記すが、成瀬勝武は「震源地に極めて近い小田原地方では上下加速度が地球重力加速度に近かったろうと推定されている」と記している[2]。そして仮に最大値が正しかったとしても、社会の物理的構造や住民の安全意識が耐震的に変わってしまうので、仮に同じ地震が起こっても同じ災害が起こるとは限らない。

日本の文献で、一番古い被害地震の記録は推古七年の地震である（理科年表）。大和で倒壊家屋があったことは記されているが、詳細は全くわからない。これ以前に地震、洪水、噴火など突発的

発電用風車．脱石油，脱外国依存のために新エネルギーの開発と省エネルギーの啓発．

ダム湖の景観．ダム湖は水位変動が激しいので，景観に与える影響は大きい．

川砂の採取．砂防ダムや護岸整備で土砂生産が減った．コンクリート用の砂がない．

諫早湾の締切堤．日本の飽食は外国依存による．自前の食を確保することは大事．

石油基地（鹿児島・喜入町）．日本では電気もガソリンも使い放題．自前のエネルギーを持とう．

海砂．コンクリート用の砂が海にもない．砂まで外国依存になってしまう．

な大災害や緩やかな地変による災害がなかったわけがない。人間が記録できなかったにすぎない。なお、人間が記録できなくても自然が記録していることは多い。例えば、三日月湖があれば大洪水で河道が移ったこと、海崖があれば波による浸食が続いていること、扇状地は土石流があったことなど。地形や地層には、過去の多くの地変が記録されている。地震時の液状化跡もその一つである[3]。

② 社会の変化が自然環境を変える。例えば新旧混在はやむを得ないが、時代と共に法律や基準が変わり、新しい材料や工法が開発され、土地政策が変わる。社会の進歩が新しいパターンの災害を生み、災害を大きくする。人口が増え、崖の近くや低地など悪条件の場所や、かつての河川敷や遊水池なども利用し始めた。繁華街では地下街や地下室を造るなど高密度化が進んだ。流域上流部における森林や田畑の消滅、宅地化、駐車場化、舗装化などによって流出パターンを変える。

③ 自然は安定を求めて変化するもの。川には侵食・運搬・堆積作用があり、そのため川は流路を変える。上にあるものが下に落ちるように、斜面は崩落するものである。人間がこれを中途半端に止めるから、大災害となる。

④ 法則性のわかっていない現象がこの地球上にはまだ多くあるだろう。

二・三　環境原則

自然は誰のものか

豊かな食料を求めたか、政治的闘争に敗れたか、宗教論争に敗北し迫害されたか、様々の理由で、個人やあるいは集団で人間は移動した。新しい地で先住者と融合したこともあろうし、殺戮したり、追い払ったこともあろう。

新しい土地を獲得して、自然の恵みを収奪した。鉱物資源も生物資源も、生活、交易のために重宝し、それらがなくなれば見捨て、また新しい土地を求めた。それが人間の生きる道であった。新しい場所への人間の分散と土着した地での自然の収奪がなくては、人類は世代を継いで生存することはあり得なかった。だから先陣争いや強者の強奪があり得た。敵対する人間と戦うように、危害を加える動物は駆逐し、生活に役立つ動植物は利用し、積極的に繁殖させ、高い品質を選別して育てた。技術を磨いてエネルギーと資源を手に入れ、生活に必要なものを作り出し、農業の生産性を高め、他地区のものと交換した。このように技術を磨いて対峙してきた自然から、時には手痛いしっぺ返しを受けても、人間はやはり生存し、人口が増えるのを支えた。自然の土地を手に入れ、使いやすくするだけではなく、人間が土地を造り出すことさえ始めた。

＊ファウストに見る土木　国土の狭い日本では昔から、豊饒の地の利用、次いで用水の確保と開墾を行い、湖沼や低地の干拓や埋め立てなどにより農耕地や用地を広げてきた。侵略して豊かな地を奪うとか強引に居住することもあったであろう。世界各地でも農耕や生活のための用地を開墾・開拓し湖沼の干拓や、海岸の埋め立てなどが行われてきた。

ゲーテのファウスト第五幕冒頭の「打ち開けた土地」に、溝を掘り、土手を築いて、海を押しのけ用地を造り、緑の草地、牧場や庭や、村や森など花園や楽土を造った様子が描写されている[4]。これは己の欲望を満たすために悪魔と取引までして、行為の人となり、享楽と廃退の果てに、幸福は他人のために働くことにあると悟ったファウストが、「・・己は幾百万の民に土地を開いてやる。安全とはいえないが、働いて自由な生活を送れる土地なのだ」（一一五六三行）と決意して実現したものである。それは「海はふくれあがり、自分から高まって、また平になるかと思うと波を送って広い平坦な岸辺に襲いかかった。それが己の癪にさわったのだ」（一〇二一九行）と波をねじ伏せて「己は自由な土地の上に、自由な民とともに生きたい」（一一五八〇行）として海を埋め立てて造り出したものである。

この大事業を成し遂げた直後に感極まって禁句を口にして彼は死んでしまうのである。

なお大きな菩提樹の傍らの小屋に住む老夫婦に替え地への移転を強制してついに死に至らしめる過ちを犯した。これは工事に伴う土地収用のためではなく、悟ったはずのファウストが彼らの傍らにある菩提樹の下に住みたいとの気の迷いから生じた手違いの結果である。矛盾した彼の行動ではあるが、老夫婦が昔からの地にこだわったのは当然として、一〇〇才を超えたファウストがその地に憧れたのは、菩提樹のゆえである。ヨーロッパ人、特にゲルマン人にとっての菩提樹は神聖な木として崇拝し、この下で裁判や祝祭、忠誠の誓いや結婚式を行い、若い男女の愛を結ぶ木と親しみ、村人の生活と切り離せないものであった。ゲーテがこの場面に託したのは欲望や願望は、特に権力が振るえる立場に立てば、相当自省しなければ知らぬ間に暴走してしまうということを諌《いさ》めることであろうか。

ファウスト昇天のクライマックスに土木をおいた理由を知る由もないが、ゲーテは建設などの実務経験から、待ち望まれていた土木の完成は何にも勝る感動であり、感激であることを伝えようとしたのであろうか。解釈は様々でいいのだが、この作品を土木の目で読み直してみるのは意義深い。

旧来にしろ、新しく手に入れたにしろ、食料（生態）、資源（エネルギー）、場（立地）などすべての自然は、疑いもなく手に入れた人間が独占し、有効に効率的に改変して利用したし、災害に備えた。また不要となったものは、大気、川、海や土中に捨ててきた。リサイクルの概念が明確であったかわからないが、再生産のために廃物を使い回してもいた（労力の削減が主たる目的であったかもしれない）。第三者から見て羨望の念があったとしても、自然の私物化に対して疑問を呈することはなかった。自然にしろ土地にせよそれらの私物化、独占化を許す私有制が、これまでの発展を達成する原動力であった。

自然の利用、改変が経済成長の支えであり、これによって人類は数を増やすことができた。しかし生産・消費・廃棄が自然への負荷を大きくした。自然は恵みを与える対象から、一方的に災いをもたらす対象に変わりそうだとの心配が大きくなって、自然をありのままに保護しようとの気運が高まってきた。ところが極端な環境倫理（用語に間違いあり）を声高に主張しても、説得力がないのは土地や自然の私有制、その延長としての国や国の主権にまで言及できないからである。この主権の領土へのこだわりの強さは、環境問題が深刻になるほど大きくはなっても絶対に小さくならない。

アインシュタイン、ラッセル、湯川秀樹らは主権の否定による戦いのない平和な世界を夢見ていたそうであるが、彼らの描いた世界連邦の実現によって戦いがなくなるとも思えない。地球の土地制度を私有制から共有制に転換したとして（彼らにこの認識があったとしても実現性はない）、そして自然を自然の秩序に返せたとしても、人間界の秩序は保てないであろう。なぜなら人間の「生き方」すなわち倫理はそれぞれが生活する自然の中にしかなく、すべての国が信頼で結ばれていない限り、自然からの利の分配を求めるばかりで、害や損の分担は拒否するからである。

土地を介した環境の私物化が資源の収奪、廃棄物の増大によって人間の生存を危うくする事態に至った今、人間は新たな秩序を模索し始めねばならない。その際、自然は自然のものであるとか、動物も生きる上で人間と同じ資格を持っていると考えているだけでは解決策にならない。自然は人間生存のためだけにあるわけではないこと、自然は完全に克服できる対象ではないことを承知していても、人間が主体となって自然を管理する以外に、自然の秩序を維持する方法はない。

むしろ反自然的な行為がこれまでの持続的発展を支えたものであるとすれば、その原動力である自然の独占あるいは私有にこそ解決の糸口を見出すべきである。マルクスは富の配分の観点から私有制にメスを入れたが、私有制否定の根拠を人間の平等において人間の個別評価すなわち私を欠落させた。人間としての私を尊重しつつ土地の共有制をいかに存立させるか（公有化、規制強化など）を考えない限り、いかにこれまでの開発に罵倒を浴びせて否定しようと、理想的な環境原理を振りかざそうと、人間に新たな展望を見出せない。文字どおり、自然のなすがままの破壊、無秩序な行く末しか見えてこない。持続的発展などあり得ない。

土地の尊厳　超近代的工場やハイテクを駆使して造る長大橋や海底トンネルなどあらゆる大地への働きかけに際して何の抵抗感もなく、積極的に地鎮祭を執り行い、一見ナンセンスなタブーをまもるのは知っている。神の宿った土地とか母なる大地などとはここではあえて言わない。しかし土地の尊厳を尊重すべきだと言いたい。これまでの自然からの収奪や自然の改変は人間の生存のためであった。現在の投機のための土地売買はあまりにも身勝手すぎる。多様な普遍的価値を持つ土地を、相対的にしか評価しないのはまさに土地の尊厳の侵害である。

土地の尊厳をないがしろにして思いのままに処断できると考えている地権者を規制しないままでは、自然保護を語る資格はない。あこがれの土地を入手したいと勤勉に働き、今日の繁栄を迎えたのは事実であるが、土地を流動的な資産とすることによって達成したような繁栄は根無し草のようなもので、かつてのイースター島の悲劇のようにどれほど神を崇《あが》めても、食を生み出せなくなった荒廃した土地から追われゆく哀れな姿しか見えない。

＊イースター島の悲劇　モアイ像で有名なイースター島では、比較的簡単にサツマイモの栽培ができた。人口が増えるにつれて、部族、氏族が形成され、それが熱心な宗教と祭礼の核となった。多数の石組みの祭壇と巨大な石像の建造に熱中した。最大で二〇〇トンの石像を二〇キロメートルも移動させ、所定の方向に建てる知力を持っていた（大阪城の石垣の巨石はおよそ一二メートル×五・五メートル×〇・七メートルで重さは約一三〇トンとのこと）。その運搬のために木の道を造り、修羅を造った。そのために木を伐採した。さらに、人口が増えるにつれて開墾し、燃料、小屋、カヌー作りのために、ついに森林を壊滅させた。土壌が流失し、作物や動物もなく、食料を求めて戦いが始まり、彼らの祈りもむなしく、ついに社会を人間自らが破壊した[5]。

この例から汲み取るべき教訓は、変わりゆく状況の変化に適応せず、己の欲望のままに生活のスタイルを変化させなかったことである。食べる人肉を求めて戦ったとは悲惨きわまりない。例えば動物や植物は環境の変化を微妙に感じ取り、その場で生き残る戦術をとり、あるいは新しい環境への移動や必要なら個体数を意図的に減らす適応力を持っているとのことである。この点で動植物に劣る人間としては、せめて傲慢さ、愚かさ、身勝手さ、頑固さに気付くことである。日本人は今や土地から食料を得ることを忘れてしまったようで、飢饉はテレビで見る別世界のこととしか考えていない。数年前の米不足を、特にあの長粒米や虫食いの古米の味を忘れてはならない。人間は生存のための努力を忘れてはならない。

＊蝶の環境適応力　例えば台湾にいる蝶は、標本や工芸品の材料になるほど綺麗で年三〇〇〇万匹採取されても個体数は減らないのに、むしろ商売不振で採取数が減った時、個体数が減ったそうである。個体数が減ると種保存本能が働くのだろうとのこと（日本昆虫協会岡田朝雄副会長随筆より筆者要約）。しかし急激な変化には即応できずに死滅することがあるのも事実であろう。人間は生活環境が良くなるにつれて環境適応性を失っているようである。

土地神話が崩壊して久しい。かつて超高値で取り引きされた土地は不良債権となって、眠ったままになっている。工事途中で投げ出したゴルフ場、地方自治体の設立した土地開発公社の所有する膨大な未利用地、バブル期に会社が買いあさった遊休地、少子社会がもたらす耕作放棄地、住人不在の廃屋土地も多かろう。何世代にもわたる未利用、放置土地も問題である。現在の極端な少子化傾向が放置土地を増す。少子化が数十年後に国土保全上どんな影響をもたらすか大問題である。宅地や田畑の管理に目が届かなくなる。私権が設定されたままの廃屋敷地や、倒産した企業の土地が放置される。放置土地にはゴミが投棄される。数十年経てば植生は回復するが、土地は自然の状態になれば安全性が高まるものではない。放置は災害の種になる。安全のためには管理という人為がなければならない。資産価値が小さくなり、利用意欲のない土地に管理責任が伴わないことは明らかである。一定期間以上放置されたままの土地は私権を消滅させるか、強制買い上げにより、公有地とすべきである。不良債権処理に熱中するあまり、見境もなくこれを外国に売ることもまた強く阻止しなければならない。外国人投資家は資産価値にしか関心はなく、その土地の自然に愛着を持つわけがないからである。日本の自然は日本人のものであって、そこに住む日本人がまもらねばならない。

自然は地域のもの

マッターホルンの勇姿。ベニスや江南の水と人の共存風景。多数の生活者のいる屋久島に展開する海岸から山頂までの上下に展開する特異な生態や景観。愚かしくも偉大にも見える万里の長城。これらの貴重な自然や人為のあとは人類の財産との説もある。しかし自然は土地に付随するものであるから、それなりの上下流論理を主張して秩序ある協定を結ぶ余地はあっても、土地に関わる事柄は国家の主権に属すので現実には他国はこれに干渉できない。自然はそれが属する国のものであり、地域のものである。

自然は、地域の住民（生活者）には利便性、安全性、生産性を求めて占有的に利用し、あるいは利用しないことが許されている公共のものである。また、地域の利便性、安全性、生産性を向上させる土木が生み出す価値は一人のものではないし、一つのものでもない。これが公共のものたる自然に手を加えることが許される理由である。地域の開発には自然保護と利便性と安全性を総合的に勘案した流域圏内地域の合意が必要であるが、他地域の合意を必要としない。

人は自分が生まれ落ちる場を選択できない。当該地域の自然は当該地域での生活者が責任をもって対処するという意味で当該地域のもの（行政区域ではなく、自然の現象が強く影響し合う流域全体のような広い地域）。だから「特定地域の貴重な自然は全人類のもの」は、それを有する国や地域の誇りにはなり得ても、それがゆえに自然の利用について規制を強める理由にはなり得ない。なぜなら他地域の者は、その地が生み出す価値を購入し、珍しい景観を愛でることはできても、その地域の負の価値としての危険や生産性の悪さ、不便さなどの埒外であり、当該地域の生活に対して責任ある行為はできないからである。

上高地やスイスツェルマットにマイカーの乗り入れを

長城．頑丈な壁を外から破るのは不可能．内から破れた．絶対安全はない．

イタリアの城壁．この壁で外敵から街や生活をまもった．そのために自然まで遮断した．

熊本城の石垣．華麗で巨大な石組．地盤支持力に応じて曲線を使い分ける．

行き違い道路（京都市）．本能寺跡の街路．敵に不都合は我にも不都合．備えは我慢．

掘抜トンネル（イタリア）．アルプスの巨大な山は越え，小さな山は掘り抜いた．シーザーも通ったか．

トンネル内の分岐（スイス）．「トンネルを抜けると雪国だったと」は限らない．

禁止するのも、備中松山城への道を改修しないであえて不便なままにしておくのも、たとえ名はなくても故郷の懐かしい景観に手を加えずにおくのもその地域の選択であるように、逆に道路を造って生活の便利さを求めるのも地域の選択である。

上流と下流の利害関係のあり方

「上にあるものが下に落ちる」のは自然の普遍的原理である。空気さえ上下流問題と無縁ではない。

山奥に人家や私有財産がない場合、仮に山腹が滑っても直接的な被害はないからこれを災害とは言わない。しかし日本では放置しておけない。なぜか。崩れ落ちた土砂そのものが人畜に損害を与えなかったとしても、その土砂は雨で土石流となって流れ下る。下流部沿川には集落があり、下るほど大きな街がある。したがって直接被害がなかったからと油断してはおれない。

上流域にある水や土は必ず下に落ちる。上流に危険物を流せば、下流に危険が及ぶ。上流で水を貯めれば、下流で水が使える。土砂を溜めれば、下流に土砂は来ない。廃棄物処理場やゴミ焼却場が人里離れた上流部で建設されることがある。スキー場やゴルフなどレジャー施設も都会から遠い上流部に造られる。効率が良いからダムは上流に造られた。一方、上流の開発は出水状況を変える。どの場合も上流部は下流部に利・益・損・害の一方的影響を及ぼす。上下流を包括した流域内に複数の行政区が鼎立《ていりつ》して複雑さを増す。しかし一流域に一行政機関と言ってみたところでそれぞれに伝統や風土があって解決策にはなりにくい。平成一〇年版環境白書第二章第一節の四で言う流域圏[6]が実効ある成果をあげられるか。

利・害と損・益の交換には社会に正義感がなければならない。その正義は何か。法は正義の実現を求めても、実践の仕方には無関心である。法は普遍を求めるが、個性や癖には無関心である。個に無関心で、個の評価をなおざりにしては、「私は私」、「あなたはあなた」の単純な論理・エゴしか生まれない。平等とか公平な分配を持ち出しても、利だけならまだしも利と害の交換には役立たない。利と害の交換には私とあなたを取り結ぶ信頼の仲立ちがいる。その信頼は「お互いさま」が交錯しうる社会でしか生まれない。利と害の交換が要点である上下流問題を解く鍵は、互助互恵という信頼の上に立つ正義にしかない。この信頼のない社会では、権力・武力か金銭による解決しか発動できない。これを侘《わび》しいと言っても始まらない。「おかげさま」という信頼感を構築できないのが侘しいのである。

国際間の場合は、国ごとに倫理感や伝統に違いがあって、普遍的な社会正義はない。信頼関係を築けると思うのは幻想である。泣き寝入りか寛容の限界を超えれば、力の対決か、経済による解決になる。

戦後しばらくして、筑後川に大洪水が起こった。治水対策として上流部にダムが計画された。電力事情を改善する必要から、水力発電と共存する多目的ダムであった。水没予定地の住民は「墳墓の地を守れ」と反対運動に立ち上がった。そのリーダーの山林地主室原知幸が蜂の巣城なる砦に拠《よ》って国家と敢然と戦い続けた。彼の信念は真の民主主義の実践を求めるところにあった。また、外部からは基本的人権への闘争と評価された。しかしあの紛争を「民主主義」的捉え方をしたり、「人権」的闘争と捉えていては、近代社会の諸システムが成立しない。数に論理をもたらし人権・自由に抑制を加えうるのは「法」であるが、実はその「法」は「社会的正義」の裏打ちがなければ、力を頼ることでしか機能できないのである。なぜなら罰則という強制力に裏打ちされていても、法は自らが解釈する力を持たないからである。解釈するのは生身の人間なのである。

　室原知幸の戦う相手は国家ではなく、下流が非難するのは室原ではなく、国家は「理」の絶対性を振りかざしたり、大臣の謝罪という職務的「情」を持ち出すことではなかった。三者は情、理、法に基づいた上でなお、人間の尊厳に基づく社会的信頼の構築や社会的正義を模索すべきであった。現に室原が法を持ち出し、国が法で対抗してもなお解決はなかった。法は紛争を収束する力になれなかった。なぜなら法は信頼や正義の実践に無関心だからである。室原の死のみが解決の糸口であったのは不幸なことで虚しい限りである。学術調査団の同問題に捧げた熱意と努力は高く評価される[7]。しかし人権を高く掲げながら、その拠《よりどころ》たる社会正義という人間の感性にかかる総合的な調査・論究がなかったこと、および電力に関する公的な側面の検討がなかったことが惜しまれてならない。

　上下流問題のように、どんな土木も利害関係の絡まない土木はない。利・益と損・害に関わる社会正義に関係のない公共事業はない。正義の支えのない反対もない。この意味では、土木には信頼を構築する手立てが何より求められる。

＊蜂の巣城と電力　学術調査団の報告書には当時の電力事情についての分析や復興期における電力の必要性に関する考察がない。同事業では洪水対策としての必要性の議論のみでは、利害が相反する関係者を合意に至らしめる力となり得なかった。特に室原が電力供給を担当する九電が一営利企業にすぎないとして強く排斥していたことを思う時、電力の社会性についての議論が不可欠であったはずである。この事件は、三〇年の歳月を越えてなお、過去の出来事としてではなく、将来のエネルギー問題や公と個のあり方を考える資料として検討する必要性が高い。

地域不均衡問題

自然の生態・資源・現象・立地・景観などは地域で異

なり、豊かな地域、過酷な地域があるのは厳然たる事実である。地域の特性に応じて自然観や宗教観や人間性、ひいては倫理感まで異なる。特定地域の豊かな産物（資源や農水産物）に対して、他地域の者は同じ地球の住民として等しい権利を有しているだろうか。現在の世界の常識ではその権利はない。自然の私有や国の主権について合意があるからである。その特定産物を手に入れるのは交易による。力で強奪する方法もかつてはあり得たが、現在では世界の常識が許さない。またきわめて珍奇で素晴らしい景観があったとして、それをどこへも移動できない。その地への訪問しかない。そして地域ごとに生産性や利便性や被災危険性において違いがある。正の価値に等しい権利を主張する人は、このような負の価値についても等しい負担を主張するだろうか。

偏在する資源について、交易の主導権はその資源に恵まれた国が有している。景観についてはそれを含む地域や国が（環境保護を唱えようが、なかろうが）排他的に利用でき、参観の拒否を含めて、人数の制限や乗り入れ手段について制限を設ける。これらを資源ナショナリズムとか地域エゴといっても意味ない。恵まれた地に生まれ落ちなかった不運を嘆くしかない。

共有地や共有物の特定個人による独善的管理や排他的利用が許されないのもまた常識である。ただ共有権者の誰もが利・益については先を争って取得を図り、その取得によって生ずる損・害については無責任になりがちである。共有地の悲劇である。人間のエゴであり、弱さを示している。正義感溢れる西洋社会でなお共有地の悲劇が納められなかった。だから「共有は紛争のもと」と言われた。ここに利の分配に基づく正義の弱点がある。公有地に似た側面を持つ共有地だが、これを拡大したものが公有地であると考えてはならない。共有地の悲劇を解決するには、人を信頼で結ぶ正義しかない。

＊共有地の悲劇　日本の自然災害を想定した時、割地地割や門割と言われる土地制度は、土地からの利益や土地の持つ危険を均分する優れた制度である。特に災害多発地では耕作地を細かく分けて村中に分散させていた例もある。これは土地の共有制と見ることもできる。しかし、これによって精農の惰農化や略奪耕作の弊害が生じた（平凡社百科より要約）。

世代間問題

「今生きる人間は、未来に生きる人間の利害に関して責任がある」、「すべての世代は等しい権利を持つ」、「地球は子孫から前借りしている」。これらは地球の有限性からくる生態系の持続への心配、資源の枯渇や廃棄物の蔓《まん》延《えん》に関して、我々は後の世代のことを考えずに好き放題にしてよいのかとの問いかけである。先祖の怨念に絡む仇討ち、世代を経るごとに規模が拡大される一方の民族紛争、多額の国債残高、戦争責任や年金問題など世の中には類似の問題が多い。

人間は、親から体質・資質や財産など色々を否応なく受け継ぎ、それらに時の状況を加えて自分の責任で、生存のために最善を尽くすもの。人間は親を選択できないように、生まれ落ちる時も選択できないし、現在の人間が過去に遡って営為を行うことも不可能である。そして自然は資源も負荷収容力も有限であり、世代は無限であるから、廃棄物から資源再生までの完全な循環可能システムの構築がない限り、いずれ破綻するのは自明のことである。ところが完全な廃棄資源循環システムは現在ではまだ夢のようなものである。ただし永久機関と異なり、太陽からのエネルギーの補給がある限り、原理的な可能性は否定されない。より高い還元率のシステムができるまでは、すべての世代の公平性はない。

この問題に対して人口を減らすのは効果がある。しかし有害動物数を調節するのに使われる受胎調節（避妊手術、妊娠中絶など）を強制するような自然の摂理に背く方法は、およそ自然保護だとか環境をまもることを標榜していてできない。

自然の摂理に適うように、時代をまたぐ世代間の公平を実現しようとしても、人間が相当抑制的になってもできそうに思えない。ここまで人口が増えては、環境倫理と称して高潔すぎる理想論や、縄文回帰論[8]などあまりにも極端な非現実的理念や目標を唱えても、ほとんど意味はない。無用な軋轢の元となったり、エコに名を借りたまがい物のエゴ商品が蔓延して逆効果になる。そんなことより「無駄な消費を削減すること」は何よりの免罪符になるとのローマ法王庁の現実的な宣告とか、高価であっても環境対策費を商品価格に上乗せしているものを容認するとか、リサイクルを前提とした商品、高純度材料の使用制限、環境対策としての土地規制を強化するとか、土地の私有を可能なところから制限するとか、小さくても効果があることを実行することの方がはるかに重要なことである。

資源やエネルギーの偏在がもたらす現世代が抱える場の問題（資源と災害の不均衡問題）の解決の糸口さえ見つけられないのに、後世代のための具体策が現実問題として案出できるだろうか。場に幸運と不運があるように、時にも幸運と不運がある。例えば、森林は世代を越えなければ資源として利用できないから、善意・信頼の繋がりが前提になっている。その善意・信頼を担保するものは、肉親の情である。世代を繋ぐ基本たる肉親の情すら、先祖はともかく子孫となれば幸運な場合で曾孫程度までしか実感できない。「私は世のため」の正義感の少なくなる一方の社会で、「後世の他の利」を増やし、「後世の他の害」を減らすために、「今の私の利」を犠牲に、「今の私の害」を容認することは簡単ではない。

同時代に生きる世代間や同世代内においてすら価値観

が異なり、正義が揺らぐ中で、幾世代も越えて通用する価値や正義を人間は考え得るであろうか。それができるまではせめて「今の私」は「今のあなた」のための実践を始めるしかない。

先進国の心得

何をもって先進的な社会とするか。豊富な物質、精妙な社会システム（例えば、民主）、柔軟な精神（例えば、自由）を兼ね備えておけば、先進国と言えよう。

先進国と自称している国から見て、そうではない地域や国を発展途上国とするのは短慮すぎる。旧来の伝統生活を引き継ごうとしている国や地域があって、その人たちが発展しようと思わないのを途上国というのは間違い。かつて未開発国とか低開発国あるいは後進国と言ったのに気が引けて、発展途上国としたのであろうが、すべての人間が発展しよう、生活や考え方を変えようと思っているわけではない。伝統を選択するも、発展目指して近代化を選択するも自主的選択であるなら、それが彼らの生き方であり、倫理である。

先進国とか、それ以外をすべて途上国とする概念そのものが、反環境的である。贅沢に慣れた先進国の人間ができるかどうかは別として、伝統に生きる彼らこそ未来に生存できる超近代的生活者であるかも知れない。

一切の痛みを否定し、消費抑制への意志を示さないで、人間にとって都合の良い自然だけを選び、共生しようとしてもそうはいかない。動物や植物はそれぞれの本能や都合で生存し、自然へ影響を与え、適応力がなくなれば死滅するという厳しい状況の中で生きている。これも自然現象である。自然に生きるために払う犠牲と、自然から離れて住まうために払う犠牲とどちらが大きいか。どちらだと決めつけず、責任ある個人の好みにあった選択ができる多様な社会がいい。

本当に豊かであるかどうかは別にして、一般的には先進国は、先着優先・強者優先で資源を大量に消費し、商品を生産・使用し、廃物を無処理で大量に放出して達成された。貧しいかどうかは別にして、伝統国は自然に優

＊伝統生活　イギリス・ハンプシャー州セルボーンの村人は、二〇〇年前に記録されたままの自然をナショナルトラストでまもり、当時のままの生活を維持しているとのことである[9]。アメリカ・ペンシルバニア州南部に住むペンシルバニアダッチと呼ばれる人たちは、昔宗教迫害から逃れてドイツから渡ってきた。その時の生活状況を頑《かたく》なにまもるために、豊かなアメリカの新文明を一切拒否して、ささやかな農業で自給しながら生計を立てている一団である。公教育も拒否、選挙も拒否、もちろん兵役も拒否。このように過去に生きることによって人間の尊厳を主張している。その根源は宗教からきていて、自然保護に格別の関心があるわけではない（と思っている）が、結果的には自然の中で不便で不快な生活を自らの意志で選んでいる。自然保護の観点からは示唆の多い光景であった（一九七九年滞米中に出会った）。

鷹栖参道（宇佐市）．人が通えぬ所になぜ観音堂を造るか．困難への挑戦が技を促す．

道路改修前線．抜けた時はほっ，向かう時はぎゃっ．田舎にもっと道を．

防波堤．海の中のコンクリートの評判は悪いが，自然は静穏ばかりではない．

船着き場（熊本・三角町）．安心して接岸できる湊は船乗りの母の胸．海中に隠れた苦労あり．

ランドワッサー橋(スイス)．トンネルを抜けると弧を描く高い橋．造る苦労が感動を呼ぶ．

島興し（淡路島）．島が地続きになって期待が高まる．地価も高まる．

しい生き方をしていると捉えられる（必ずしも正しいとは言えない面もある）。彼らは貧しいとか優しいとか意識していないかも知れない。先進国がそうであったように、途上国は先進国を目標にするから確かに危険であるが、彼らの生活近代化を求める開発志向を、地球環境の悪化のゆえをもって、先進国は制約し拘束できる立場にない。できるのは彼らの倫理と先進国の経験の伝達のみ。なぜなら先進国に豊かさをもたらしたのは、並々ならぬ創意や努力があったとしても、その根源は早い者勝ち、強者優先主義による自然の開発利用と独善的排除によるものである。先に成長した兄や姉が、成長を控えた妹や弟に、成長を止めさせる権利はない。しかもこの兄や姉は弟たちが持て余している飴玉を取り上げ、彼らが潜在的に持つ能力を認めようとしないとしか見えない。それは理性と愛情のある人間として取るべき道義ではない。

彼らのために先進国は率先して自らの資源消費量を控え、環境負荷を逓減《ていげん》させるのが、そして廃棄資源循環システムを完成するのが義務である。いや違う。飴玉を持て余すのは彼らの能力や意欲がないからであり、基礎体力がなくて消化不良の元であるから、消化しやすい慣れたものを食べていればよいとの意見もあるかも知れない。ただ、自国の自然には手を着けず、他国の資源を浪費したり、排出基準が甘いのを幸いと工場を移転したり、廃棄物を投棄したり、自由化の名の下に農薬まみれの工業的農産物や遺伝子操作など超自然農産物を押し付けたりすることが許されるわけがない。

先年の京都会議（気候変動枠組条約第3回締約国会議）以来、排出枠の売買が現実のものになりつつある。先進国は都合の良いアイデアを考えるものだ。直接的援助や生活保護と同じで、相手の生産意欲を削ぎ、人間の尊厳を奪い取るものである。主権を否定して、領土を強奪するに等しいほどの卑劣な行為である。

資源管理の下で

以前の学校給食では頻繁に鯨肉が出されていたものである。鯨は日本人にとっては、食料として、生活資材として貴重なものであった。鯨の捕獲術や利用術は優れていたし、それらへの感謝の念も強いものがあった。各地に鯨を祀る神社や墓がある。欄干を鯨骨で作って祀っている橋まである。絶滅の事態を避けるのは当然であるが、鯨は哺乳動物で高度な感情を持つから殺すのは可哀想だとの理由で捕鯨に対して厳しい目を向ける人がいる。家畜として労役を担わせ、食材として飼い慣らした牛や馬は哺乳動物ではないと思っているのだろうか。なぜ同じ思いを寄せないのか。生命尊重主義もないものだ。

人間に都合の良い有用種を人工授精、遺伝子操作にクローンなど神の領域まで踏み込んで徹底的に利用するのは、有害種を抹殺するのと同じではないのか。博打のためにサラブレッドなる人工馬を作り、鞭打つのがなぜ正当なのか。これは悪意の人間中心論理で、横暴そのもの。それらの反省からなのか、動物の権利をまもるために、人間はベジタリアンになるべきとの説がある。これは現実味がない。尊重しなければならないのは、古来鯨を大切にしてあらゆる部分を活用しながら培ってきた地域の倫理であり習慣や文化である。それを一部地域の習慣や反省による論理で縛り、均一化しようとすることからは、人間性の欠如しか感じられない。

生態倫理として人間を生物と同等視する説がある。これは人間生存の前提、すなわち自分たちは飢えないとする思い込みから発している。上下論ではなく、場合によって共存し、場合によって格闘する相手である。技術万能は良くない。勘定万能も感情万能も良くない。

巨大な鯨が異常に繁殖して海中の食物連鎖を断ち切ったらどうする気か（鯨はオキアミなど小さな生物を餌とするものと思っていたが、蛸《たこ》や烏賊《いか》、鮪《まぐろ》など高級魚をむさぼり食う映像を見た）。このままでは増えすぎるのは明らかで、その時、殺戮《さつりく》のための殺戮を行うのが正当化されるか。可哀想の問題ではない。このような混乱から人類を救い、他の遺伝子（動物や生物）を救うのは冷静な人間の手に置くべきである。人間だけが本能の他に理・知に基づく判断力を持ち、手段を持つからである。

精度の高い持続可能最大収量に基づく厳格な資源管理のもとでの資源利用は当然のことで非難されることはない。他国の漁業専管水域内での漁獲禁止や不買運動の恫喝があっても、主張すべきことである。偏った自然観のゆえに、日本人の古来の習慣を偏狭な感情で阻害されることに抵抗できないとしたら、自然の中でしか生きる場を持たない人間としての真の自然保護の根本理念に疎《うと》いと言わざるを得ない。尊重すべき他国の文化や習慣を平気で蹂躙《じゅうりん》することを容認することになる。こちらの方がはるかに恐ろしい。環境倫理などと大仰な用語で、非現実的な保護（実は秩序なき放置のみ）を統一的な規範にしようとすることは許されない。感情が先走る鯨問題で、日本政府はあくまでも科学的論理で対抗している。基本的にはこれが王道である。ただ飢える心配を棚上げにした感情には論理では抵抗できない。日本も利口ぶるだけではなく、戦術を転換して感情論を展開する必要もあるのではないか。「目には目を歯には歯を」が彼らの正義なら、「同じ土俵で戦う」のが日本の正義である。

＊鯨問題で主張する前に　かつて日本開国の圧力にもなったとされる先進諸国からの捕鯨船団。彼らは大切な資源であるにもかかわらず、油だけしか採取しないで捨てていたそうである。しかし、その点だけを非難することはできない。なぜなら同じような不埒なことを日本人は現在もしているからである。

魚卵を好んで食べる、雌を捕獲する、稚魚を食べる。日本近海における漁獲の減少には、上流域におけるある種の土木施設や海砂の採取や有害物質の流出が関与していることもありうるが、獲りすぎや卵を抱いた雌、稚魚の捕獲が大きな要因の一つである。食べずに捨てるだけの小魚を地引網で捕らえる。回遊魚の大群にぶつかれば、文字どおり一網打尽に獲りまくる。少しでも早く成長させようと薬を混入した食べきれない餌を与えて海底を汚す。釣り人は自分が食べ切れないほどの魚を捕るし、むやみに撒き餌をする、美味くない魚だと言って浜や岩礁に平気で捨てる。必要のない捕殺や再生能力を超えた採取、再生・循環を断ち切る採取、無駄だらけの採取や栽培は当然禁止すべきものである。

ディープエコロジーも生命尊重主義も、「先進国の傲慢」を止めるための消費削減と廃棄削減について実践的、各論的展望に繋がらない。極端すぎる理想論だからである。人間中心論理を前提にしない限り、事態を悪化させるばかりである。例えば生命倫理がベジタリアンへの転向を薦めるのは動物食・鯨油採取・過酷な労働など動物虐待や無駄な虐殺への反省であろうし、極端な原生自然保護は先住民や原生林への暴虐を伴った反省からの鎮魂、世代間倫理はキリスト教の教義に支えられた産業革命と資本主義からの資源収奪への反省など、これまでの来し方を背景に出てきた環境論で、強烈な反省の念を込めて過激な主張となったのではないかと思っている。あるいは食糧増産が人口増加に追いつかない焦りであろうか。背景の理解抜きに上面《うわっつら》だけを真似ると大火傷をしたり、消化不良になりかねない。空疎な理念、実現性の乏しい理念ほど格好良く響く。

＊動物保護　産業革命の後、人類が奴隷や動物の筋肉労働に代わる動力を化石燃料の燃焼によって獲得できることを知って以来、人類は決定的に自然に敵対することを宿命付けられた（燃料の採掘と燃え滓としての排気ガスの排出）。しかも俄《にわか》に信じられないが、このことを実現する内燃機関は、動力としての動物の酷使や虐待からの解放を求める動物愛護運動の高まりと無関係ではないらしい。（アメリカの奴隷解放運動は動物愛護運動と連動していて、アンクル・トムのストウは熱心な動物愛護運動家であった。[10] 動物を酷使から救うための人工動力が生態系を痛める。何とも皮肉なことである。

環境問題への取り組み

すでに述べたように多様な顔を持つ自然は、元来どの側面から見ても循環型システムとなっている（この意味では自然災害も自然循環の一つにすぎない）。

何かの材料としての資源は役割を終えた時、廃物になるが、それがまた自然の力で別の資源になる。この循環の周期は短い場合もあるが、きわめて長い場合もある。この自然に人間が積極的に関与して、最低限の生存を担保するだけではなく、限度を知らない快適と安全の追求に及んで混乱を生んだ。世間では今、資源の枯渇と廃棄の増大からの環境危機に対して、自然と共生しようとか、持続的な発展を目指そうと安易に唱えられる。前項の環境倫理を極端な理想論とすれば、縄文回帰論とかベジタリアンになれとの主張は無責任であるし、具体策のないままの持続的発展論は空論にすぎない。どれも人類の持続に繋がるものではない。

人類が金と労力と知恵を加えて自然から資源として役立つものを採取し、生態系の有用なものを栽培し、採取して、直接にまたは加工・生産によって生活の糧として消費し、立地系を改変・開発して生活の安全や利便に役立たせてきた。

＊土木と開発　土木の分野では、豊かな生活を支えるのに、人やものの移動の量と定時性の確保のために、道路、空港、港を造った。各種情報網のための施設も造った。工場や大型店用の土地も造った。日々豊かさと安心を実感できる家庭のために宅地も造った。山を削って谷を埋め、海に人工島を造った。密集家屋や狭い道を再開発して良くした。生命や財産をまもるために、多少の雨で避難しなくてよいように、暴風雨の中防災活動をしなくてよいように、必要な生活用水や工場用水を確保できるように河川を改修した。遊び場も造った。不要地や危険地に手を入れて活用した。すべて新しい環境の創出という開発であった。これが潜在していた豊かさ、快適さ願望を刺激して新しい需要を誘引した。

この過程でいらないものは廃棄してきた。この自然の収奪・改変と自然への廃棄において技術は大きく貢献してきた。人間は懸命に努力を重ねて技術を磨き自然からの有用物の獲得には効率という尺度で望み、自然への廃棄には無知なままに合理性という低コストで臨んだ。特に収奪と廃棄において爆発的な量の拡大と質の悪化をもたらせた今世紀後半、技術が自然からの利の獲得やその分配に血道を上げた。これは技術が資本主義の僕に成り下がったからである。資本主義の目標は「損失は最小、利得は最大」にあるから、無駄をなくし、効率的に活用するのが善であった。そして目先のことしか考えない。これが皮肉なことに、利の獲得に奔走して得た多機能で安価な利器を通して、廃棄が善なる悪弊を広く定着させ、誰もが害の負担を省みなくなった。貧しい時代の環境観だから許されたのである。

自然の潜在能力の顕在化過程を冷静に振り返ると、自然を収奪して廃棄したといっても、たかだか自然の形・状態・配置などを変えたにすぎず、構成要素は決して無に帰したわけではない。別の自然になったにすぎない。空に太陽がある限り、生態系に進化という魔力がある限り、さらに人間に現状を変革したいとの意志があり技術がある限り、今日の廃棄物がいずれ資源になるのは間違いない。それには堆肥のように短期間ですむものもあるが、長いのでは数万年以上の年月が必要なものもあろう。

この後も今日のような生活を続けようとしても、今日のように国の主権は不可侵で、土地への私権は尊重せざるを得ない状況が変えられないなら、やがて資源が不足し、工業化農業にも限界があって食糧が不足する事態になる。自然の分解能力を超えた廃棄の増大や立地の改変が生態系や現象系に影響を与え、進化のスピードに追いつけない種が絶滅し、気象変動が現実のものとなる。これまで前提としてきた人間の生存の危機である。

＊環境危機　水や土は産廃物からの流失重金属で相当汚染が進んでいそうであるし、優秀な媒質フロンの安定性がいつまでもオゾンを破壊して動植物を蝕む。工場や車や発電所からの排気ガスは大気温度を上昇させて南極の氷を溶かし海面を上昇させ、酸性雨を降らせて森林を枯渇させ砂漠化に拍車をかける。フロンやＰＣＢを止め、ゴミは海洋投棄（屎尿の海洋投棄は今も続いている）を止めて、焼却さえすればよい、埋め立てればよいと思っていたが、これが間違いであった。発ガン性のダイオキシンが拡散する。極微量の環境ホルモンが脳に蓄積されて生殖機能を損ねるらしい。特に戦後衛生薬、農薬として威力を発揮したＤＤＴはその危険が認識されて、全国各地に埋設処理された。しかし今となればどこに埋めたかわからないそうである。

いつの間にか人類は一〇万品目に近い非自然物質を合成しているとのこと。早急に対応しなければならないが、かつて我々が望んだものであるのに、まるでそんなことを忘れたかのように、対応の遅れる行政を非難し、新たな処理場の建設については余所に持っていけ。これでは切羽詰まった業者は不法投棄になりかねない。不法な海外持ち出しになる。

何をすべきか。最大の反省点は今世紀後半になって収奪と廃棄の量と速度の増大が自然の摂理を越えたことにあるからして、利の獲得のスピードダウン（消費削減、欲望の抑制）、害の分担意識（廃棄削減、安全感転換、利便快適感の転換、すなわち痛みの容認）および廃棄資源循環システムの促進（リサイクルの徹底、コスト主義の転換）である。現在のっぴきならない不景気で、国民も国会議員も役所も経済学者も最大の関心が景気回復である。誰も環境改善の好機と捉えない。サステナブル・デベロップメント（sustainable development：持続可能な発展、あるいは持続的開発）はあくまでも、合理的な利の獲得や競争的分配を目指した市場主義者の掲げる経済原則である。本来は「持続可能な」は生態系に掛かる枕詞《まくらことば》であって、制約であったはず[11]なのに、発展・開発の枕詞にして目的に変えてしまった。何より問題なのは、この言葉が深刻な環境問題を他人事に変え、本来持つべき危機感を期待感に変えてしまうことである。環境への配慮を表明しつつ、その主体を不明確にする始末の悪い言葉である。これで環境に配慮した気持ちや気分を表そうとしても幻想にすぎない。

せめてサステナブル・ライフと生命や人生や生活にかけ、持続的生存とか生活持続性と言いたい。生存のために各自が当事者として何をすべきか、何に耐えるべきか、より巧妙な行動目標が見えてくるはずである。日本の持続可能性とか「持続可能な日本」はここにしかない。

日本では、都会のゴミの三分の一は食べ残しとのこと。食材の大方を海外に依存していて何と言うことか。ことの理非を弁《わきま》えているはずの人間のすることとは思えない。東京都がゴミ戦争において非常事態宣言を発したのはもう二〇年以上も前のこと。ゴミ事情は良くなるどころかゴミの量において、ゴミの質において、さらに悪いのは

産廃処理場はいらない．嫌なものでもいるものはいる．自己責任制になった時の姿を思えばわかる．

山奥のゴミ焼却場．ゴミをどこで処理するか．海底に埋めるのか．

浄水機能付きの風呂（萩市）．運搬路と生活用水をまもるのは利用者の務め．江戸時代に造っていた．

巨大な排水管（スイス・バーゼル）．糞尿を街路に捨てれば疫病が流行る．欧州では下水道が早く発達．

街中の排水路（柳井市）．子供の頃どこにもあった汚く，臭いドブ．古い街並みを残すのは大変．

ゴミに対する個人や企業の倫理感において、悪化の一途である。

＊ローマ帝国の悲劇　ローマ帝国が滅んだ理由は様々で内因説あり、外因説ありだが[12]、どちらであれ何ともやるせないのは、侵略した国の大地に塩を撒いて土地の力を奪い、他方各地から集めた食材を「食べるために吐き、吐くために食べた」ほどの傲慢さと、自然の冒涜《ぼうとく》に対してである。人間の生存に不可欠の食材とそれを生み出す土地の尊厳を冒涜して、繁栄が続くわけがない。ローマの母胎となったエトルリアはものつくりに秀でていたようで、これに磨きをかけたローマの技術水準の高さを証明するものはポンペイから発掘されているし[13]、遺跡に残っているし、道路、橋、上下水道など土木の数々はいまだ現役である。美酒美食も技術の成果である。葡萄酒を甘美にするための貯蔵器に鉛の内張をすることが流行った。鉛は明らかに中毒を招く。奴隷や外国人労働者であった被征服民や侵入したゲルマン人の数や意識が変化してローマ社会の構造が変質し始めた。多神教の世界に絶対色の強い一神教が入り込んだことも社会を揺るがした。この他に道徳心が廃退し、風紀の紊乱から不義密通が日常茶飯事にもなった。内因とか外因とか分けるまでもなく、両者が相乗したのである。

「ローマはなぜ滅んだか」[14]の第6章のタイトルは「悪徳・不正・浪費・奢侈・美食」であり、小項目を並べると、昔はもっと質素であった、悪徳と貪欲がこんなにふくらんだ時があったか、薄氷を踏む思いの経済的自立者、金銭欲は底なしだ、空虚な快楽と倒錯した欲望、食卓の贅沢が精神を堕落させる、となる。これはローマを話題にしているのであって、同書では当然日本のことには全く触れていない。

日本の食べ残しの中には、実はエネルギーを使って料理してなお「食べないで捨てた」ものが大量に混ざっているとのこと。前記のタイトルではないが、悪徳・不正・浪費・奢侈・美食のどれにも当てはまり、その上に風紀の乱れ、他人任せの無責任、悪の容認、自主的弱者など、およそ明日への展望のないことばかりである。土木は社会を変える力にはなれない。しかし土木がこんな社会に染まってはならない。

地域の公害として扱われていた廃棄物問題が、今や地球規模にまで拡大した。自然との共生のためには、廃棄物のリサイクルと分解について、先端技術開発以上に技術革新が必要であり、かつ消費者個人も生産者も相当な痛みを覚悟してかからねばならない。廃棄の処理をしないままの低価格実現を経済原則と誤解してはならない。これからの経済原則は、最終製品に関する原価計算によるだけではなく、原材料の採取・精製、加工（エネルギー、廃棄）、最終処分までの総合環境負荷軽減分を加えた総合原価主義に基づく価格設定でなければならない。

生態系のすべてには天敵がいて、そして死して必ず自然に還る。天敵もいなくて、しかも死してなお環境に負荷を掛ける日本人としては、過激な環境観を唱えることよりむしろ誰もが当事者意識を持つことである。

二・四　自然保護

自然保護

人間と自然を取り結ぶ土木は、自然を利用することによってより安全で快適な活力ある社会を作ることを使命としている。自然を観察し理解するのは、自然を保護しようとするより、永続性のある利用を担保するためで、自然すなわち国土の保全を目指すものである。

国際自然保護連合の自然保護は「人間との関わりにおける自然および自然資源を賢明に合理的に利用すること」とされている。[15] これは従来の土木における国土保全と同一路線である。が、現代ではこれでは不十分である。ここには廃棄の問題が含まれない。「生産過程や消費過程から生み出される各種老廃物や廃棄物ならびに人間や動物からの排泄物を人為的に無害化して自然に返す、または有用化すること」がなくてはならない。廃棄の問題は国際自然保護連合の見解「賢明に利用する」中に含まれるとの議論もあろう。しかしこの問題は人間が積極的に取り組まねばならない問題である。賢明に利用するのは「安易に利用」することになる。極端な環境原理を掲げたり、片手間で片付く問題でもない。さらに、「合理的利用」の言葉からは「より金をかけないで、効率よく徹底的に利用する」という経済第一主義の姿しか見えない。

放置は自然破壊

例えば世界自然遺産に登録された青森から秋田にまたがる白神山地は、これまで地域の人たちが関わりながらまもってきた貴重な地域の財産である。すべての人間を拒否して原生林として保存したいとの意向もあるとのこと。しかし世界遺産であることが、地域の人の生活と文化や伝統を否定する理由になってはならない。

人間との関わりを断ち切った保護は、日本では自然保護と言えない。むしろ破壊である。もしその地域内で火災があった時、自然鎮火を待つことになる。その間に、貴重種を含めた何万の生命を抹殺する。それによって二酸化炭素を増やす。山腹の崩壊があって放置しておくと土石流の原因となり下流を襲う。確認はしていないが、日本では下流域に都市を持たない流域はない。崩壊後を放置するのは戦闘行為に匹敵する無謀極まりない人為的自然破壊となんら変わらない。経験と理と情を持つ人間のすることと思えない。広大なアメリカや不毛の砂漠地ならまだしも、あらゆる自然的人為を心懸けてきた日本ではこんなやり方を真似るべきではない。山奥へ有毒な廃棄物を投棄し、放置するのとまるで同じではないか。

土木と自然の関わりは、人間の目的に適合できるように自然に働きかける要素と、自然からの働きを受ける要素がある。この能動的な関わりと受動的な関わりは、常に関連し合っている。例えば生活の安全のために自然からの一方的な働きを阻止しようとする場合でも、そのために自然へ働きかけることになる。山奥の地滑りや山火事は短期的に見た時、それ自体は人間に直接的影響を与えないから、被害と言わないが、放置できない。その山が貴重な生態を持っていて、それが保護の対象である時に、放置するのが自然保護か、再発しないようにするのが自然保護なのか。その際にあるべき自然は何か。これまで無知であったがために、予期に反したこともあったが、人為を一律に悪としてよいわけがない。

世界自然遺産

屋久島は一九九三年一二月、独特の森林植生とその垂直分布が貴重であるとして、世界自然遺産に登録された。本当は一万人以上の人間が生活している島で、それらが保たれてきたことこそ貴重なのである。世界遺産を軽く考えるものではないが、この屋久島の自然が、日本の財産だとか世界の財産になったと考えるべきではない。この島の自然が持つ種々の価値のうち、プラスの価値は誰とでも共感できるが、危険とか不便とかの負の価値は他地域の者と共有できないからである。屋久島はあくまでも地域の人たちの財産である。世界の財産とか日本の財産との考えは、地域の人たちの生き方への制約になる。島の公共性や公益性を自然とどのように関わり合わせるかは、島の人が主体的に決めればよいのである。

今島には辛うじて一周できる道路がある。世界自然遺産に登録された区域内の一〇キロメートル弱の道路を改修すれば、全体の周回道路整備が終わる。災害時の安全性と日々の利便性から、以前はこの一周道路の整備が島人の悲願であった。しかし屋久島が世界遺産になって意識が変わった人もいる。未完のままの一周道路を完成させるか、それとも不便でも改修しないままにするか。辺境の地で高度成長の波に乗り切れなかったのが、最近になって改修の機会が巡ってきた。環境アセスをやって、その改修に伴って生態系にいかなる影響が出るか判断できないとの結論が出た。決断は島民に委ねられた。島民の心は一層揺れた。一番恐れたのは、世界遺産になったことを理由にこれまでの生活が制約され、宿願が放棄されては、人間と自然の関わりについて本来の姿まで否定されることになるのではないかと。

人為を否定する自然保護は放置であって少なくとも日本には適さない。人間を否定する学術も説得力を持たない。仮に希少性の証明ができたとして、即学術的貴重さのゆえをもって、人為を排除するのが唯一の選択肢でもない。日本では人為による保護を無視して自然保護はできない。世界自然遺産だからといって自然を一人歩きさせてはならない。自然は、世界遺産であろうとなかろうと、人間と共に歩いて、人間が適切に管理して輝きを増す。日本で培われてきた自然的人為を忘れてはならない。

二・五　環境適応性土木

これまでは、豊かな自然からの恵みを生活の利便に役立せようと、「利の獲得」に熱中してきた。特に資本主義とか共産主義を問わず競争社会になって合理的にあるいは効率よく資源を採取し、立地を改変し、廃棄物を処分（単なる投棄）してきた。これは地球の無限性を暗黙のうちに前提として先着優先・強者優先で、地域の不均衡を乗り越えてきたものである。ここには負担意識はない。自然から見れば摂理である異常現象を克服すべく、例えば人工降雨実験に見られるような気象改造すら善なるものとして渇望されていた。

しかし、資源の枯渇や生態系の破壊が進み、これに廃棄が蔓延して、人体すら蝕むようになった。この先、気象の変動や生殖異常さえ起こり得るとの恐れが現実になりつつある。このような現実から環境意識が高まるのはいいとしても、現在の生活水準や生存を前提とした単純な憧れや商業主義からの、現実味のない環境意識が拡大しているのが懸念される。

人間が生存していくためには大なり小なり環境に負荷を与えるのは避けられない。人間生存のための水や食料やエネルギーや一定程度の利便を確保するための環境負荷は容認した上で、これを小さくする土木へ志向すべきである。ここでは具体策のない環境理念や現実味のない環境原則、単なる憧れだけの環境観、環境からの害の負担を考えないような環境観には与《くみ》しない。

安全感の転換

災害多発国日本では、災害との付き合い方を永年の経験として蓄積していた。神への祈り、時には呪術への期待もあったろうが、自然に対する敬虔な態度、軽微な自然変化への敏感さと災害予兆を捉える努力、煩わしい日常の防災活動を厭ってはできない災害への備え、早期避難による災害回避、そして被災から簡単に立ち上がり復旧させる技術。どれも不確定要因の多い日本の自然からくることである。これを実現するため、両岸の堤防の高さを変え、霞堤という破れ堤防で遊水池を造り、輪中で水より高く家を造り、最後には船で逃げる。水巻や川内、出水とあえて弱点を晒すような地名を付けて危険性を伝承し、まれに襲い来る異常には潜り橋や流れ橋で良しとする。また煩わしくとも割地で被害の分散を図る。この日本人の自然観、災害観は自然との格闘の結果生まれたもので、自然的人為という日本文化の源流である。巨大でも独立でもなく、小さなものが連携するところに正義を置いた。軽微な災害を容認することで大きな危険を回避し、早期の避難や多少の利便低下を厭わないことで自分の命を自分でまもった。この弱小連携型は、また身近にある材料が使え、生態や景観をいじめないという特長がある。

これは穏やかな日常と、ごくまれにしか起こらないが起これば激しさ極まりない異常からくる日本の宿命に立ち向かう巧妙な方法で、ここには絶対安全を想定していない。命は自分でまもり、罹災からの早期復帰を前提とした軽微な施設、細やかな心積もり、厭わぬ努力の連携でもあった。

ところが、このところ日本ではなんとしても被災するのを避けようと巨大完璧型土木を造ってきた。外力の性質を極め、予測の精度を高め、災害のメカニズムや材料強度を極めることを目標にしてきた。大量の優秀な高品位材料を使い、場を大幅に改変して、西欧の人為的自然にならって巨大な構造物を造ってきた。これらは少しの瑕疵も許されない。多額の建設費用、完成までの長い年月、環境への大きな負荷、膨大な用地や資材、静穏時の違和感など物心両面の負担や資金面の負担が大きい。この絶対安全を前提とした巨大完璧型土木のお陰で多くの災害を防ぎ、居住地や商業地を広げてきた。すなわち災害を防ぎ、安心して生活や産業活動ができるようになった。

ただいかなる完璧も想定を越えた外力には抗《あらが》えない（想定を越えて抵抗できるのが素晴らしい土木と言われない。むしろ過剰設計と言って、税金の無駄使いと非難される）。いったん破壊された後の惨状は計り知れない。こうなれば、結局まもれもしないのに大金を叩《はた》き、自然を大幅に改変し、移転で旧来の習慣や地域を解体され、長期間の工事に伴う諸迷惑は何であったのかと不満が爆発し、責任追及の声があがる。

絶対安全を前提にすると、危険を宣告して安全措置をする本来の危険度地図が機能できないで、避難のためにしか使われない矛盾にさえ気付かなくなる。そして可能な限り高い安全性を確保しようとしても、材料が枯渇しそうだし、その資源を採取するのに生態系に影響を与える。材料を調整するのに多大なエネルギーを使う。

自然を完全に理解し克服しようとしてできることではない。一〇年一昔の現代では、この先一〇〇年の間に社会状況がどのように変化するかの予測ができない。自然現象はたとえ変わらなくても、自然現象の社会への顕在の仕方が様変わりしてしまう。

もともと絶対安全はあり得ない。頑なに抵抗することばかりでは、まさかの際の被害が大きくなる。軽微な被災は容認する方向がこれからの安全感であってもよい。人間や財産が逃げるだけではなく、早い目に降参し、逃げて早期復旧を目指す土木があってもよい。日本ではこれから人口の減少期を迎える。これまでは無駄を除くことに懸命であった。これからは無駄を無理に除かなくてもよい。いろいろなまさかの対応には、無駄が多いほど都合がよい。山の廃屋も、ゴーストタウンまがいの街の廃屋も、国や地方が積極的に買い取り、公有地にして無駄なままの管理をする体制を作ることが検討されてもよい。

ゴミ箱（イタリア）．分別収集箱は街中のかさばる異物．せめて楽しくと派手なイラスト．

タイヤを浮かしたトラック．空荷の時の省エネのためか．通行料のいらない欧州でここまでこだわる．

神籠石（行橋市）．これは神懸かりではない．この巨壁で対抗する強大な勢力が襲った．

命を長らえた太郎杉．華厳滝への邪魔ものは参道と神橋と太郎杉．まもることはゆずること．

可哀想な巨木．東大赤門脇の巨木．煉瓦塀倒壊を止めるこの木は生きている．

川を鎮める神．川で起こる現象が理解できなかった頃は，神と技に頼った．

現在の高密度化した社会で、あらゆる土木が弱小連携型でよいとは思わないし、実現できるとも思わない。状況によっては弱小方式を試用し、日本古来の災害観、自然との一体感ある生活、自然に優しい生活、自分で身をまもることの意味を考えたい。特に環境問題に関わるすべての土木の行為は、安全には避難、保護には開発、利便には我慢など相反する二局面をバランスさせることに重点を置かざるを得ない。なにより総合的な観点が必要なのである。

循環土木への試み

生態系の持続性を担保した開発・発展という真の持続的発展の可能性はあるか。単に持続的発展をお題目のように唱えるだけでは、環境問題は片付かない。

ローマ法王は無駄な消費の削減を免罪の条件にされた。言うは易《やす》く行うは難《かた》しであるが、消費削減なしでは人類生存の持続性がないことへの強い心配からのことであろう。善良な市民ばかりの社会では消費が削減できないなどと揶揄《やゆ》するのは止めにして、自然から利の分配を受けることを当たり前としてきた人間の責務としての精神条項と考えるべきである。しかしデフレ指向を嫌うわけではないが、消費削減が唯一最良の策ではない。

廃棄物の処理・無害化のための技術開発および完全な再資源化のための技術開発を急がねばならない。

産業革命によって自然から豊かさを引き出し、その結果として資源の枯渇や廃棄物の増加が人類生存の危機に至らしめるとするなら、この危機から人類を救うのは、増加する一方の廃棄物の山から資源とエネルギーを取り出して、物質循環の輪を閉じることである。嫌われものの廃棄物を宝の山と思えと言っても、今は無理であろう。しかし金の探査、採掘から精製までの過程を思えば、廃棄物の資源化は不可能なことではないと確信できる。なぜなら宝のありかがわかっているからである。とは言ってもこの廃棄資源循環技術は人類の夢と生存をかけた超先進的な技術であっても、実現のための技術開発はきわめて困難である。

そこで資源・エネルギーから廃棄までの一方的な流れを閉じるこの試みはかつての産業革命を完結させるもので、第二次産業革命と呼ぶことにする。第一次革命の合い言葉は効率と合理性であったが、第二次産業革命では使命感と持続性であり、非効率と脱コストである。循環技術が循環産業として成立した時に初めて持続的発展が展望できる。その時にはコストとか採算性に関する概念は、現在のものから変わっていよう。

一九九九年六月通産省は、先端技術を核とした二一世紀基幹産業を育成するための国家産業技術戦略としての一三分野を公表した。その中に環境関連技術、資源・エネルギー技術があげられた。二〇二五年を目標にして技術革新の早期実現を目指すとのこと。目標までにまだ四半世紀あると見るか、この期間中に人類の未来がかかっていると考えるか。この2項目を独立したものと捉えないで、リンクさせて廃棄資源循環技術の早期開発がどの分野にも勝る緊急の課題である。

土木の基本資材は、石、砂、セメント、鉄、土である。どれも自然から採取されるから、採取に際して生態や景観に影響を与えるし、現実に材料として使いやすい形になるまでには精製のため、焼成のために、成形のために相当なエネルギーを必要とする。今、この材料に枯渇の心配が出てきた。

一方、以前は半永久的と思われていたコンクリート構造の寿命が、最近では一〇〇年だとか、いや五〇年と言ってるうちに、三〇年で見過ごせない障害が多発し始めた。当然補修もするが、更新もするだろう。あるいは被災すれば、復旧するだろう。もちろん、感性寿命が尽きたり、機能寿命が尽きたりして、建て替えもされようし、よりよい利便と安全のための再開発もある。必要資材が増え、同時に廃棄物の山ができることを意味する。

どうすればよいか。

①　省エネルギーの観点からは、採取・精製にエネルギーを必要とする材料、すなわち高強度材料の使用を控える必要が出てくる。材料を区分して、無駄な使い方をしないように使い分けをもっと徹底する。

②　資源枯渇・省資源の観点からは代替材（土・石・木・竹など）を多用する必要が高くなる。資源枯渇は同じ資源ばかりを使うところからくる。

かつての高度経済成長期に、コンクリートの細骨材として海砂を用いた構造物の劣化が思いのほか進行して、社会的な不安感を与える状況になっている。しかし現実には、海砂に頼らざるを得ない状況である。しかしこの海砂採取の環境に与える影響が大きいことから、採取規制が強くなっている[16]。

省資源志向から代替材が、省エネ志向から低純度材料すなわち低強度材が、低負荷志向からはリサイクル材が想定される。これらは強度の低下、品質のばらつき、供給不安など、従来の土木材料として持つべき強度や安定を欠いていて、しかもコストだけは増加することが明らかである。考えるまでもなく良い材料をふんだんに使うのは簡単で、低品質・高価格材を適切に使いこなすのは技術の見せ場である。近代技術の発祥の頃は低品位材を使わざるを得なかったことを思えば、対処は比較的簡単である。省資源や省エネ技術は、そこから生まれ出る低強度な低品質材を使いこなす技術があってこそ活きてくる。

③　リサイクルの観点からは材の目減り、コスト増、品質劣化、出荷不安定への対応法が必要となる。環境適応材によるリサイクル前提の構造形式の開発やリサイクル

の効く材料の開発が必要である。

会計検査院から「再生資源の利用の促進に関する法律」を適切に運用することが、指摘されている[17]。

④　コスト感の転換　環境に配慮するには資金がかかるのは当たり前のことである。しかし低品質で高価格の代替材に市場性はない。これを普及させるには、自然資源を市場に委ねることを止めて、市場介入による使用規制がなければならない。従来のような単純な費用便益主義も転換しなければならない。

＊ここまでやれれば　世界の多くの都市で、都市交通が問題になっている。渋滞、排気ガス、騒音や都市景観の歪みなど局地的な環境問題に加えて、省エネなど資源枯渇に備えた地球規模の環境問題がある。種々の策が試されそれぞれに長短ある。詳細には記さないが、例えば大量輸送システムへの無料開放に近い徹底的な公費導入による優遇と、停留所間の無停車運行などの徹底的な優先が都市内に乗り入れる自動車数を削減し、局地的な環境問題も資源問題も相当程度に改善されるものと期待できる。

⑤　社会資本の分化　一概に寿命が長ければ環境適応性が高くなるものでもない。社会が固定していないからである。社会資本の目的や用途に応じて、使い分ければよく、あらゆる土木に最先端や最強を求める必要はない。

退避型土木：十数年に一回程度と想定される異常事態（台風や降雨などの事前予測が可能な現象）に対して抵抗して安全を維持するのではなく、異常時には機能を停止し、退避することによって機能を維持する土木。

機能対応型土木：利用者の数や利用の形態が変動しやすいもので、リサイクルを前提とし、かつリサイクル材や低品位材で構築する土木。端的に言えば仮設型土木。

長寿命型土木：その機能が固定的で、物理寿命が長期間確保できるもの。耐久性の高い自然材を多用し景観への収まりに配慮して建造される土木。初期コストより維持コストが重視される。

夢を追い育てる土木：技術は最先端の開発を行うことによって、全体の水準を高めることになる。海峡架橋、エネルギーや水、大深度地下など不可能へ挑戦する土木。

＊ここまではやれない？　地力低下や害虫を防いで農業生産高を安定させる輪作農法がある。これは農薬などの外的因子では解決できない、土の持つ性質を知った上の対処法である。

河川の土砂生産を止められない。この土砂が低地に堆積して河床を上昇させる。このように河川は湾曲し、氾濫しやすくなる。これを防ぐために堤防を築き、河道の安定を図る。すると河床は生活基盤より高くなり、いったん河川が氾濫すると悲惨な事態となる。都市部で川幅を拡張するのは簡単ではないので、また堤防の嵩上げを行う。これを繰り返さざるを得ない。長期的に見た近代的河川制御法の限界である。

この悪循環を絶つのは、輪作のように、都市をいったん放棄して河川のなすがままに任せることしかない。こうして河川氾濫が起こるたびに低い土地が自然に嵩上げされる。

この発想は、なぜ放棄されたかわからない古代都市遺跡があるところからきている。こんな理由で都市を放棄したことがあったかも知れない。しかしここまではやれないだろう。

第三章　人間・社会

三・一　日本人

人間の自立

ルネサンスは傑出した政治家、卓抜した芸術家、優秀な学者など優れた個人が支配した時代で、この点において中世と一線を画すと一九世紀には考えられていたと言うが、同時に人間を発見した時代であると言われる。[1]神を中心とした中世に代わって、人間が世界の中心となり、人間的なものの考え方が支配的になったと言うのであるから大転換である。神、自然を客観視し、神と動物の間に明確に人間を位置付け、人間の尊厳と誇りを見出したのである。人間の発見と言うより人間の自立である。

ルネッサンスで自立した人間は、宗教改革から宗派対立、封建諸侯による地方の分立、相次ぐ戦闘・侵略による混乱、魔女狩りに見る集団狂気を経て、啓蒙主義、産業革命、帝国主義へと時を経るにつれて地域を拡大させながら一層混乱を極めた。その混乱が新しい秩序を模索させた。言わば人間らしくなって溜った歪みを開放するための格闘がまた長く続いた。同時に人間として生き方やあり方がいかにあるべきか、すなわち倫理や道徳についての概念が確立した。個人の自由の相克の落としどころとしての民主主義や公共感の裏には計り知れない知と血があった。自律のための大きな試練であった。

　玉音放送直後には反米感情を露わに復讐を誓った日本人の多くが東条英機首相の自殺未遂に最高責任者の無責任さを見、軍需物資放出などに絡んだ旧軍幹部の数々の不正や軍が劣弱であったことを知り、犠牲者たる国民への謝罪もないままに呼びかけられた東久邇首相の一億総懺悔へ反発し、一方、進駐した米軍の圧倒的な物質文明に接し親米派が急増した。その後の矢継ぎ早の改革によって、未消化とはいえ個人主義、自由主義など、西洋では長い年月と大量の血によって手にしたものを獲得のための試練と努力なしに手にできた。このような戦後日本の大改革はアメリカによる強制されたもの、強制されたものは定着しないと言う理由で疑問を呈する人もいる。むしろ自主性や主張がないままの自立だから、我がものとできなかったと言うべきである。だから戦後自主的に新憲法の理念を打ち立てようとする内からの変革の力になり得なかった。改憲勢力と護憲勢力の不毛の確執がその後の日本人の精神構造を複雑にした。

＊日本国憲法　聖徳太子の一七条憲法はすべて命令形で書かれている。大日本帝国憲法の記述は主語が明確で、記述もきわめて明確である。内容の是非は別にして、文意もわかりやすく解釈に揺れが少ない。これらは上が一方的に定めて、下に与えたもの。
　日本国憲法を特に主語に注意して読んでみると、例えば、日本国民、われら、明示なし（第9条第2項戦力の不保持）、国民、すべて国民、何人、国、日本国・・がある。これらの使い分けを意図したものか否か、そこにどんな意味を託したかが読み取りにくい。民主主義を前提にして上が作り与えたことからの混乱であろうか。この憲法の内容については高く評価できるが（前著）、解釈が揺れやすくなっている。解釈に幅があるのを悪いとは言わない。主語や主体を明確にすることは自立や自律の基本要件である。

　そして、紆余曲折はあったとしても、日本はこれまでなかったほどの物質的な豊かさを達成した。が、企業人、官僚だけではなくあらゆる日本人がたがを外してバブルに踊り、崩壊した今、二一世紀を目前に目標を見失った。豊かさがもたらした歪みが極限になっている。今生きる我々各自の尊厳を確認するためにも今こそ人間らしく自律しなければならない。日本の民主主義のために。

個と公

　ドイツの日曜休日法の話を聞いた時は、世界で一番労働時間の短いドイツも法で規制しなければならないのだと思った。本当は日曜日の安息を乱さないように、騒音や騒動の規制が狙いで、あらゆる騒音・騒動が、例えば子供を叱る声すら規制の対象になり、通報があれば罰金数十万円となるらしい、厳しい規制である。ところが、農作業を規制外にする他に、コーラスの練習など、多数の人たちの楽しみなどは対象外になる。だからラジコン飛行機など騒音が大きくても、一人の楽しみは許されないが、大勢の人が参加する大会は許されている。この過酷さと寛容さに、個と公への考え方がよく現れている。

藩のために命を省みなかった大石内蔵助ら赤穂の浪士には私心はなかった（前著）。彼らに切腹の裁断を下した幕府のブレーンの一人、荻生徂徠は公と私を特有の論理で巧みに使い分けて、彼らの行為は公的私と見た。他方、武士社会の道徳規範から見て卑怯者として蟄居させられていたある反乱軍の密告者に対する処分の際、荻生徂徠は反乱を企てた集団への裏切りは卑劣であるが、その行為によって幕府という公へ多大の貢献をした私的公として、その密告者を無罪放免にした。徂徠の考えていた公は、幕府という時の政権の存立を支える道徳や忠義であって、反乱まで覚悟せざるを得なかった集団の道徳とか義とは相容《あいい》れないのは当然である。表向きを公、裏方を私とする武家社会の旧来の単純な尺度では律しきれない赤穂浪士の一件に、判官贔屓《ほうがんびいき》の世間が沸き、公たる幕府内でも議論百出で収拾不能に陥ることを防いだのは、幕府以外の公はすべて私としか評価しない徂徠の合理性である。この合理性には時空を越えた普遍性があるとは思えないが、理想どおりに片付かない社会の諸相を現実的に処理しようとした柔軟性や戦略性は、善悪は別にして現在にも通用する側面を持っている。

このように私と公の関係は、時により、地域により、また立場により大きく揺らぐ。この揺らぎには、それぞれの倫理と道徳に基づく論理がある。

＊荻生徂徠の合理性・融通性　「(1)社会の最小単位の村落共同体を在地領主の相当程度の自律的支配下におき、(2)同時に全国的な解決を要する問題に関しては礼楽刑政の体系を制定して上から統一的に処理する」とする荻生徂徠の複眼思考は中央集権と地方分権の考え方に、また「(1)普遍的な人間性として〈相愛相養相補相成之心、運用営為之才〉を認めつつ、他方(2)個性の尊重と多様性における統一の立場を組織原理として強調した」のは貨幣経済の浸透により揺らぎ始めた武家社会において、民衆の心情と社会の伝統に立脚しつつも変革すべき社会を模索した現実的妥協の現れである。これは「道徳の修養を積んで人格を完成させるのが人間の努めであると教える朱子学」に対して、「あまりにも厳格に道徳を説くのは人情の自然を抑圧する」として、儒学に基づく道徳の絶対性を否定したことからの帰結である。が、幕藩体制という秩序を維持する道徳は否定しない（柔軟性とも得手勝手とも言うべき複眼思考）で、人間としての生き方を視野に入れた統治論は、貨幣経済の浸透に伴う社会流動化の高まりによって現出した武士支配の危機に対し、彼は人民の土地への緊縛、武士土着化、商業抑制など、急進的でありながら復古的な改革をもって応えたもので、合理的と言わざるを得ない[三]。

公　共

辞書では公共を社会一般としか定義しない。公共とは、個人の倫理感・価値感を道徳感として共有していて、個人の関心がその枠内にあるところである。この共通認識はすべての人々の自主性によって保有されることが要件となる。社会的な制度として、公開制と参加可能性が広く保証されていることが必要であるが、個々人がこの制度を適切に活用して初めて公共性は高くなる。社会において個があり、個であるために公が必要であるが、すべての個がこのような公の要員であるためには、個として果たすべき義務や責任を負っている自覚も必要になる。しかし全体や集団のために、あるいは特定の個のためのゆえをもって、強制的に不特定の個が搾取され、抑圧され、無視されるのは正常な公共感ではない。表向きとは言え、私を犠牲にして公を立てるかつての日本の強制されたる縦の公や、あたかも私を捨てて公に頼る今の日本の自由の中にある横の公は、どちらも正常な公ではない。

＊理想の公　かつての上から下への縦の公に対して、横に広がる公が理想の形とされる。例えば社会正義を掲げる中坊公平氏は、強大な力のある集団に対抗する力としての横の公を評価されている。しかし、お上依存性の強いままに単なる横の公を持ち出しても、強力な指導力がない場合、求心力がないままに小集団の一方的利害に基づく民意が無秩序に乱立して混乱することになりかねない。この点で横の公が最善と賛同できない。むしろ主張を持つ個として上も下も、左も右も包含した輪になった公を理想の公とする。輪なら渦巻いて発散することもあれば、合意という輪の中心に収束することもある。輪が大きくて、議論が沸騰しても意外に早く収束することもあろう。

　公衆とは社会一般の人々とある。この衆はどちらかと言えば情緒的で、ややもすれば非合理的で、時には付和雷同的な行動をする人々であり、大衆小説と言い、群衆心理と言う衆は、感情的で、強いて言えば理性や秩序すら失いかねない人々の響きさえする。しかしこの衆は、本居宣長によって「産巣日神《うみすひのかみ》の御霊によりて、備え持て生まれつるままの心・・智なるもあり、愚なるもあり」に続けて巧なるも拙なるも、善なるも悪なるも様々なる「天下の人ことごとく同じきものにあらざれば」と規定された衆である[3]。現在では当然と思われるこの認識も、儒教に基づく画一性や身分制を否定することによってやっと想定され得た普通の人々のことである。ただ、宣長は智なる人、愚なる人などと、個々の人の特性として人を区分けしている。が、むしろ一人の人間においてさえ、善なる時また悪なる時・・と複雑に揺れる多様な感情を持つことを忘れてはならない。

　多少の違いはあってもこの普通の人々が公の担い手である。しかし、今日では同世代でさえ長幼間で、働く、遊ぶ、学ぶ、楽しむ、食べる、助ける、正義などあらゆる価値観が異なり、まるで住む世界が異なるかのような認識のずれが起こっている（長幼の間では体質が違ってしまったかのようである）。これだけの個人差に加えて、世代差、地域差、性差を含めた公である。その公を担い、公に支えられる土木にとって、その要件は多様なること以外にない。多様な自然からなる地域間で客観であり、公平であろうとすることが無理であり、客観への制約や客観からの成果としての均一や平等は、合理性や効率性など資本主義論理を持ち出してももはや意味を持ち得ない。公だからとの理由だけで、主張ある主観や感性が評価されないはずがない。

「和を持って尊し」とする日本の和はまことに尊い。が、個が自分を持った上の和でなければ、本当の公と言い得ない。個のない和に一途な平等と公平が重なれば、時にはカリスマが出現し、社会の活力を低下させ、混乱させる。カリスマを出現させるのは、その特異な資質に関係なしとしないが、むしろこれを待望する自分を持たない個や衆である。彼らの刹那的願望に始まり、無批判が後押しして、勢力が拡大した後はその権力（本当は単なる暴力）に抑圧され、その猛威を阻止できない。かつてのドイツやイタリアや日本では破滅しかなかった。カリスマが出現するも、あるいは平凡な政治家しか出現しないも、すべてその社会の個や衆に由来するのである。

そして個のない他人事の社会では、何かの切っ掛けで情に流されて指導者不在のままにカリスマ的現象が流行や騒動の形をとって現れることもある。関東大震災時の騒乱、石油危機の買いだめ騒ぎ、バブル狂乱など。土木に関わる騒動もある。ダイオキシン騒動、産廃騒動、米不足、断水騒動など。土木の人間としては、正当な環境観と適切な安全感（危険感）に基づいた食料、用水、用地、電力、交通確保のために将来を見通した公としての主張を持たねばならない。神懸かりや集団的情動に対応できるのは、筋の通った確たる主張しかない。

＊流言とパニック　正確な情報を提供するはずの機関が、自然災害やその他突発異変で機能できなくなり、しかも非日常的な恐怖に曝されていると、普通の人はその後の見通しに不安が重なり、自分の恐怖体験に他人の情報が重なり、新たな発信源にもなる。社会の歪みが悪意のデマを作る。冷静な時には排除できる不正確な情報でも受け入れる。社会への信頼がなく、個に信念がない場合、恐怖や願望に偏見を重ねて感情の赴《おもむ》くまま行動する。個のない他人依存性が強い社会では集団狂気からパニックになりやすい。無批判な報道が結果的に扇動することにもなる。

関東大震災に関して数多くの文献がある。地震予知に絡む大森房吉と今村明恒の確執や地震発生を明言させたい報道陣（世間）との葛藤や苦悩、被害の実態の描写、被害者の心理描写、被害に伴って生じた人災や自然現象、社会現象について細部まで記述した吉村昭のノンフィクションがある。[4] 激震に猛火に烈風など恐怖の体験による精神錯乱の実態、盗み・略奪などの犯罪、物不足に物価高騰、流言の発生、伝搬、拡大の様子、自警団の盲動、唯一の情報源たる新聞も流言やデマを流し、結果的に暴動を煽った実状、鉄道や船舶による帰省の実状、各所に散乱し山積みされた死体など、悲惨な災害の実状が迫真の言葉で描写されている。

日本人像

フランシスコ・ザビエルは、「此の世の中に本当にすぐれた道徳を持っている民族があるとするならば、それはまさに日本の民族である」とか「日本人は嘘を徹底的に嫌う。これほど嘘を嫌う民族に会ったことがない」と述べ、また才能について「日本の生徒たちは、ラテン語をヨーロッパ人よりも早く完璧におぼえる」と記している。[5]

これらが布教の裁可を求めるための戦国領主への言葉で

遠隔水位観測池（萩市）．水質と水位を監視する超高感度遠隔監視所を庭にした．江戸時代．

京都タワー．建設前は悪評．現在は気にもならぬ．論争より慣れを経て無我．

ウルムの聖堂（ドイツ）．不可能への挑戦．不可能の実現が人を魅せる．

小倉城．守備の施設．管制拠点．権力安泰．シンボル．安心．だから憧れ．

庁舎棟．豪華さが非難されるが，まさかの際の司令塔が頼りなくてよいのか．

東京駅．街の駅も田舎の駅も，現役時代は通過場所，引退後は郷愁．

あれば相当割り引かねばならないと思うが、どれも母国への手紙にある言葉である。当時のヨーロッパ人がおかしかったのか、今の日本人が変わりすぎたのか。

E・ケンペルは「日本人は高い文化水準を保ち、平和で、豊かで、精神的に自由な生活を営んでいる」と誉め、朱子学をヨーロッパの啓蒙主義と評価し、日本はヨーロッパの模範であると評している。さらに彼は外国の習慣や宣教師による日本的道徳の崩壊を防ぐ意味で鎖国を評価している。「世界というものは国際的な相互依存によってこそ成り立つ」とした後に続けて「国々にはそれぞれ固有の歴史があり、産物があり、固有の言語がある。それぞれの自立性をまもってしかるべきかもしれない。しかもこの日本の鎖国というのは、実に見事に機能しており、それによって日本は、西欧人も羨むべき文明の完成度を達成している。その中で民衆はまことに幸福に暮らしているのである」[6]。これほど鋭く的確な評価のできるケンペルは驕りのない真の国際人で、最大級の評価を与えるべきである。ついでに、彼の土木への観察も鋭い。

ローマ字で有名なヘボン、長崎海軍伝習所のカッテンダイケ、工部大学校のダイアーなど多くの外国人が、幕末から維新直後の日本や日本人を高く評価している。

＊江戸時代の土木　街道には排水溝、並木、茶屋、公衆便所があり、木戸番（交番の前身）がある。川には水門があり、どの田へも水が送れる。独特の匂いはあるが、リサイクル型エコシステムを確立している。ケンペルは細かな観察から当時の日本やそれを支えた土木の様子を描写している。その頃の母国ドイツの状況は記されていないが、対比して書いているに違いない。日本人が講で資金を集め、代表者の寺社参拝を口実にして諸国の産業を視察し、自国の殖産に熱中した時期に符合している。まことに、土木は社会基盤つくりである。

日本人の日本観

大江健三郎氏はノーベル賞の受賞演説「曖昧な日本の私」で日本人の「曖昧さ」は、日本の近代化がひたすら西洋にならい、同時に伝統的な文化を確固として守り続けたところにあるという。この「曖昧さ」がアジア侵略の根源であると続けておられる。

西洋にならい、同時に日本古来の伝統をまもることはなんら「曖昧」ではない。良いものは学び、良い日本の個性は残すというのは、きわめて賢明かつ明快で、これこそ国際化時代において欠かしてはならない基本要件である。融通のある態度と曖昧な態度は違う。ましてその曖昧さがアジア侵略の根源なんかではない（前著）。日本の「曖昧さ」は、狭い地域で肩を触れながら他人を立てつつ自己を抑えて生活してきた、あるいは生活しなければならなかった日本人の中で、それなりの収まりの場を確保し続ける処世の基本、すなわち日本人の正義の拠であり、倫理感である。あるいは豊かで、かつ過酷な自然の中で生まれた多神教的融通性でもあろう。

大江氏はこの「曖昧さ」は西洋人の理解を渋滞させ、アジアでも政治・社会・文化面で孤立するとして否定された。これは、いつまで経っても単なる異国情緒の目でしか日本を見ようとしない西欧への苛立ちがあったためか、それとも世界共通の同時代性へのあこがれからだろうか。しかしすべてを西洋化しなければならないとは思えない。文化は交流を通して啓発されるものであるが、自国の文化を否定してできることではない。日本がアジアで孤立し、西洋人を惑わせるのは、日本に日本としての芯となる国是や世界における日本の主張が明確ではないからである。文化において均一化があり得ないことやその均一化の企てがかつていかほどの災禍をもたらせたかを承知されないはずがない。受賞演説としてのリップサービスであろうが、個性的作家の言とは思えない。「曖昧」がいけないのではない。「自己を持たないままの曖昧」がいけないのである。日本内における「曖昧」がいけないのではない。「外に対する曖昧」がいけないのである。

ところが、ある宗教学者は最近雑誌で、「日本人は富を得てシステムは近代化したが、精神の近代化ができていない、それは日本人の精神がまだ西欧化していないからだ」と書いた（要約）。西欧人でなければ野蛮人であると言わぬばかりである。

大江氏も宗教学者も共に、国際化は精神まで他国に同質化しなければならないと考えておられるようで、まことに遺憾なことである。まるで、劣等な日本人が優等な民族になるためには欧米人との通婚しかないと考えたり、[7]国語として日本語をやめようと考えた明治人と変わるところがない。人間はかつて民族や文化を均一化しようとしていかなる暴挙、暴虐をしたかの反省が感じられないし、自然環境が文化の均一化を阻んでいることを承知されていない。日本をなくした卑屈で迎合的な国際化はあり得ない。異文化に接するには、傲らない態度と媚びない態度こそが必要なのであると思っている。

なお思いつく日本人像をあげてみよう。

① 日本人は潔癖で、融通が効いて単純である。神道で生まれ、結婚し、儒教で生活し、死ぬ時は仏教という宗教的な融通性のある日本人は外国人にとって不可解なようであるが、神仏混淆は奈良時代からの日本人のお家芸である。それは多様な自然の中で培われた地方色豊かな神観に、自然や地方性にこだわらない仏観が取り込まれた結果である。そのようなわけで、日本人は硬・軟、情・理の矛盾の中で生きて何の違和感も持たなかった。それどころかそのバランスに正義を置いてきた。それは、旧来の伝統主義に凝り固まった赤穂の忠臣に対する幕府の裁定が、情と理を巧に折り込んだ巧妙なもので、一事不再理の原則などの先進的法感覚に基づいていたことや、その物語が長い間日本人の中に受け入れられていること

から容易に理解できる（前著）。仏教で言う地獄で責める鬼をこの世に祀り、崇めるような複眼的総合力もあった。しかしその融通性やそれからくる正義をいつの間にか忘れて、宗教学者がいう西洋的合理主義一辺倒になり、分析的な勘定こそが唯一の規範と考えるようになった。実は西洋の自由や正義は醒めた監視や互いの批判があって成立しているのであるが、これらを抜きにして上面だけを真似たところに、現代日本の諸々の病根があると確信している。

今の日本では誰もが自分の欲望や利益を追求する自由に熱中するが、社会や他に及ぼす迷惑を省みない。好き放題、なんでもありの自由で、他人の自由への思いが欠落している。だから個々の自由を納める「いい加減」の公共感がない。収まりを模索する上の、戦術としての曖昧さがない。外国人から批判されるような、自信のなさから来る曖昧さしかない。

＊曖昧な発音　この数年、多分若者から始まったのであろうが、話している途中で小さく語尾を揚げて一瞬の停止の後、さらに言葉を続ける話し方が多くなった。自分の意志と相手の意志を共有したいような、したくないような話し方である。自分の主張を相手に押し付けるのを避ける気遣いかもしれないが、これでは主張にならないし、自信がないとしか写らない。これが年輩者にも増えてきたのが気に掛かっている。アメリカ人の中には、話の途中で頻繁に you know ? を挟む人がいるが、それを真似ているのだろうか。また最近は発音まであやふやでわかりにくくなってきたのも気になっている。聴覚がすでに変わってしまったのか。

目標に数字を使うと明確であるが、情や融通の入り込む余地はない。日本人の「いい加減」好きは、「ほどほど」とか、「そこそこ」とか、「適当に」とか、割り切れないものごとの落としどころなのである。数字は融通を排除する魔物である。一方、日本人の潔癖感は、分業を前提とした大量生産型近代工業に十二分に活かされた。他人の仕事への信頼感があるからである。

②　日本人はいつも外に基準を置き、自己の確立がない。日清・日露の戦争から国際社会に向い出した日本を背景にして、夏目漱石は一九一一年にすでに「・・向後何年の間か、または恐らく永久に今日の如く押されて行かなければ日本が日本として存在できないのだから外発的というより外に仕方がないのです」と、西洋の内発的倫理に対して日本の外発的な開化（人間性の発現）についての心配を述べ、[8] 小説三四郎の中で広田先生に「日本は滅びるね」と語らせている。夏目の予感のように日本はいったん滅んだ。滅んだにもにもかかわらず、日本人の外来好みは戦後いよいよ加速され、いまだに内発する人間性（すなわち倫理）を持てないでいる。大江氏には「曖昧」な言い方ではなく、外と無縁に生きられなくなった現代においては、日本人が内発的倫理を持たなければ正義ある道徳が育ちようがないとか、戦術としての「曖昧

さ」は厳格な主張と同じく国内では、正常な人間関係を構築する上で障害ではないと言っていただきたかった。

日本人にないと言われるアイデンティティは「生き方についての一貫性」とか「他人からの独自性」、「内なる倫理に基づく生き方」である。なくても日本で生きるに不都合はない。閉ざされていて互いに何もかも見通しだから、曖昧な表現で問題はない。互いに阿吽《あうん》の呼吸法に長《た》けているからである。しかし今はいつの間にか外に出ている。外の相手は阿吽を理解できない。この点の認識なく、例えば志賀直哉は日本語は曖昧で論理的ではないからフランス語を国語にしようといったとか。とんでもないことである。以心伝心や阿吽はa＝b式の翻訳術では間に合わないから、相手の思いのままになる。内外で使い分ければすむこと。自己の基準があれば、外に対して曖昧でいられるはずがない。外への発言者が、通訳や翻訳する者に阿吽を求めなくてよいように、明確に発言すればすむことである。

開国を求めて日本に来た黒船の執拗さに音を上げた幕府は、天皇と将軍を使い分け、あるいは使い分けないで、時間稼ぎをした。戦略とか国際的駆け引きとして、曖昧さが機能しなかった。この時点で内外における曖昧さの使い分けの重要性に気付くべきであった。

R・ベネディクトが捉えたように、日本人は他人、特に権威あると思われている人の判断を基準にして自己の行動方針を決める[9]。人の評価もものの評価もまず外見を中味より重視する。外部評価と言う権威筋のお墨付けや格付け会社や外国での評価があれば、間違いなしと思い込む。昔の男が戦う前に占ったのは弱気を鼓舞する気付け薬であったようだし、女性は占いの卦で自分の願望を修正するようだが、今の日本はいわば占いの卦のご託宣を真に受けて行動する。彼女の日本論には間違いや誤解があると言われるが、基本のところは外していない。

アメリカは道路造りを止めた。ダムも止めた。ドイツやスウェーデンは原発を止める。真似るにしても他国の事情をよく調べ、自国の事情を加味して真似なければ、日本が日本ではなくなるばかりである。そもそも文化が真似られないように、土木も外国どおりにはできないのである。どちらも自然環境抜きにはあり得ないからである。

③　日本人はいつも仲間連れの集団無責任か集団無鉄砲である。「赤信号みんなで渡れば怖くない」ほど日本人の特性を端的に言い得た表現はない。誰が言い出したか、誰が責任者かわからない。それはわかっていても、いなくても関係ない。誰彼なくわいわい言ってるうちに誰かが動いたら、みんなで一緒について行く。事故が起こった時はどうなるか。誰にも責任はないか、本当は責任者がいるか、誰だ誰だと大騒動になる。

産廃処理場は嫌だ、ダイオキシンを出すな、炭酸ガスは減らせ、原発もダムもいらない、干潟は貴重な野鳥の休み所だ、一刻も早く景気を良くしろ。すべて民意である。責任者も当事者も不在のまま、物事の一面だけを捉えて他人事のように一方的な理想を描き、赤信号で渡る者の安全をまもれと言うに似ている。ここ一番、強い意志で物事を決める時期である。一切の痛みを排除して、害や損の分担を拒否して、利だけは確保しようとする。これが本当に日本の民意だとすると、ザビエルやケンペルの見た日本は異国だったのだと言わざるを得ない。

三・二　倫理・道徳・正義

倫理と道徳

著名な出版社の辞書を抜き書きしてみると、

辞書甲では、

倫理：道徳、人間のふむべき正しい道。

道徳：人のまもるべき正しい道。

辞書乙では、

倫理：人倫のみち。実際道徳の規範となる原理。道徳。

道徳：ある社会で、その成員の社会に対する、あるいは成員相互間の行為の善悪を判断する基準として、一般に承認されている規範の総体。法律のような外面的強制力を伴うものではなく、個人の内面的な原理。今日では自然や文化財や技術品など事物に対する人間のあるべき態度もこれに含まれる。

辞書丙では、

倫理：人として踏み行うべき道。人間の内面にある道徳意識に基づいて人間を秩序づけるきまり。

道徳：人の踏み行うべき正しい道。良心や社会の規範を基準として、自分の行為・考えを決め、善や正を行わせる理法・行為。

＊辞書の倫理と道徳の揺れ　辞書は語義を簡潔に記すためとは言え、どの辞書も語義が曖昧で、倫理と道徳の違いが明瞭ではない。辞書は世間の認識を反映しているのである。一九九九年の土木学会年次学術講演会において、「土木倫理教育をどう進めるか」なる研究討論会が行われた。ところが倫理、道徳について意義が曖昧なままで、使い分けについての認識がフロアの五十嵐日出夫氏を除いてほとんどなかった。これが倫理や道徳についての現状で、なにも土木界に限ったことではない。

辞書乙の「個人の内面的な原理」を道徳とするのは、この文の直前の「社会」や「規範」と矛盾している。ここでは「法」のような外面的強制を伴わない点を強調しているのであろうが、道徳の外面性は強いことから、「個人の内面的原理」は倫理の語義欄に書くべきものである。

環境や生命に対するあり方には個人的考えではなく社会的合意が必要であり、規範性がなくてはならない。この意味で、辞書乙の道徳に関する末尾の定義は、最近よく使われる環境倫理とか生命倫理で、あるべき姿を想定するような用法の不適切性を意識した定義であるかもしれない。

各定義を通覧してみると、個人と社会、能動と受動を

京都駅．昔の駅が郷愁を呼び起こすのは，変わらぬ姿にある．

東広島駅．昔の駅に宿場街，現代の駅に駐車場．駅中心に街ができたのは昔．

道の駅．道の駅は地域の核になりつつある．が，よそ者に役立っているか．

ヴュルツブルグの雑踏．全員の自己責任意識がこの混雑で事故を起こさない．

上海の雑踏．硬い政治システムの反動が，街中で我が道を行く人を増やした？．

タクシー的なバス（福岡市）．バスや電車が元気な街はいい街．環境対策には公費支援と徹底優先．

区別することと規範性の有無が要点であることに気付く。改めて倫理と道徳を定義してみる。

倫理：一人の人間としての能動的な生き方。風土のところで検討したように人の自然依存性は強い。強い主張に基づく個人的なもので、普遍性があるとは限らないし、また正義感があるとも限らない。ややもすれば倫理と言う言葉に高潔で謹厳、勇敢で博愛など理想的な人物像を想定しがちであるが、この誤解は倫理を人間のあり方と考えるところからくる。この流れで、最近「倫理」や「○○倫理」と唱えれば理想的なあり方が想定できるかと誤解されている。特に「○○倫理」は能動者たる主体が明確にならないのだから、用法としては誤っている。

「公務員倫理」法案が成立した。接待や贈り物についての禁止事項を羅列するばかりで、目標や理念のない「倫理」法案が奇妙なら、罰則が必要という意見も奇妙なものである。またセクハラや会計不正など不祥事が発覚するごとに倫理を持ち出して正そうとしても意味はないし、効果もない。就業規則や社会的約束と倫理は全く異なるものだからである。

道徳：集団内で強制され、または合意される規範や価値あるいは掟に従う人間としての受動的なあり方。その集団の全構成員が合意していなくても、そこには普遍性があるし、主張より協調性が要請される。禁止条項や罰則が付随する。旧い社会では道徳の拘束性は強く、逸脱した時は法と同じように村八分や集団リンチなどの制裁があり得た。「公衆道徳」、「交通道徳」、「商業道徳」などの用語が成立する。

「日本の開花は外発的」と嘆いていた夏目漱石が「不倫は賞賛できないが、道徳に抵抗するのは賞賛できる」と言った。倫理は内から発する人間としての生き方であり主張であるから、その生き方に反する不倫を否定するのは当然である。他方、道徳はその時代の日清・日露戦争に勝利して、軍国主義が強くなり（最終的には喜んで死に赴《おもむ》くことさえ賞賛され）始めた日本社会の風潮や価値に沿ったあり方に反抗せよと、道徳という規範に託された欺瞞性に注意を発しているのである。決して日本人として持っていた道徳観を否定しているのではない。

ところが第二次世界大戦後この方、日本では道徳そのものが嫌われ、年ごとに日本人が社会性を失ってきた。これは戦前の言わば戦争鼓吹の道徳や封建時代の道徳を、絶対で変わらない道徳であると誤解したがために生じたもので、この点を反省すべきである。例えばかつての日本人が持っていた仁、義、礼、智、信とか報・恩・恵・尊・敬・愛や和・謹・忠・孝・善は今の日本においても普遍性のある徳目であるはずである。時の為政者や官僚の悪意に満ちた意図を推進するための道具として、道徳が意図的にねじ曲げられていたことに気付くべきである。日本人に深く染み込んでいた小さな集団内で成立していた道徳観を、国という大集団用にすり替えたところに混乱の因があったのである。

倫理は人間の芯であり、道徳は社会や集団の芯である。人間が倫理的であるほど個人主義になり、そのため個人がぶつかり合って社会が軋《きし》む。その軋みに油を点して社会に滑らかさをもたらすものが道徳であり、法である。どちらも社会正義を規範とするが、適応において道徳は情で動き、法は理で決める。だから道徳は柔らかく、法は硬い。そして滑らかさの決め手が、油の質に相当する正義である。サラッとした正義、粘っこい正義、多少濁った正義、杓子定規な正義など、思えば昔から人は、個人と社会のあり方について考え抜いて、倫理・道徳・正義などの用語を作り出し、使い分けていたのである。しかし正義は個人色が強くなりがちで、昔は洋の東西を問わず、決闘や果たし合いがその決着の場となり得た。

以下倫理絡みの用語を検討する。○○倫理と言う時は、主体となるべき人間が想定されるべきで、主体や主語が明確にならない用語は用いるべきではない。

「政治倫理」は「政治道徳」と「議員倫理」として公と私を区別すべきもの。日本の政治に品格がなく、真の強さがないのは、政界のあるべき姿を論ずる公的な場に、政治倫理などと個人色の強い倫理を付ける混乱からくる。この区別がないから、政党の倫理として当然の党利党略が非難される。党利党略や多数派工作を否定して民主政治があり得ないのは自明である。

「不倫」は「反道徳行為」と言うべきもの。不倫疑惑の渦中にいたアメリカ大統領クリントンは「不適切な行為」と謝罪した旨伝えられたが、これは訳語が不適切でわかりにくい。彼は not appreciate、すなわち「評価されない」行為といって、アメリカ社会の男女間の合意事項に背いたことを謝罪したのである。

「技術倫理」。最近は技術のあり方が問題にされる。技術の本質は人間生存の技であるから、本来ここに普遍性はないし、正義にも馴染まない。ただ技術を手放しのままでは、世界の全人類の生存を危うくする恐れがある、人類生存を保証するために社会的に規制すべきであるとして、技術倫理が使われる。技術倫理ではなく、「技術原理」とか「技術のあり方」と言えばよい。単に技術倫理と言えば、主体が不明のままに、ありもしない理想、まもれもしない規範を想定することになる。

「環境倫理」で、地球人としてのあり方を表そうとしても主体が明確ではないので、技術倫理と同じように混乱する。日本国民の中ではこの先あるべき環境観が合意される可能性はあるが、世界的に見ると環境の恩恵に浴くして発展した国があり、その後を必死で追う国、旧来の伝統に従って生きる国があるので、合意は簡単にできそうにない。できたとしても資本主義論理、すなわち効率的、合理的が幅を利かしそうで決してあるべき姿を描けないであろう。しかし、この先も人類の生存を担保できるような基本的な考え方を追求し実践しなければならないので、普遍性や規範性を、時には拘束性さえをも強く意識する言葉としてなら環境原則や環境原理がよい。

正　義

広辞苑は「社会全体の幸福を保障する秩序を実現し維持すること。プラトンは国家の各身分がそれぞれの責務を果し、国家全体として調和があることを正義とし、アリストテレスは公平な分配を正義とした。近代では社会の成員の平等が正義の観念の中心となり、資本主義社会は各人の法的な平等を実現した。これを単に形式的なものと見るマルキシズムは、真の正義は社会主義によって始めて実現されると主張するが、この場合に正義と自由との問題が生ずる」、あるいは「社会の正義にかなった行為をなしうるような個人の徳性」と定義する。

聖徳太子の一七条憲法の六に曰く、「悪を懲《こ》らし善を勧《すす》むるは、古《いにしえ》の良き典《のり》なり。是《これ》を以て人の善を匿《かく》すことなく、悪を見ては必ず匡《ただ》せ」と。ここには善悪の基準は示していない。少し前までの多くの日本人を歓喜・感涙させた勧善懲悪ものは、今やどこかに行ってしまったようであるが、その源はここにあった。しかも、(官僚は)これを正しく評価せよと諭《さと》している。昔は身分制、交通不便、情報寡少に情報管制、余暇時間の僅少など社会の狭さや活動の不自由さがあって、分け前、取引、論功行賞、罪罰や善悪の価値基準に共通認識があったから、勧善懲悪ものが受け入れられた。今日では人口が増え、活動が広範多岐になり、情報過多で相対化も絶対化もできず、善行にも悪行にも共通認識が持てないし評価できない。価値観が多様化し、正義感がぶれる所以《ゆえん》である。

経済企画庁経済審議会の「経済社会のあるべき姿と経済新生の政策方針[10]」は、近代工業社会を形成した戦後日本の価値観では効率と平等と安全が正義であったが、来るべき社会ではこれらに自由を追加すべきと記し、この自由には自己責任が伴うことを強調している。「個人の自己責任意識が高まると、個人が社会に貢献しようとする新しい公の概念が確立される」と多少短絡的に期待を表明している。ここで言う正義の要件にはそれぞれに留保事項が付されているにしても、基本は「利の獲得と利の分配」しか考えない、他人事の正義である。この点に不満が残るが、政府が描く基本政策の中に社会正義が登場してきたことは高く評価できる。

聖徳太子であれ、経済新生政策であれ、正邪の基準は社会に委ねている。しかし今や日本は、道徳の意義すらわからなくなるほど社会性をなくし、しかも個の尊厳たる倫理も持たない。平等や自由が正義と言っても、個の評価を排した(あるいは客観と言う単純な評価しかない)平等とか抑制のない自由では、社会性から遠ざかるばかりで、道徳を失った正義に何の意義もない。とりあえず、いつの世にも機能する正義を考えてみる。

　アリストテレスの「公平な分配」とか資本主義社会の「法的平等」をもって正義とする概念は、西洋の合理主義からくる豊かな時代の正義であり、利が無限にあることを前提とした単純な正義である。これは自然の豊かさを狩猟によって獲得する社会において、とどめを刺した私を主張する獲得品分配型正義に由来するものである。この正義は自分という私と他人を峻別した上で成り立つ、「私は私、あなたはあなた」型。この分配型正義では、私とあなたの間に信頼はなくても利の分配はできるが、害や損の分担には無関心になる。だから「共有地の悲劇」は起こるべくして起ったのである。単純で合理的だが、論理的で割り切り型だから、たとえ嘘であっても強烈な自己主張という努力を通して正当化される。アメリカの公正好みはこんなところからきているのであろう。

　日本のかつての正義は、私と他人の貢献を分けない協調型正義で、これは農耕社会において成員の協力や連帯を前提とした互いの信頼を基本にして成り立つ。あなたを立てて私も立てる「私はあなたのために、あなたは私のために」は「お互いさま」、「おかげさま」だから、「利の分配」だけではなく「害の分担」についても共通認識が持てる。だから多少の例外はあっても共有地の悲劇も起こらなかったし、自然の持続的利用が可能であった。

　このような日本を素直に把握したケンペルと布教のため日本理解に努めたザビエル。並の西洋人には理解できないのかと思っていた。ところが英国生まれのラグビーのモットー「自分は他のため、他は自分のため」もあるし、ファウストの主題「幸福は自分の欲望を満たす中にはなく、他人のために働く中にある」（ゲーテ）もある。利害併存する集団における求心力の拠としての正義は日本もヨーロッパも同じである。ところが利の分配の側面で発揮される割り切り型正義だけを、欧米型正義と誤解したところに、現在の日本の混乱のもとがある。

　全員が自分のためにやる「一即一《私は私のために》、他即他《あなたはあなたのために》」も、全員が他人のためにやる「一即他《私はあなたのために》、他即一《あなたは私のために》」も、理屈の上ではどちらも正義である。しかし恵みをもたらすはずの自然が変質してきて、「一即一、他即他」では持続性が怪しくなって、「一即他」を主張しているのが過激な自然保護、生命倫理、世代間倫理、グローバルスタンダードなのかも知れない。が、「他即一」がなくては「一即他」が生きないし、まして「一即多《私はみんなのために》」などあろうはずがない。この意味では環境問題が深刻化しつつある今、日本型正義は重要な出番を迎えたと言えよう。ところが、自ら望んだ西洋化であるが、自己主張のできない、個人評価のできない、批判を嫌う依存心の強い日本人は、不幸にも民主主義の運用もできず、人権や自由の納めどころもわからず、ついには「互助互恵」の正義の何たるかも忘れた。

＊一即一切、一切即一　華厳経の根本理念で、「一と一切を融即してその体無碍なるの意」とのこと。同経（法華経、大般涅槃経にもあるそうだが）では、「一国土を以て十方に満ち、十方一に入りてまた余りなし」の空間的融即の他に、「長劫即ちこれ短劫、短劫即ちこれ長劫なるを知り・・」と時間的融通性、また「一念即ち深広無辺なること・・」と心情的無碍なることを、さらに「一世界即ちこれ無量無辺の世界なるを知り、無量無辺の世界即ちこれ一世界なるを知り・・」の社会的諸現象に至るまで実に壮大な世界観、宇宙観を、「一即一切、一切即一」が持つことが示されている。[11] 宗教用語をいじるのは不埒なことを承知しつつ、その心を変えない転用なら許されるかと思い、借用したもの。司馬遼太郎は「一即多、多即一」をしばしば使っている。

戦後の農地改革、税制改革、教育改革など、新憲法を根幹にして日本社会の諸秩序が大転換した。それを総括すると、硬・軟・情・理取り混ぜシステムから欧米型の割り切りやすい硬・理システムへの転換であった。情を排した公正さが近代的な法の基本原則であるが、複雑な感情を持つ人間が構成する社会を取り仕切るに、理だけではっきりと割り切れることばかりではない。特定の者の恣意を排するにやむを得ないが、硬や理ばかりではどこかに無理が生まれる。

＊正義と判断　悪事に対して社会的公正を維持するため、刑事罰が裁判所で判決される。その際重要なことは社会的正義である。地下鉄サリン事件の実行犯の医師は積極的に反省し、自白したことから検察の無期の求刑が裁判で認められ確定した。この判断の中には理より情が重視されている。ところがある強盗（未遂）犯が、コンビニに闖入《ちんにゅう》して店員を脅し金を奪おうとしたが、その直前に自分にはできないと一言残して退散し、その足で警察に自首した。この容疑者には理が働いて二年半の実刑が科された。さらに、ある殺人事件の裁判で、その動機や手法の卑劣さを認めながら一人しか殺していないとの理解しがたい理由で、死刑求刑を認めなかった。他にも、計画的ではないし、反省しているとの理由で極悪犯が無期刑になった。権力者あるいは権力の執行を委ねられている者、権力の傘を着た者の一方的恣意が働くのは阻止しなければならないし、悪事の絶対評価が可能か不可能かは別にして、正と邪の判断基準は軽々に決めるべきではないとの信念からすれば法の解釈の揺れは容認すべきものであろう。しかし判例が重なると「法」になることからすると、あまりにも大きい判例の揺れや偏りはやはり気掛かりではある。

殺人を冒した犯人の人権を何の罪もない被害者の人権と同じに扱う社会では、「罪を憎んで人を憎まず」に込められた情と理の葛藤を理解することはできまい。人間不信の硬いシステムを作り上げているアメリカが、陪審制度では市民感情を前面に出している。日本人には理解しがたいが、正邪（刑事訴追に値するか否か）の判断は人間の情に戻すことによって、帳尻合わせをしているようである。しかも、情状酌量を委ねる陪審員には司法の専門家ではないこと、いったん選任されると任務終了まで社会との繋がりを絶つことが求められる。これは何を意味するか。専門家の深さより非専門家の広さを、専門家の相対的判断より非専門家の絶対的感情を重視した多数決主義によって司法の独立性を維持しているのである。ゲーテも「感覚は欺かない。判断が欺くのだ」[12]と言う。感情や感覚は説明できなくても本質に迫れるが、判断には拠が必要で思い込みや常識に頼り、しがらみに影響されがちで、迷いが起こり、誤るのである。

歩道は駐車場（ヴュルツブルグ）．古い街と自動車の共存．早く動き出す子供には窮屈．これが譲り合い．

車道は駐輪場（スイス）．山国に意外に自転車が多い．街中では道路のエアポケットに．

人為的自然公園．小さくても立派なヨーロッパ式庭園．これが人為的自然．

枯れ山水．砂利や岩やその組み合わせで山水を表す．虚景の抽象性も日本文化．

防災公園（福山市）．まさかの際に役立つ街中の巨大空間は，役立たないほど役に立つ．

香椎宮参道（福岡市）．勅使が参向する前からあった大楠．この自然的人為が借景の種．

正邪の基準は揺れるにしても、判断によるにせよ感覚によるにせよ、日本の正義はほとんど見られなくなった。正義のない社会では上下流問題が片付かない。そして、これまでの大量生産・大量消費・大量廃棄によって環境に質的・量的に過大な負荷をかけながら成長してきた日本社会は、利や益の分配には熱中しても、損や害の負担や分担には無関心で、不幸にも道徳までなくした。時を同じくしてこれまでの環境に対する考え方、生き方を転換させねばならなくなった。この際、少しまどろこしくても尊厳ある個人のあり方、その個人で構成される日本のあり方について模索しつつ、自然と人間の収まりの場を求めて理に叶い、情に叶い、法に叶い、利や益のみならず応分の害や損にも耐えうる土木の実現を目指さねばならない。ここに土木が持つべき主張の一つがある。

三・三　民主主義

人間のエゴ

人には個性があり癖があり、時に揺れる感情を持つ。その人が集まり、地域や国、会社や政党を作る。個性が集まれば紛争が起こる。その紛争が起こらないような秩序維持の方法や紛争の処理方法として、いかなるシステムを用意しているかは国の近代化を測る尺度になる。

社会はエゴと怨嗟《えんさ》と嫉妬の集まりとするのはあまりにも偏った見方であることは承知している。だからエゴが正義に集約できている社会は理想ではあっても、あくまでも絵空事であろう。しかし社会的責任のある企業や権限を持つ者、権力の行使を委託された者など言わば強者が社会正義を置き去りにして、しかも自分勝手な自由の名の下でエゴを追求するのは許されない。エゴイズムと言えば響きは悪いが、普通の市民としてはエゴは個性であり、人間として一つの特性でもある。システムとして民主主義を選択している我々は、個人のエゴの中で機能する運用を行わねばならないのである。土木も人間のエゴを前提として事業推進の方策を立てる必要がある。土木は社会正義を実践する場ではあっても、教育の場ではない。ここ数年新聞の見出しに「・・のエゴ浮き彫り」が何度掲げられたことか。特に廃棄物関係の、処理場の建設や搬入や不法投棄に絡んで、自治体も、住民もあるいは業者もやり玉にあげられている。書くだけではエゴはなくならないが、廃棄物は激増しているのである。どうすべきかの提案が欲しいものである。

政界のエゴ

国権の中枢にいる国会議員には権限が全くないとも思えないのに、国のリーダーとしての認識より、むしろ選挙区の代理人としての側面しか感じられない。「個人負担は小さく」、「公的サービスは大きく」を掲げる我田引水が当選の近道だからである。選挙では国益に関する議論は票にならず、より住民エゴに迎合的な利益誘導しか争点にならない。これでは日本国のリーダーは育たない。野党はサービスの増大かつ税負担の引き下げなど現実味のない空手形。政権政党は選挙目当ての政策。新幹線や浮上式実験線の誘致など土木が手みやげにされたり、税金が、時には福祉や年金が。先を見据え、日本全体を見据えたものなら、何であっても構わないが、その場その時しか頭にない。これは選挙制度をいじって片付く問題ではない。議員は代理人であったとしても、国会においては一人の人間としての人格、日本国のリーダーとしての先見性、総合性を持たねばならないはずなのに、地元や特定業界の利益代表に堕落してしまっている。このような人たちに時には法を越え、論理を越える政治決断を委ねられるだろうか。このような品格のない政界の実力は、実は国民の実力にすぎないことを認識すべきであろう。

　現在の日本では、政治家には誰でもなり得る。当選するかしないかはわからない。落選したら路頭に迷う。現職復帰の原則が確立しない限り社会正義を全面に出して選挙戦を戦う議員は誕生しない。だから是非は別にして地盤や看板が引き継げる二世議員の増加になる。経済界ではベンチャービジネスが求められ、失敗した後の回復措置に言及される[10]。政界にもベンチャーポリティシャンへの挑戦を支援する環境つくりがあってもよい。

官界のエゴ

　しばしば官のセクショナリズムが非難されるが、担当部署の責任遂行に全力をあげようとした結果ならやむを得ないことだし、予算のシェアが変動しないのも非難の対象になるが、各部署に果たすべき仕事が山積みであるならやはりやむを得ない。しかし権限を振り回して特定の民の利益を図り、引き替えに私腹を肥やす高級官僚。官の権威を傘に着て不特定の民に高飛車に臨む下級官僚。補助金や許認可など権限を持つことから生まれる官界のエゴはあってはならない。

　世襲であった昔と違って現在は誰でも官僚になれる。公務員としてのあるべき姿より、安定性のみを求めて志望する現実が問題である。世間でいう超一流大学を卒業して公務員試験。同じ土俵上の不特定の相手に勝つために子供の頃から知識偏重・記憶重視の受験勉強のみを目指さしてきた者が、日本国家を代表して、同じ土俵に乗らない癖あるユニークな相手に対抗しなければならないのである。官界も沈黙した安定型から、老獪《ろうかい》な主張型へ変わらねばならない。今後はそれに相応《ふさわ》しい人材を発掘し、育成しなければならない。

学界のエゴ

研究の手法や成果について国家権力からの独立を勝ち取った大学教授会自治は、特定個人研究者に対する官憲の不当な弾圧に学部として対抗するものである。この自治はもとより完全な自由ではない。にもかかわらず、学部内のあるいは学内の管理運営においてまで、あたかも何ものにも冒されないかのように錯誤した、世間離れした非常識なエゴの存在が許されている特殊な無責任が横行する世界。

決意表明や意志の確認のないままの一方的選挙で権限のない部長や学長を選出する滑稽な世界。彼らは外部への顔であるが、権限がなく、責任を持った意志決定ができない。文部省はこれを改めたくても教授会自治が立ちはだかる。

マスコミのエゴ

以前のマスコミでは、「人が犬を噛んだ」時にのみ報道の価値があるとされていた。これは珍奇なニュースを売る瓦版時代のことである。「新聞の報道や評論が公衆に多大な影響を与えることを自認する」[13]なら「犬が人を噛んだ」ことに珍奇さがなくても、それが「事件の真相」であれば当然伝達されねばならない。また放送は「意見の分かれている問題については、できる限り多くの角度から論点を明らかにし・・」と基本姿勢を掲げている[14]。民主社会では少数者の意見を尊重せよと言われるが、「訴えんと欲しても、その手段を持たない」沈黙した多数を掘り起こさないのは社会正義ではない。記者やキャスターの一方的な意見を押し付けるのは綱領から外れている。

＊**新聞倫理綱領**[13]　新聞倫理綱領の第二、報道、評論の限界のうち、(イ)報道の原則は事件の真相を正確忠実に伝えることである。(ロ)ニュースの報道には絶対に記者個人の意見をさしはさんではならない。および(ホ)故意に真実から離れようとする偏った評論は、新聞道に反することを知るべきである。

紋切り型報道に辟易している人は多い。踏み絵のような新閣僚への戦争観や靖国神社参拝絡みの私人公人質問。盆暮れの渋滞報道。事故や事件の被害者へのぶしつけな質問。投票行動に影響を与えかねない投票前の情勢分析。意味のない開票直前の当落予測。無責任で無意味なものが多い。単純な公共事業批判もその一つ。新聞やテレビが過度な商業主義に陥るからセンセーショナルな扱いになる。二宮尊徳が「経済のない道徳は寝言」と言った道徳を求めはしないし、企業として利の獲得は重要である。が、近代社会ではマスコミの役割は重大である。公器たるマスコミこそ、どの分野より広い観点からの論究や非難だけではない対案や遠い先を見た展望など、責任ある批判が求められる。少数意見を尊重した民主主義の実践という難題に対する実際的運用のあり方を社会の諸問題を介して指し示し、啓発するに相応しい機関はマスコミしかないからである。買い手としての読者や視聴者やスポンサーに迎合していては、これはできない。

にもかかわらず、報道の自由を錦の御旗に偏端な固定観念に固まり、独り善がりの正義感に酔っているとしか言いようがないことが多い。すべてのマスコミが注目の話題に全く同じ視点で取り組むのも理解しがたいことである。だからこの情報化時代になおスクープが夢という若い記者に、他社が持たない別の切り口を持ち込むことが何よりのスクープとなることを伝えたい。

確かに人間とは勝手なものと思うが、エゴをなくせば人間ではなくなる。エゴが生存を支える。エゴを前提として、システムの運用手順を整備しなければならない。

人権と自由

日本国憲法は第一一条で「国民は、すべての基本的人権の享有を妨げられない」と宣言しているが、同時に第一二条で自由や権利の濫用を戒め、第一三条で公共の福祉に反する場合は制限されることも規定している。すなわち憲法は国民の自立性や自律性を前提としている。社会において、各人が無条件の自由や権利の尊重を主張すれば、衝突して紛争が起こるのは当たり前のことである。だから近代社会では社会秩序を維持するために自由や人権が制限されることになるし、紛争解決や不服処理のためのシステムを法として整備しているのである。

自由や権利は制限付きとはいえ、人間にとっては根源的なものである。だからエゴとなりやすい。このエゴを、社会システムとしての民主主義の中にいかにして吸収させるかは、社会の成熟度によって決まる。だから各自のエゴの妥協を前提とする民主主義社会では、真の自由のためには果たすべき責任や義務があること、時にはその自由さえが一部拘束される場合があることに気付かなければならないのである。自律したエゴ、責任を自覚したエゴ、他を犯さないエゴが秩序や正義のある民主社会の要件である。他人事の普遍的理念を振りかざす愚かしさを知ることが現実的運用への近道である。ゲーテ曰く「すべての人間が、自由を得るや、(その欠点を発揮する。)強い者は度を超え、弱い者は怠ける」と。[15] 自由によって限度を超えた強欲と弱者志願しか増えないとしたら、民主主義がない。封建的貴族階級が衰退して市民階級が台頭してくる時期に国の要職にあって新しい秩序への試練に立ち会ったゲーテの実感であろう。

平等・公平

戦後の日本の教育は、それまでの反動から、みんなが自由で平等であるし、優しさが善なることを強調してきた。自由も平等も優しさも、理念としては素晴らしい。しかし子供が直面している現実は、あるいは彼らが成長して直面する現実は、決して平等ではないし、優しさだけで乗り越えられる社会ではない。自由の有り難さがわからないほどの自由であるから、自分の自由が他者の自由とぶつかった際の落としどころがわからない。優しい教育で育っているにもかかわらず、優しさで足りないのか、このところまだ癒しが必要らしい。自分に対する優しさをいくら教えても、他人に対する優しさは芽生《めば》えない。不思議な話だ。厳しさがあって初めて優しさがわかるのである。基本理念の実践ほど難しいものはない。

　人間は社会という集団を作る。皆同じではなく違いがあるから、社会生活において威力を発揮し、役割分担ができるのである。にもかかわらず、同じであることを前提とすると、上辺は平等で、裏では卑劣な差別が横行する。西洋の平等や公平は、分配において偏りをなくすこと、依怙贔屓をしないことを意味したものと思われる。日本では制度も、運用も、結果も何もかも平等を求める。同じものを同じにしないのは不平等であり、差別である。が逆に、同じではないものを同じにするのは悪平等であり、逆差別である。ともに正義ではない。

＊同じこと・違うこと　社会主義市場経済なる耳慣れないシステムで、社会を開放し始めた中国に滞在している時、「優勝劣敗」なる張り紙を何度も見た。新しいスローガンであった。優勝劣敗は資本主義（の結果）を暗示し、象徴する言葉である。これを初めて見た時は驚いたものである。社会主義が一番社会システムとして素晴らしいという彼らの言からすると一八〇度の転換である。海外帝国主義に対抗できる大勢力を作り、極端な貧富の差に苦しむ旧社会からの解放のために、「大釜の飯をみんなで仲良く食べよう」として作り上げた絶対平等システムである。システムは一番でも現実に食えなくなってしまったこと、相互監視のために仲良くも実現できなかったこと、完全平等は人間性を無視することになって生産性が停滞したこと、コネが機能するという旧来のシステムを切り離せなかったことなど、運用面では諸々の欠陥が露呈し、ついには生産高の粉飾報告にまでなって計画経済を揺るがせた。「優勝劣敗」に社会主義への幻滅からの開放を目指す中国の矛盾と融通性が出ていると感じた。同じことと異なることを考えるのに、格好の例である。

　異なるものを同じにすることは、個人や個性の評価を止めることである。この意味では日本ほど自由な社会でも、きわめて不自由であった国と同じ状況になるとは実に不思議なことと言わざるを得ない。先に述べた経済審議会の政策方針では、さらなる自由を、自己責任原則なる枠をはめながらも正義と位置付けている。責任なき自由に慣れきった日本人が自己責任原則をどこまで我がものとするかが成否の分かれ目である。

　都市の納税者にとって、地方における採算性の悪い社会基盤整備に国費を投入することに抵抗があるようだ。都市納税者からすると、地方は結果の平等や施しを求めていると受け取っているようであるが、そんな次元の問

街中から見た霊峰（清水市）．電線地中化が進めば，広重や北斎の見た光景になる．有益が有害．

空から見た港．海里カードの料金割引制とか公費補助は環境対策になる．

フェリーと橋の競争．海峡に橋がかかるとフェリーが困る．生き残りはサービス向上にある．

大運河（中国・蘇州）．小野妹子も通ったかもしれない平坦地の運河．南北の交易の動脈．

マイン運河（ドイツ）．水は低きに流れるが，工夫すれば船でも山に上れる．

長江を堰き止めたダム．水による大型エレベーター．川だから水の出し入れにエネルギーは不要．

題ではない。これは国のあり方そのものに関する問題である。社会には納税者がいる、非納税者もいるし、昔は都会で納税したが退職して地方に戻った人や、その他に弱者もいる。ある事業からの受益者がいれば被害者もいる。正義感のない社会では、益を受けることばかりに熱中し、納税の義務が国からのサービスを受ける権利の裏返しと考える。この意味で社会資本に関しては投資効果（採算性）という貧しい時代の資本主義的論理が唯一の判断基準になってはならない。

　ただ、地域の特性をなくして、都市と同じ結果にしようとする地方が多いことは批判されてしかるべきである。地方を東京にするのが公平や平等ではないにもかかわらず、東京に少しでも近づこうと、地域特性を忘れて、どこにも同じような近代的施設を造った。

　何もかも同じにしたがる日本は、まるでイデオロギーなき共産主義社会である。「あらゆることにおいて公平であるということは愚かしいことである。それは自我を破壊するというものである」[16]と言ったゲーテの自我は自分勝手なエゴではなく、認識し、意志と感情を持って行為する私その人であって、こんな人なら他と私の違いを当然のこととして受け入れるであろう。一見社会正義に見える公平さの中に内在する毒性を、ゲーテはすでに二五〇年も前に見抜いていた。戦後この方、封建制からの解放を名実ともに実践するためとして、我々はなんと愚かしいお題目を掲げていたことであろうか。

個性をなくして東京化を目指す地方への教訓である。

＊物差し　度量衡の支配や統一は古来権力者の願望であった。増収を図るためである。物差しや暦・年号は共通認識の拠であるが、私と他人の違いを浮き彫りにもするし、同時にものの見方や考え方そのものでもある。かつては仕事や場に相応しい固有の物差しがあった。物差しは個性や本質や自立の象徴である。固有の物差しを捨てることは誇りを捨て、国を捨てることになる。共通の物差しはなくてはならないが、固有の物差しもなくてはならない。アメリカはヤードもガロンもポンドも捨てないで、グローバルというローカルな物差しを押し付ける。度量の大きさは別として、なんとも間尺に合わない話である。

　杓子定規という曲がった定規を型どおり一方的に押し付けることが多い。例えば官官接待を悪とすること。地方の官が郷土の特産品を中央へ手土産に持って行く。これは願ってもない宣伝活動ではないのか。中央の官を視察で郷土のあちこちに案内し、地元で懇親する。これは地域振興に役立たないか。例えば高速道路サービスエリアのお茶。この頃お茶どころで飲んでもおいしいお茶に当らない。もし入札で最低札を購入するものとしていたら、地元産のおいしいお茶は外れる。あちこちから来た人に口コミで逆宣伝することにならないか。お茶に限らないし、鉄道駅でもよいのだが、地元が公費で提供しても元はすぐ取れると思う。

　どんな物差しをどのように使うかは、実は難しいのである。

差　別

日本は峠を一つ越えれば、自然も風土も極端に異なるほど個性ある地域でありながら、横並びの好きな日本人は今もなお、同じにしなければ落ち着かない。戦時中のみんなが同じは強制されたもの、社会主義国のみんなが同じは盲目的に信じたもの。今は自由意志の下でのみんなは同じで一番始末が悪い。これらの同じは質において全く違う。さらに今は結果までを同じにしたがる。だから、差別など無いのかというと、いまだに各所に陰湿な差別やいじめが目白押しの現実がある。幼気《いたいけ》なことに度を超した嫌がらせや虐《いじ》めが原因で子供が自ら死を選んだとか、護身のつもりのナイフが相手を死に至らしめたとか、罪もない幼児、幼女など弱い者を理由もなく殺害したとか衝撃的なニュースにこと欠かない。すぐに切れるのが悪いとか、チョーむかつくのが問題とか、大人は呑気にも子供に特有の問題と思いがちであるが、それは違う。子供は親の鏡像であり、これは日本人の問題である。

日本人は窮乏時にはもっと悪い生活を思い描いて我慢し、耐えようとした。それだけではなく差別を前提とする封建時代には、ほんの僅かの異質を論《あげつら》い常に下の者を作って、自分の苦しみを慰めるのを常とした。この豊かになった時代にもまだそんな習性を引きずっている人が多い。同じことと違うことは共に意志の力で区別しなければならない。無差別的差別は個の評価のない人間不信の一律や均一からくるもの。戦時中のように意志が自由に表明できなかったのならまだしも、いまだに自我が確立しておらず、正当な自信と誇りのない卑劣な人間がよほど多いのだろう。日本は正義もなければ公共心もない未成熟な社会であると言わざるを得ない。

色々な事情、経緯の一切を無視して、すべてが同じ結果でなければならないし、同じにしようとする。機会を同じにするのは重要であるが、結果まで同じにするから各所で無理が顕在化する。個々の人間の個性を見抜き、適切に評価することは差別ではない。公正感や正義感がなく、個性や能力の正しい評価のないところで、どうして自由で優しく、そして平等な社会が成り立ち得ようか。

○○だと本人に関係のない理由で機会を奪い取るのは確かに差別であり、ゆがんだ醜い誇りからくる嫌悪すべきものである。ややもすれば加害者の人権が擁護され、被害者の人権が蔑《ないがし》ろにされるのも見過ごせない。これらは明らかに社会正義に反する。ところが何の見極めもなく、あれも人権、これも差別と騒ぎ、たいした言葉でもないのに差別用語だなどと表面だけ取り繕い、それに表面的でセンセーショナル好きのマスコミが輪をかけ、はやし立てる現実がある。これも正義ある行動とは言えない。差別用語を禁止しても差別はなくならない。口は仮に禁止できても、頭や腹の中まで確認できないからである。違いを意識しなければ同じはわからない。厳しさを意識しなければ優しさはわからない。我慢の体験がなければ自由のありがたみはわからない。個性の評価による区別がなければ、差別がなくならない。

日本人の差別意識について宗教学者久保田展弘氏は

「徹底否定の概念を持たない日本人が、競争社会で他者を排除しようとするのだから、そこには否定のもう一面にあるはずの肯定の思想は育ちにくく、差別意識だけが広がりかねない。こうした現実を招いた一因が、（神の場としての）自然を排除してきたことにあるとは、想像もしないかもしれない」[17]と言われる。ここには土木への批判がありそうであるが、人間がなぜ自然と格闘せざるを得なかったかの必然性への理解がない。氏の論理によると過激な自然の中で生きざるを得ない日本から差別がなくならないことになってしまう。

＊土地への尊厳が倫理感　久保田展弘氏は、「倫理」で検索できるホームページhttp://www.rinri.or.jp/O-kubota.htmlに掲載されている「倫理崩壊の根にあるもの」で、「日本人は人が人に対する倫理感を失う以前に、土に対する倫理意識を失っていたのだ。大地が、生きる糧を生む母胎であることを実感する機会もないところに、すべての倫理意識の崩壊の根がある・・」と、人間生存の根源たる土地の尊厳が倫理の根と考えておられる。人間は地上で生きるから当然である。環境倫理といって自分の生存は高みにおいて、しかも主体が曖昧なままの極端な環境論を唱えることが、倫理的ではないのもまた当然である。なお、久保田氏と三・一に引いた宗教学者とは全く別の人である。

二宮尊徳曰く「若無田圃、得使人倫遂不為人倫乎」[18]・・もし田なくんば、人倫をしてついに人倫たらざらしめんや。彼はまさか食がなくなって人肉を求めて戦ったイースター島の悲劇を知るはずはないが、一〇万人以上の餓死者の出た天保の飢饉など悲惨な事例から、土地の生産性をあげること以外に人間たり得ないことを見抜いた。そして人間には分というものがあって欲深く必要以上に利を求めることを戒め、自然における人間のあり方、すなわち真の環境原理に到達したようである。

規律・自律

平等、公平、差別は社会で他を意識したものであるのに対して、自立、自律、自治は社会で自分を意識したものである。自立は自然とか神あるいは権威・権力など強固な力の支配から独立して生存すること、自律は外からの強制力によらず自らによる規制や規範や価値に基づいて生存すること、自治は集団の自律すなわち自身で自集団を処置すること。先に、人間としての能動的な生き方を倫理と書いた。とすれば自立は倫理、自律は道徳的倫理、自治は道徳となる。

＊自立と規律　かつて中国に滞在している時、「一人の中国人は龍だが、一〇人集まれば虫になる」や、「一人の日本人は虫だが、一〇人集まれば龍になる」を聞いた。この言葉は有名な作家の警句らしく、中国では非常に流行っている。初めて聞いた時は、なんでも対句で表せる中国人に感心した。集団のために自分を殺す日本人と、表向きはどうあれ腹では何があっても自分を殺さない中国人に対して言い得て妙なる表現である。日本人は集団としての規律は強くても個人としての自立性や自律性は脆弱である。反対に中国人は集団としての規律は弱く、個人としての自立性は高い。これは中国の交通事情を見ただけでわかる。

集団や組織には規律がいる。規律は押し付けられた道徳でもよし、単なるご都合主義からきていてもよい。日本人の規律については総じて評判がよかった。しかし日本の規律は、江戸、明治の押し付けられた道徳から、あるいは戦後の貧しさによって形成された道徳からきている。自由で豊かな時に自ら発現される自律とか自制に基づく規律こそが人間性であるはずである。一番望ましいのは、国を構成する各人が、自己抑制による自律的秩序形成・規範形成力を持つことである。言わば自治能力を持つことである。

規律は社会的であるが、自律は自らの力で律すること、すなわち社会性を意識した倫理である。日本社会で住まい活動するだけなら、みんなでなんとかやっていけばいいのだから、ことさらに自律とか、倫理という必要もなく、集団の和を尊ぶ道徳感（自発的でも、強制的でも）だけであっても十分と言えるかも知れない。が、国際世界において名誉ある地位を占めたいと思うなら、おのおのが自律的倫理（自責的倫理）を確立し、他人依存症から脱しておかねばならない。さもなければ世界の論理に対抗できず、最悪の場合には、言わばどこか強国の専制支配に隷従する植民地的場しかなくなるのではないかと心配しているのである。

規　制

最近は規制緩和の大合唱。規制を緩和すれば競争が激化して経済が活性化するものと、日本人も外国政府、特にアメリカに委ねるのか。アメリカも期待している。また神の手ならぬアメリカに委ねるのか。やれダンピングだ、それスパイだと、何かと言えば司法省が出動して和解と言う名の課徴金を集める。アメリカでは規制と法は別物らしい。

外国から規制緩和を求められて慌てて解除しようとする。何もかも解除することになってはならない。商習慣、生活習慣は規制と全く別物である。日本をよく知らない厚顔の外国人から「○○は日本の変な習慣です」と言われると、すぐに自信をなくして自己規制してしまう日本人がよくいる。そのような外国人こそ日本の習慣や伝統に慣れねばならないのである。「郷に入れば郷に従え」は日本にあるだけではなく英語にもある(Do in Rome as the Romans do.)。

規制というものはあくまでもその国、その時の社会の規範であり、道徳であって、その国の存立への必然性から生まれるもので、決して他国の存立を考えていない。解除すべき規制が多いのも事実である。例えば、悪魔くん問題、公取り違反まがいのタクシー・電車運賃など価格規制に見られる官の権益のためにあるかの規制、安全のためと称するお節介な交通規制、責任逃れや表面を取り繕うだけの規制、政治信条、宗教教義など思想・信条に関する規制など。

維持すべき規制はもっと多い。環境・公害にからむ規制、食材など国の根幹を維持する規制（農薬、遺伝子組み替え）、誰からも好まれない事業を維持する規制（むしろ支援すべき）。正義のない社会では、残念なことではあるが社会正義のための規制はいる。資本主義や民主主義の欠陥を補う唯一の道は規制である。

規制する方にも、解除を期待する方にも責任が伴うことを忘れてはならない。適正な規制があって初めて、真の自由が生まれる。真の自由は責任が伴って初めて生きてくる。実効性や即効性が大きいからと規制緩和が期待されるが、一律の安易な規制が良くないのと同じように、一律の緩和は弊害あるのみである。その国にとって必要な規制は必要なのである。日本に強く規制緩和を求める自由の国、アメリカ。そのアメリカに規制がないわけはない。むしろ非常に多いことを知っておくことも必要と思っている。グローバルスタンダードなる自国に都合の良い規制を他国に強制する態度。アメリカで規制がないのは銃くらいか。

土木に関わる規制

現在の日本の橋、特に中小の橋は、あまりにもありきたりのワンパターンで、地域の個性がないのが多いのは事実である。その理由は色々あろうが、美的観点からはこの点にこそ批判の矢が向けられるべきである。その根源は、標準化や仕様書に伴う規制、基準にあり、材料の統一、部品の統一、工法の統一とあらゆるものに共通性を高める。設計に重宝する仕方書、指針、便覧、要領、手引きなども、これまでの貧しい時代には有効であったが、もう役割を終えるべきである。

本来、安全のための最低限の規定であったはずであるのに、基準が厳格になるほど感性や地域特性の出る幕がなくなり、誰がどこに設計しても同じものとなる。そして設計も施工管理も数値のみが前面に出て、一番重要な品質についての保証がない。品質は数値化しにくい。幸いなことに土木には機能美があるものの、その他の美的要素は経済性には太刀打ちできず、ありきたりを重ねることになる。このような状況では、土木の質についての競争の場がなく、必然的に不明朗な競争になりやすい。仕様書が示す計算式や数値は、絶対遵守であるが、その根拠が明示されないこともある。仕様書の作成・編集者の権威に盲目的に従えと言わぬばかりである。ごく最近建設省が仕様書や基準を見直し、最低の要件を満たせば細部は地方の特異性を表してよいと変更する旨新聞発表した。遅きに失した感はあるが、これで本当の競争ができる。なぜなら基準類が厳格であればあるほど、設計者の自主性を損ない、個性を奪うからである。

中小橋梁を設計するのに、基礎地盤に問題があることはあっても、普通は力学的に克服すべき課題があることはない。ところが初めから仕様書や基準による力学を持ち出せば、同じ形にしかならない。姿、形を先に決める

イタリア・アオスタの岩道に残る轍．ローマから出撃し，戦利品を持ち帰った．通行の激しさがわかる．

旧東ドイツの高速道．旧東地区は1997年当時建設ラッシュ．この道も完成直後．

深圳の道路．1994年この道を爆走する５軸のトレーラーに巨龍の動きを見た．

透水性舗装．透水性舗装は，走って安心．騒音吸収．さて耐久性は？．

濃霧規制．高速道の規制や情報には，きめ細かさと即時性，わかりやすさと納得性．

跨線橋式レストラン．アウトバーンのサービスエリアは路線上に展開される巨大な橋．

ことにしても、最近は大した苦労もなく力学が後始末できる。スペイン・バルセロナにあるカラトラバのバックデローダ橋は力学からの発想ではない。スイスやイタリアにも力学が後始末をしたに違いない橋が多い。

＊交通規制の例　日本の交通規制は、まるで走らないことが善なるかのような一律な安全優先である。安全が優先するのは当然であるが、街中の道と自動車専用道では安全とスピードの関係は違うはずである。

街中では大量輸送機関や人が優先されるべきで、個人の車に規制がかかるのはやむを得ない。例えば歩行者信号はあまりにも待ち時間が長い。車が多少待つのは当然である。あまりにも待たせるから、歩行者が車の切れ目を見て強行横断する。信号が変わった頃にはもう歩行者はいない。今度は車がいらつく。これは規制がピント外れのためで、これが事故を呼ぶ。

自動車専用道では違う。車の安全性と定時性を同じ程度に確保するハードとソフト（規制と教育）が必要である。高速道路で、少しの雨が降れば五〇キロ規制。霧が出たと通行止め規制（明け方の霧深い不案内の山道に放り出す方がよほど危険である）や速度規制も問題が多い。まもっている車や、取り締まりを見たことはない。誰もまもらない規制をかけるのは、事故時の責任逃れとしか思えない。現に、事故がなくなりもしない。

工事優先としか考えられない必要以上の通行車線規制。ついでに、トンネル出口の消灯確認のお節介な標識。こんなだから雨が降ったり夕闇で薄暗くなってなお無灯火で追い越し車線を走行する車が後を絶たない。点灯を促すべきだ。ドライバーのマナーも悪い。後続車が何台続いても、とことこ追い越し車線を走る。これが車間距離を縮め、重大事故の誘因となる。少しのスピード超過や車間不足を取り締まるより、車間距離を縮める原因を取り締まる必要がある。専用道では定時性確保の規制や指導が必要。都市部の細切れハイウェーは渋滞させるために料金所を設けているようである。これは規制ではないが、少なくとも自動車専用道は定時性を維持できるハードとソフトがなければ有料の意味がない。

専用道において走行の定時性を確保する（安全が必要なのはもちろん）ことは地域間の距離を縮め、都市の分散化に役立つ。日本は思うようにドーナツ化が進まなくて、古い街に人と車がひしめき合い、ついに一斉に改造して個性を無くしている（高速道の通行料が高いのも影響しているかも知れない）。

フランスの交通規制は無視するためにある、ドイツはまもるためにあるといわれる。が、ドイツのアウトバーンには速度規制はない。運転者のマナーがこれに代わっている。またアメリカにも交通規制は当然あるが、総じて言えばドライバーの責任に基づく曖昧規制である。中国の歩行者には交通規制はないも同然。

民主主義

武士の世を終えるに当たって、明治新政府が急速な近代国家建設のためと称して天皇を頂点とする一極集中社会を強制したことから、日本は絶対性の強い規律ある社会に変わった（前著）。そして敗戦後、階層間の長年の闘争と個性ある集団内の軋轢《あつれき》からの妥協の産物として産み出された欧米風の民主主義が、反軍国主義と反共産主義のためにアメリカから移植された。あちこちに残っていた封建主義に対抗する手段として権利を主張することを学び、こんなありがたいことはないと、アメリカ型の上《うわ》面《つら》だけの民主主義が根付いたようである。しかし実は日本には、遠く鎌倉の時代に寺院の意志を決める総会において完全な秘密投票を採用していて、総意ではなくても多数を神意として尊重する伝統があった[19]。今の世に神意は馴染まないだろうが、ばらつく意見の中の多数をとるところに民主主義の真髄がある。しかし民主主義社会では注意しなければ、新しいアイデアや手法など特異を排除して平均化することになる。

民主主義は単に国の主権が民にあることを示すだけの言葉で、運用の仕方は一とおりではない。アメリカ占領軍の後押しで突如戴くことになった民主憲法に対して、文部省はかつて小学生に「なるべくおおぜいの人の意見で、物事をきめていくことが、民主主義のやりかたです。・・わずかの人の意見で、国を治めてゆくのは、よくないのです。国民全体の意見で、国を治めていくのがいちばんよいのです。つまり国民ぜんたいが、国を治めてゆく・・」と教えた（あたらしい憲法のはなし）。これでは幻想を抱かせる。下からわき起こった民主主義ではないだけに、他人事である。国民全体が国を治めるには、一人一人が強制されない公意識に基づく私を確立しなければならないことや代表者を選ぶ側にも責任のあることや運用の具体的手法を示さないから、多数の論理と少数意見の尊重がぶつかって混乱に輪を掛けることになったのではないかと考えている。

＊民主主義の見本　占領軍のGHQは日本に民主主義を根付かせるために、CIE（民間情報教育局）を通して、アメリカの日常生活を撮した映画を日本人に見せて廻ったそうだ。一三〇〇台の映写機まで各地に配置して月二〇日以上の稼動を義務付けていたため、五年間で延べ一二億人の日本人がアメリカ映画を見たとのこと。明るい部分、豊かな部分にのみ焦点を当てた映画を見て、これが民主主義によってもたらされたと誤解し、先進国アメリカの文化生活に憧れた理由はよくわかる。その生活を維持するためには、個々人にどんな責任があり、義務があるか、具体的な実践法や陰の部分に思いが至らなかったことはやむを得ないことである。文化は表向きはわかりやすく、また真似やすく見えるが、その大本の精神は簡単に真似られるものではない。

「数の論理」を「排除の論理」とか「数の暴力」と非難する少数者が多数になった時、果たして「数の論理」に従わずに、「少数者の論理」でものごとを決めるだろうか。もしこんなことがあるなら、少数者も多数者も困惑するであろう。鎌倉時代のように多数を神意とは言わなくても、多数を社会の意志とする気持ちがなくては、民主主義は民の手から離れた飾り物になってしまう。素晴らしい理念は実効ある実行があって初めて輝く。民主主義の適正な運用ができなくては、持続可能な日本を支える土木が実現できない。

三・四　教育・文化

教育の目的は、初等教育と高等教育で異なるが、単に上位の学校への入試に通ることだけではなく、安定した社会生活を送るために、先人が永年掛けて蓄積し体系化してきた知識や技術（技能）を年齢に応じて習得させ、社会に適応できる人格や道徳心を涵養することである。もちろん社会は変化するものであるから、変化への適応性や変化を促進させる創造性を養うことも重要である。

スパルタ式の厳格な管理型教育（硬い教育）とその対極としての自由な放任型教育（軟らかい教育）がある。どちらが優れた手法かを簡単に言えないが、得失はある。近代化を目指した差し迫った目的・目標を設定した明治の教育は絶対権威を戴いた管理型の硬い教育であった。どこの国であっても、黎明期の未熟な時期には規範となるものの必要性は高い。硬い教育は、知識の伝達や我慢や忍従の強制に役立ち、設定された目標達成に役立つが、自主性や自律性とか創造性を育てるのには役立たない。硬いシステムを支える柱として個人の倫理感とは関係のない集団としての道徳性が重視される。

優しく軟らかい教育は、対象者に自立心があり、知識や人間性の基礎があれば、創造性を生む。基礎や判断力がない未熟な幼少期に、厳しさ抜きの優しさばかりでは甘え体質を増長させるし、強制的な基礎訓練抜きの自由を与えても、自由の使い方がわからず怠惰な気質を生み出し、我慢を知ろうとしない。そしてもっと悪いことは、倫理の確立への必要性すら感じないことである。しかも道徳規範は持ち出されないし、持ち出しても従われない。これでは学級が崩壊する。学童期には、たとえ虚像ではあっても、規範とか権威がなくてはならない。今優しい先生や面白い先生が子供から好かれているが、厳しい先生や謹厳な先生もいなければならない。

＊明治からの教育　明治になって、新政府は富国強兵を急ぐあまり西洋一辺倒になってもなお、人間たるものの基本原理としての自由や民権には見向きもせずに、旧来の忠や孝を持ち出し、その求心力の最後の行き着く先を天皇に求めた。藩とか家など、途中に介在する厳格なようでいて曖昧な支配体制を解体して、個々人が直接集合すべきところを国家という単一体とし、個々人への直接的強権支配を目指した。それまでの日本にあまり例を見ないこの絶対支配体制を確立する上で、個々人に期待される人間像の統治規範を儒教に求めたのである。これが江戸期に引き続く新生日本の道徳となって、倫理抜きのままに定着した。

貧困の中で国家のために一心不乱に働くと言う方向性が、国力を大いに高め、明治維新の成功へと橋を架け、これが日本のみならず外国からも高く評価されることになった。都合の良いことに儒教的考えは伝統としてすでに広く受け入れられていた実績があるので、教育機関を通して、このような考えが一気に浸透した。

忠と孝なる人間が生来的に持ち得る崇高な感情を国家のためだけに求め、強制すると言う歪んだ考えを大仰に振りかざして、自己規制の強制、はみ出し者の排除など、意識的に人間性を犠牲にした。あらゆる場面で個人の論理より集団の論理、国の論理を優先させることを強制した。結果として個人の影が薄れ、社会のため、すなわち国のためには万難を排して立ち向かう、立ち向かわねばならないとする風潮が作り上げられた。自己犠牲を美化し、万民のために個人を犠牲にする公衆道徳、勤労は善、怠慢は悪なる勤労観などが定着し始めた。エゴの葛藤を抜きにした日本人の縦の公意識（縦型公共感）の原型はここに形成された。

単一集団からのはみ出し者への公権力による排除となり、これがついには個性を主張する者の仲間からの排除に繋がった。江戸時代の強権は、幕府から藩や家を介した間接的であったがゆえに個性の生きる道は相当程度にあり得たが、明治の強権は個々人への直接的支配であり、個人間の相互監視であるがゆえに全くの個性のない他律的な全体主義者の誕生になった。富国強兵なる国家目標は単一（巨大）集団化を目指すことで達成されたかに見えるが、構成員からのチェックと承認もなく、民意の集約手続きも不完全なままで、江戸期に見られたような集団間のせめぎ合いも、牽制もなく、この見せかけの巨大単一集団は、財閥、門閥、軍閥など一握りの指導者のみの意図で動き得たので、本質的に暴走を許す余地が多分にあった。

戦後の新教育

「・・われらは、個人の尊厳を重んじ、真理と平和を希求する人間の育成を期するとともに、普遍的にしてしかも個性ゆたかな文化の創造をめざす教育を普及徹底しなければならない。・・」なる前文を受ける教育基本法第一条には、「教育は、人格の完成をめざし、平和的な国家及び社会の形成者として、真理と正義を愛し、個人の価値をたっとび、勤労と責任を重んじ、自主的精神に充ちた心身ともに健康な国民の育成を期して行われなければならない」とある。まことに優れた理念である。日本国憲法が一億の民を背負って立つ気負いからやや表現がわかりにくいのに比べて、なんと純粋でわかりやすいことか。戦後俄作りで発足した教育刷新委員会の新教育に懸けた意気込みがそのまま伝わってくる。ただこの素晴らしい理念を実践する場が、学校にも、家庭にも、社会にも確保できなかったという現実がある。なぜなら教師たる大人に、個人の尊厳への戸惑いや真理とか正義への不信感があり、また永年抑圧されていた自主的精神を回復する暇もなかった。何より明日の食にさえ事欠く始末で理念が憧れや願望にとどまり、消化できなかった。

＊戦後の教育の混乱　戦前から戦後の価値観の転換に戸惑い、狼狽《うろた》えた教師の述懐がある（ＮＨＫテレビ）。皇国的全体主義から民主主義、自由主義に転換した時、教育現場では民主主義とは何か、これを教育現場でどう活かすか大変な戸惑いがあったようで、辞職者も数多く出たとのこと。例えば、運動会の競技から棒倒しと障害物競走を軍国的であると廃止し、軍隊調の号令を変えるなど今では何気ないことが大問題になった。また、昼食時に闇米を買えない家の子が校庭の片隅でたむろして時間をつぶすような貧困が混乱に輪を掛けた。価値観の転換と貧困に直面した当時の教員団の苦衷は察してあまりある。

反米・嫌米を押し付けられていた学童が、玉音放送直後に書かされた綴り方にはまだアメリカへの復讐を誓っていたにもかかわらず、数日後に進駐してきた米軍の圧倒的な機械力、明るさ、豊かさを通して簡単に親米に転じた。これに当該教員は驚き、改めて教育者として虚しさを感じ、「教育は知識形成に役立つが、人間形成には役立たなかった」と無力感に苛《さいな》まれたとのこと。ついには教育そのものへの疑問を感じ、その後に教職を辞された。しかし彼のこの教育観は一〇〇点の解答ではない。

誠実な彼の本意ではなかったにしても、嘘で塗り固められていたことを子供に伝えていたこと、自分の意見の表明ができなかったこと、奉安殿にかしづき天皇のために死ねと教えたこと、これらはどれも確かに虚しい。しかし彼は教育の力の大きさに気付いていない。子供たちが反米から親米に転じたのは、何もチョコレートやチューインガムに魅了されたからではない。暗かった日本に比べて目前に来た米兵から明るさを感じとり、意図的に嘘を教え込まれていたことを憤り、何より強制されてきたことからの解放、自由な意思の表明ができることの悦びが子供たちを親米にしたのである。嘘ですら教え込める教育の力、悪意ですら染み込ませることのできる教育の力。明治新政府が教育システム整備にかけた熱意もここにあったのである。だからこそ教育は恐ろしくもあり、悦びでもある。すでに述べたように、玉音放送を聞いて国家（天皇）のために流した涙も乾かぬうちに、大人たちが旧日本への決別の決意を固めていた現実も影響していたことであろう。

①　優しい教育では我慢とか忍耐や自己抑制力、すなわち規律は培われない。だからすぐにチョーむかついたり、すぐに切れたり、極端な虐め行動に出る。他人の痛みは、自分が痛みを体験しないと理解できない。理非を弁《わきま》えた大人の体罰は、限界を知らない子供の虐めと程度も意義も異なる。この意味で、体罰は虐待と自ずから違うし、厳しさは優しさと相反するものではない。これらの違いや同じことを教育界や大人が、特にマスコミが理解できないところに不幸がある。

マキャベリは、君主論で「残酷さが秩序と平和と忠誠を作る」と言ったそうだ。これは極論としても、登校拒否を不登校と言い換えて、あくまでも我慢はしなくてよい、優しくしておればよい大人に育つというのは責任放棄と言えよう。子供っぽい大人になるにすぎない。教師は決して子供の仲間ではなく、確固たる威厳を持たなくてはならない。子供には権威が必要だからである。恐ろしくない教師、絶対に折檻のないことを知った子供たちに、なお優しさを押し付けるのは大人の責任放棄である。優しさがわかるには厳しさがなくてはならない。「最大の努力で最小の効果を求めよ」などと今日の日本人の口には膾炙《かいしゃ》しないことを説いていた薬師寺管長高田好胤は、「慈悲だけが慈悲やない。無慈悲の慈悲がある。今の我々の慈悲は無慈悲に繋がる慈悲でしかない」[20]と、慈悲あれかしと願う無慈悲のあることを説いた。また、「子供は叱られる権利を有している」との説もあるとおり昔は近所に必ず雷親父がいた。「大人は子供を叱る義務がある」ことを社会が実行していたのである。

幼年期に辛いことや苦しいことをさせないでは、その子の能力が開かない。人間を植物にたとえるのは不謹慎ではあるが、温度や打撃など通常と異なったストレスを植物に与えると、品質が向上し、収量が増えることがあるらしい。通常体験しない外部刺激によって、内部に潜んでいる能力を引き出せることを意味している。

学校から権威が消失しただけではなく、いつの間にか家庭からも社会からも権威が喪失した。戦前の親父の権威の実態は知らないが、恐らく子供の前では母親から立てられて踊っていたのに違いない。子供の前で罵倒される父親には威厳などない。今の親父ではもう子供を叱る

高速道を歩く．中国の高速道には人も自転車も通っていた．日本では珍しい光景（しまなみ海道）．

スイス氷河鉄道．山国の鉄道は条件が悪い．高速走行は無理だが，これが人を魅せる．

廃線にトロッコ（京都市）．路線改良で取り残された旧軌道にトロッコ列車が走る．人気が高い．

新線の廃線軌道．開業前に廃線になった新しい廃墟．期待を裏切られた悲しみは深い．

廃線跡自転車専用道．鉄の路を自転車の道に転用する．やむを得ないが，良いアイデア．

ものを載せて飛ぶ．普段着で乗れる日常の移動手段になった．地域特産品も乗れる．

どころか、子供の前でへらへらするだけで、何の役回りも回ってこない。古来、母性社会がなかったわけはないのに存続し得なかったのは、生理的な力の差があったがためではない。優しいだけでは、複雑な社会を統御できなかったのだと考えている。一途な体罰厳罰主義と知識・記憶万能主義と度を超した優しさ志向が登校拒否児やすぐに暴力に頼る子供の暴発を生んでいる。

②　管理型教育からは人間としての生き方を求める倫理感は生まれない。まして禁止条項の多い校則の中にある仲間内でしか通用しない強制された道徳は、その場の集団の秩序立てには役立つが、個としての尊厳を拒否し、いつも身近な他と比較するばかりで、自己の確立の上では役立たない。このような管理教育からは依存性が生まれるばかりで、自立性はもちろん自律性や紛争解決力は培われない。本当の自由の意味もわからないし、民主主義の運用方法もわからない。むしろ、表では従順で、裏でせせら笑うような卑劣さや反抗しか生まれない。

子供の管理以上に教師への管理や監視が、子供の成長を歪めている現実もある。些細な体罰への責任追及、内申絡みの成績評価への不満、校内事故への責任追及、授業やクラス運営への干渉。あらゆることを学校任せにしてなお過度の責任追及では、無責任で無気力な教師しか生まれず、そこから逞しい子供は生まれない。

③　能力、努力の評価なしの平等教育では、極端な偏執狂は生まれても創造力は生まれない。平等は理想のように見えるが、絶対平等は目指してもできないし、たとえできてもしてはいけない。多様な個性の集まる学校で絶対平等はありえない。もし良い個性と悪い個性なる表現が許されるとすると、絶対平等は、悪貨が良貨を駆逐するように悪い個性に揃えてしまう。共産主義が当初の目《もく》論見《ろみ》のような理想社会を作れずに瓦解したのはここにある（前著）。また相対評価はクラス内だけにしか通用しない井の中の蛙。偏差値は絶対評価ではない。クラスが大きくなっただけのもので、不合格者の数を減らしたいという受験指導においてのみ力を発揮する。

④　各種技能を排した偏差値で代表される知識偏重教育では、独創性はおろか創造性や想像性すら生まれない。なぜなら受験のための知識やその記憶は発展性がないからである（正誤の判断より、唯一の正解のみを理由抜きに覚える）。しかも教科書は見解の別れるものは検定で忌避され登載されない。合意されたすこぶる客観的な見解は画一的で、その中から重箱いじりの些細な、間違いのないことのみを扱う。

主要でもないのに主要科目といい、他の科目（美術、音楽、体育、家庭、技術）を客観評価ができないとして貶《おとし》める。そうして技能や感性に関わる重要科目を非受験科目としたことは大きな誤りであった。生き方のトレーニングをする小中学校で知識なしにはできないが、技能なしにもできない。家庭や社会における実生活に根差した躾や訓練が技能はもちろん知識への求心力である。

⑤　日本の伝統を尊重しないで日本人としてのアイデンティティは生まれない（国歌、国旗を尊重することだけが日本人のアイデンティティではない。前著）。異質文化を理解し、批判し、国際社会で生きるのに、傲らず、媚びない態度が不可欠であるが、そのためには日本の伝統を正しく理解することが最低要件である。英語など外国語は巧く操れたとしても日本を知らず、日本のことを考えず、日本語が不十分では国際人とは言えない。

子供時代の作文教育が、どうして高学年まで活きてこないのかも不思議である。入学試験を経るごとに作文力が低下しているように見える。「日本人としての生き方」など考えることを求めない見たまま、感じたままの日常を書く綴り方の限界である。生きる努力なしでも、どこかから援助の手がくる豊かな社会の宿命であろうか。

この他客観テストに関する批判もあるが、前著に譲る。

＊日本国民であること　日本人が日本国民であることを意識し、誇りに思うのは国歌や国旗があるからではない。日常の救済でもない。まさかの事態や命の危機に瀕した時に、頼りになると実感できる時である。誰彼なく襲い来るであろう激甚災害というまさかの事態に対する救援策や支援策を用意することは、普段から危険を意識しておくことにも役立つ。逆説めくが、人間の生存や安全を前提にしていては、日本国民であることの誇りは生まれないし、本当に有効な危機管理計画が作れない。

文　化

土木的行為は紛れもなく文化的行為だと確信し、かつ日常しばしば耳にし、目にするこの言葉が非常に限定して使われていると感じている筆者が言っては、信憑性がないと受け取られかねないのでまず辞書に聞いてみる。

広辞苑によると、文化とは「人間が自然に手を加えて形成してきた物心両面の成果。衣食住をはじめ技術・学問・芸術・道徳・宗教・政治など生活形成の様式と内容を含む。・・西洋では人間の精神的生活にかかわるものを文化と呼び・・」とあり、文化的行為とは「自然を自然のままに放置しないで、技術を通して人間の一定の生活目的の達成に役立たせること」とある。また国語大辞典は、「一定の人間共同体が自然や野蛮の状態に止まることなく、それ自身の特定の生活理想の実現を目指して徐々に形成してきた生活の仕方とその記録」と言い、高校教科書（東京書籍、現代社会）は「人間が自然に働きかけて自らの世界をつくり出す活動と、この活動によってつくり出されたものをあわせて文化という」と言う。

なにを見ても土木は文化だと一言も書いていない。しかし大方の世間が考えているように詩歌や文を作り、絵を描き、彫塑を造ることとも書いていない。自然を破壊するのを文化と言わないが、文化とは本来生存のために能動的に自然へ働き掛けることである。自然の中での生き方となると均一はないし、客観もない。生き方としての文化に不可欠の要素は能動性と主張である。

人間は自然と関わり、都合の良いように手を加えて安全を図りつつ、生存してきた。最低限の生存を目指すだけではなく、より豊かに、便利にしようとしてきた。千枚田は何もしないのに千枚田になったのではない。食料増産を目指して雑草を排除し、耕すこと自体が、種の選別による生態系の破壊である。しかしこれは明らかにより安定した生活を目指した文化である。より便利な自動車を思うがままに操りたいと、道路の拡幅や線形改善に努めてきた。ゆったり住まいたいとの願いを満たすため、安い製品を生み出すため、宅地や工場用地を拓いてきた。働くばかりだと先進国から笑われるので遊び場も造ってきた。どれも文化的行為であり、どれも自然への働きなしにできないことであった。自然を意味なく破壊するのは避けねばならないが、人間自体の存在が自然へ多大な影響を与えていることも忘れてはならない。

このところ文化創造をキャッチフレーズに掲げる地方自治体は多い。それらは音楽、美術、文芸など文化の一側面を想定したもので、決して地域特性に応じた安全で、すごしやすい町を造ることが含まれているとは思えない。この文化観から、自然環境問題に関連した重大な課題を提示することができる。

①　美しい自然は危険と隣り合わせで、不安定で、穏やかで優しいばかりではない。その上不便で、称讃できるものでもないし、必ずしも豊かな実りを約束するものでもない。この点の認識もなく、資源も食料も世界各地からの輸入に頼って、好き放題に食べ散らかし、撒き散らかして、いわゆる文化的生活をしながら自然保護だの自然との共生だのと言ってみても空念仏である。より安く、便利にと機能のよい製品を追い続けた人間（製造者だけではなく消費者も）が、結果的に環境を損ねた加害者であることに気付いていない。人間に都合の良い自然ばかりではない。文化の本質を忘れていては、文化創造はあり得ないし、正しい自然とのあり方を構築できない。

②　災害多発国日本がこれまで存在でき、繁栄を続けてきたのには、個人が災害から身をまもる責任と体制を持ち、大をまもるために小を犠牲にしてきたことがある。現在では、災害から人や財産をまもるのは土木である。しかし科学や技術の進歩によって自然を克服できるようになったと思うのは完全な誤解である。自然克服などは夢であり、科学や技術は自然を克服することを任務としていない。

土木の文化性

建築は文化的行為とみなされる。しかし文化としての建築は、普通の人の住まう建築よりむしろ特権階級の宮殿や宗教施設や豪邸が対象になる。豪華さゆえに大切にされ、後世に伝えられた。特に宗教建築は人々が神を実感し、神と共生できる場を体現したもので、生活臭に満ちた日常性より神を仮想する芸術性や神秘性が求められる。こうして仮想の現実化という高度精神作用の発揚が課され、実現されている(すなわち、狭義の文化である)。神を権力に代えれば、多少生臭さはあっても宮殿建築にも非日常性という点では似た要素はあるが、こちらは日常性を超越する異常性や華燭性が求められた。これらの建築は絵画、彫刻、ステンドグラス、床など日常建築とは異質の装飾で内・外共に飾る。時の最高の職人や芸術家を動員して作り上げられた非実用・非日常に由来して、これが建築=文化の伝統となったのではないか。

　これに対して土木の対象は橋梁はあっても、道路、運河、河川などまとまりのない茫漠として、時にはそれらが行軍や収奪のためのものであったりして、乏しい公金(時には私金)で贅を限りに美に凝ることもかなわず(中には中国の玉帯橋や十七孔橋などの例外もあるが)、どう考えても日常的に使う実用になればよいもので、とても狭義の文化の範疇にあるとは考え難かった。

　土木は自然と格闘して人々の日々の活動を便利に、快適に、安全にするという目的のためになされるのであるから、辞書の定義からすると文化的行為である。にもかかわらずなぜに最近の土木が反文化活動と誤解されるのか。いわゆる狭義の文化の目から見ると、普段目にする道路工事のような土木は、騒音や埃を立て、ラッシュに渋滞を起こして気持ちを苛立たせる。決まって年度末に工事が重なるのは計画性がない。環境への配慮も足りな

＊土木の文化性　「貢納の道」と言われる道がある。ほぼ一年間耕し、水の工面をし、雑草や虫や鳥を防いでやっと収穫できた作物を肩に背負い、あるいは車や舟に載せて山道を越え、川を下って税として納めに行く。この時、道や水路がなければ、あるいは谷に橋がなければと思わぬ者はいないであろう。しかもそれらを造るために徴用されたこともあろう。税が日々の生活の利便や安全のために使われるなら、そのための行為や橋や道などの成果は歓迎されるが、その認識が持てないような社会状況であれば、こんな橋や道はない方がよい。このような土木的行為は、必要悪ではあっても、文化的行為とは思われない。

　一方、中国・北京の頤和園にある玉帯橋や十七孔橋の素晴らしさは、筆舌に尽くしがたい。材料、加工のみならず、形状や周辺への収まりなど、どの点から見ても、贅の限りを尽くして造られたすばらしいものである。巨大で華麗で精緻なヨーロッパのどんな建築と比べても、決して遜色はない。この存在は、土木界の至宝として民族を越えて誇るべきものである。この橋に見える永遠性や文化性を否定しようとは思わない。しかし「文化」を、人間の共同体としての生存や利便のためになすことやなされた成果、平たく言えばあらゆる人のためになることやものとするならば、閉ざされた世界で創建され、使われていた閉鎖性から、その文化性に若干の疑念があるのである。

　努力なしの人間の生存を大前提とした上に立つ最近の偏った「文化」観への反発からの繰り言である。

い、人々の迷惑を顧みず、傲慢で汚くて、およそ日常の生活を便利に、安全に、快適かつ豊かにするという高邁な背景を持つ活動とは思えないのである。音楽にしろ、絵画やお手前にしろ、文化の成果は華々しく展示、展開されるが、その裏に完成までの金と時間を注ぎ込んだ血みどろの努力や訓練があるのに、そのような途中経過は微塵も見せないで最後の華だけを展示し、展開する。ところが残念なことに土木ではこれがどうしてもできない。表も裏も同時進行で白日の下に晒される。だから土木はでき上がるものだけではなく、それを造る過程も可能な限り美しくあらねばならないのである。

土木界はイメージを改善しようと十一月十八日を土木の日としてPR活動している。単に土木の日の活動だけではなく、日々の工事から迷惑行為を減らす努力をしなければならない。なぜなら小さな工事ほど人目に付きやすい。これまでは新規工事が多く、工事優先が容認されたかも知れない。これからは維持や補修などの小規模工事が多くなる。衆目の中で、便益を損ないつつ造らねばならない。ダンプなど重機の移動やこれに伴う振動や騒音、作業員の大声・立ち小便・たばこの投げ捨て・横柄なもの言い・工事優先の交通管制。小さな非難や苦情が大きくなる。自らが文化的行為から遠ざかると思われがちな工事中の迷惑行為を少なくするのは、利用者のためであるが、これが必ず自分たちのためになる。

土木が本当の文化となり得ない理由がもう一点ある。それは土木において説明はあっても、主張がないことである。これまでの土木では、力学や基準や経済性が計画や設計の規範であり、パトロンたる市民や住民への客観性なる迎合意識が足枷となって、担当役所とコンサルタントの協議なる譲り合いによって、本来的にあるいは結果的に最終案に対する自由度を小さくして、いくら説明責任といったところで、どこに造る場合も似たようなものになって主張できる余地がなかった。主張のない説明には、個性の出る幕がなく、他人事の客観性は底が浅く、パトロンたる市民や住民に感動を与えないし、反発は生んでも批判の意欲は起こさせない。単なる必要悪でしかない。職務分担や転勤はやむを得ない面はあるが、短期間で担当者が替わるようでは客観たることしか引き継がれず、責任ある主張はできない。世上従来型公共事業が非難される。これまでになかったものなら歓迎されると短絡してはならない。主張のない土木が無駄だと非難されるのである。

文化には主張があり、能動性がある。類似はあっても均一はない。だから文化には批判が起こり得る。これまで土木は説明さえしてこなかった。土木評論家もいなかった。今、土木は説明を始めようとしている。この説明が主張に変わった時、土木にも真の批判が生まれ、土木は間違いなく文化になる。土木には文化の土壌があるの

平安神宮（京都市）．臥龍橋と言われるが，どれが龍頭かわからない．飛び石も橋である．

大石桁橋（鹿児島市）．空間を跨ぐには長く厚い石を使う．引張り抵抗が小さいから折れやすい．

直線アーチ．アーチのようなもの．両側の石をしっかり押さえ付けておくことが必要．

直線アーチ．これは完全なアーチ．上の丸味は意味はない．

市木橋（熊本）．原理は簡単だが，日本の橋に使われている事例は他に知らない．

二辺アーチ（鹿児島）．石を斜めに立てると広い空間を跨げる．用水トンネルにも使われた．

に、育て方を間違っていたのである。

＊文化とパトロン　普通は芸術家に対する保護者、後援者のこと。建築にはまだしも土木には滅多に使われない。なぜことさらに市民、住民を土木のパトロンというか。少なくもパトロンと言うからには、説明もさることながら、主張を持って理解を求めなくてはならないからである。

建築は、種々の芸術要素があるから文化となり得たのではない。パトロンから特別の注文がない限り建築における必然は、力学の進歩した現在では、建築家のプライドや思い入れ以外にほとんどない。その設計を必然としてパトロンからの理解を得るために、華やかなプレゼンテーションや巧みな言辞を通して主張するのである。設計者の主観から必然を汲めるか、多様な中で必然たりうるかをめぐって批判や批評が起こる。主張と批評が切磋して文化となり得たのである。

土木のパトロンを市民とするなら、選挙の手土産、単純な費用効果比、発注システムのような機嫌取りやすもの指向や各種の利権は、豊かな時代の土木の必然たる資格はなく、もって必然をめぐる土木の主張とパトロンの批判が切磋する場を持てると期待される。当然、説明責任などと言わなくても、中身の濃い堂々たる戦略としてのプレゼンテーションにも長けるようになるだろう。

埋蔵文化財の発掘

非存在証明は簡単ではない。世界の四大文明の発祥地はナイル、チグリス・ユーフラテス、インダス、黄河各流域などと言う言い方に疑問を持っていた。なぜなら人間が自然の中で生活をして、いわゆる文化活動を行い、文明度を高め持続的に発展しながら今日に及んでいるわけで、その四箇所以外に古代文明がなかったはずがない。我々が、あるいは我々の先輩がこれまでに発見の機会を持つに至らなかったのか、あるいは残念にも自然の作用で、あるいは人間の無知のために見過ごし、取り壊したかであると思っていた（前著）。

登呂遺跡以降、近年急激に弥生から縄文に遡る古代遺跡の大発見が相次いだ。佐賀の吉野ヶ里に驚き、それが青森の三内円山、鹿児島の上野原の発見に引き続いた。鹿児島の水迫遺跡は旧石器時代（氷河期末期に近い約一万五千年前）の定住跡の可能性があるとのことだし、秩父市の小鹿坂《おがさか》遺跡は五〇万年前の原人の生活遺構とのこと。この先何が出てくるか、どこまで実態が証《あか》せるか期待が大きい。非存在証明は簡単ではない。

宮内庁は歴代天皇の御陵の発掘を認めない。普通なら、個人の埋葬地の内部を露わにして公開する必要はない。しかし天皇は最高の権限を持ち、最高に崇められた公人である。だから天皇や皇族の陵墓には当時の最先端技術が凍結保存されている可能性が高い。これが陵墓の発掘に関心を持つ理由である。我々の先輩の諸活動の結果について、より正確な存在証明をしたいのである。

文化財保護法は、土木や建築の工事に先立って埋蔵文化財の事前発掘調査を義務付けている。工期と工費は事業者負担で。すなわち、公共事業に関連して、しかもそれ自体公共事業の一つとして発掘が毎年一万件近くも行われているそうである。土木は遺跡を破壊すると誤解されることはあっても、このような形で貢献している面があることは世間に知られていない。

三・五　社会適合性土木

社会意志の決定

組織は多様な個性、倫理、主義、主張からなるのが望ましい。その組織が機能する上で重要なのは、いかにして多様な中から一致点を見出すかである。

もともと日本人はキリスト教的絶対性を持たない、融通性、多様性を持った民族であった。子供の世界にいたようなお山の大将は、宗教界にも、政界にも、商売にも、村にも町にもいて、権威で仲間を統率し、縦横に繋がって競争と協調に基づく融通性のある社会を作っていた。その上形としては民意形成に適した理想の公であった。その上日本には、公の意志を決めるに顔を隠し声を潰した完全な秘密投票による多数意志を神の意志として尊重するシステムを用意していた伝統がある。寺院の意志を決めるという閉じられた社会であったことと、侍が権力を掌握して民意なるものが薄れた。明治になって、天皇を頂点とする上意下達の縦の公が定着して民意は完全に消えた。

難しい状況の中で、本当に住みよい、快適な社会とするためには何を犠牲にし、何を追求するか、理想論やその場しのぎばかりではない具体的な戦略が求められる。社会的適合性の高い戦略が従来のような一方通行の流れや、「小さな負担、大きなサービス」を志向する選挙で構築されないことを、政府も議員も選挙民も評論家もマスコミも認識することから始めなければならない。

エゴを前提とした個性ある社会では、ものごとに対する評価が一つになるはずがない。その中でより公共的でありたいと願う土木がなすべきは合意形成である。

建設省のコミュニケーション行政において、「社会資本整備や地域づくりは、国民と行政とのコミュニケーションの推進によって、行政の持つ情報を公開し、行政の透明性を高め、・・・」とある。[21] 同文書の推進体制のところに柔軟な計画案の流れは示されていても、計画案に対する反応（批判、賛成・反対、改善案）を的確に取り込み、検討する場のことには触れられていない。片方向でもコミュニケーションはないよりある方が結構だが、計画案の社会適合性を一層高められるようなコミュニケーションを模索すべきである。

パブリックリレーションのあり方

パブリックリレーション（Public Relation 先頭文字を採ってPRと言われる）は、社会における諸々の相互関係の構築や相互の意志疎通のことで、社会的意志の形成に至る全過程を含む。単なる広報や公報ではないし、市民たよりなどを配布することでもない。広辞苑には「企業体または官庁などが、大衆や従業員などの信頼と理解とを高めるために行う宣伝広告活動」とあるが、この定義は一昔前の実態を表すものに過ぎない。ここから「宣伝広告」を削除したい。なぜなら宣伝にも広告にも一方向の情報の流れしかなく、逆流がない。これでは正当な社会関係を構築できないのは明らかである。リレーション（相互関係）というからには、少なくとも双方向の流れの場が確保されていなければならない。これがどんなものであれ、倫理感や自律性など留保事項があるとしても公開と批判を前提とする。

需要調査：社会の要請に応え、また潜在需要を引き出すために社会の意志を探り、集約すること。ある目的に対して類似事業を実施することは現実的ではないように、社会の一部の声だけで事業を推進したり中止するのも現実的ではない。アンケートや各種世論調査が多用されることなるが、統計データを鵜呑みにできないことがある。処理方法に問題がなくても母数や回答率、大衆は嘘を付くというより見栄を張りがちなこと。イエス、ノーの判断を求めるだけではなく、多岐選択式や自由記述で意向や希望の調査をすることも必要である。インターネットの活用も一つの方法となろう。

情報開示：利害絡みが多いので、計画が確定するまで極秘でことが進められる。これが「突然の計画開示」と反発を招く。企画・立案の段階で開示しても簡単に承認されるとは思わない。むしろ開示で重要なことは、事業の効果や費用ばかりではなく、それによって生じるかも知れない弊害や、限界まですべてを含まねばならないことである。事業に内在する問題・不確定要因についても開示する必要がある。専門家としての行政が弊害や限界を自ら明らかにすることの抵抗感は理解できなくもないが、世の中プラスしかないことはない。マイナスや限界を正しく評価できていないプラスだけの評価に信憑性はない。

委員会・審議会・公聴会の問題　委員はいわゆる学識経験者や関係方面の権威者から選ばれる。最近では世評への配慮か男女参画社会を目指して女性が選ばれる。学識経験者や権威者については、その考え方が固まっていること、特定分野には権威があっても逆に総合性が必ずしも十分ではないこともあろう。本務があるので委員会は付け足し仕事になりやすい。この意味でも土木評論家の誕生が待たれる。

＊土木と女性　従来はややもすれば土木は女性とは縁の遠い分野と誤解されていた。土木の力仕事や危険性が誤解を生んだのかもしれない。しかし土木の成果の多くは、老若男女に関係なく一般の人を対象にする。ならば委員会などばかりではなく、計画においても女性の感性が活かされる場面が多いはずである。また、調査や工事において、重機や観測機器の操作において女性の参入を妨げる要素はない。参入しやすい労働環境の整備が求められる。

委員選任において意見表明による公募制が民意を反映させる優れた方法として採用されることが増えてきた。必ずしも優れた方法と言えない。特定の意見の持ち主を選びあるいは排除して、かえって御用委員会となる危険がある。この種委員会は、単なる承認機関ではいけない、無責任ではいけない、利害絡みの利益代表委員会でもいけない。人選の過程での恣意を排除し、この種審議会の判断や決断の実効性を高めなければならない。

委員会は必ず公開されるべきである。利害が複雑に絡むと自由な意見交換ができないとして非公開とされる。むしろ逆で利害が絡むほど世間の関心が高いことから、公開の必要性も高い。情報の一方向性を修正する意味もあって、傍聴者からの意見表明や質疑の場もある方が望ましい。ただし委員の個人責任は委員会における発言に限ることにし、委員会の場でのみ処理する原則がなくてはならない。これがないから委員会が形骸化していると非難されるのである。

住民投票の問題　産廃処理場や原子力発電所などの大型建設をめぐって、反対派が住民投票を求めることが多くなってきた。それに対して、国政選挙や地方選挙によって民意が現れている、その上の住民投票は議会制民主主義を否定するし、二重で無駄だとの否定的意見もある。しかし無駄ではなく、適正に住民意志を確認する手順の一つとして必要なものと考えられる。通常の選挙によって表れる民意は、住民投票で求めるような具体的事案に対する民意とは全く異なって候補者の属する党派の影響を受ける。

仮に選挙で具体的案件が争点になったとしても、選挙結果からその案件の具体化までには、国会や地方議会があり、執行機関としての中央・地方政府を行きつ戻りつ、その間政党や役人のフィルターを通るから、でき上がる具体案と民意の距離は遠くなり、結合度は弱くなるばかりである。その具体案に対する、具体的民意を表明する手順がなければならない。この手順によって起業者たるものが提案する計画案の妥当性や適切性を確認できる。

住民投票は法に拘束性が規定されないので効果がないと言われる。理想的なあり方を取り込んだ法を整備すればよいこと。その際、複数の行政区画にまたがった広域案件とか、異なる投票結果になった時や、無関心層や沈黙層が多くて投票率がきわめて低い時に、投票結果をいかに処理するか、事前に定めておかねばならない。

ただ、誰もが嫌がり、どこも引き取りを拒否したい廃棄物処理関係の施設建設などについて、単純に賛否のみを問うような投票は提案すべきではない。

司法の問題　環境アセスを争点にした裁判では学術性が問われる。関係住民の意志にかかる工事差し止めを求めた裁判では民意の大きさが争点となる。しかし判事は法運用や手続きの専門家であっても、問われたことに対しては非専門家であるから独立に自主的に判断することは不可能に近い。必然的に専門家である証人の判断や、事業に関わる官僚の判断が重視される。専門家からなる委員会や審議会の結論と同じになりやすい。また、技術紛争の最終決着も司法に委ねられる。刑事・民事に関係なく、裁判官は権力や利害から独立して、真相を汲み取り、判定を下すべきであるが、やはり証言者としての専門家や権威者の主観および学術性を通してしか判断できない。そして一般からの批判は嫌う体質がある。法運用の要たる判断の拠は専門分野に内在する本質であり、多方面からの批判であって、それらを汲み取ったところに形成されるはずである。しかも裁判官は黙して語らず、閉ざされた殻に閉じこもる。これでは憲法で規定された司法の独立性が保てるかに疑義がある。

***司法の独立性**　日本国憲法は司法権のあらゆる権力からの独立を確保するために七六条（3）で「すべて裁判官は、その良心に従ひ独立してその職権を行ひ、この憲法及び法律にのみ拘束される」と定め、裁判官の職権の独立を宣言している。司法であれ会計であれ、種々の分野で高度な専門性が問われる。例えば会計検査官は公務員試験の合格者のうち法律や経済以外にも種々の技術分野からも採用し、養成しているから、行政機関でありながら内閣からの独立が堅持できる。ところが検察官、裁判官、弁護士のいずれも、法律以外の分野からは実質的には合格できない、きわめて合格率の低い司法試験の合格者でなければならない。種々の専門に関わる要員を採用し養成しないで、個々の専門の本質に関わる判断を外部に依存していて、本当の独立が維持できるだろうか。法律家だけで孤立していては独立は保てないし、均一や純粋培養からは強さは生まれないのではないか。お節介はご無用と一蹴されそうだが。

最適案の決定

絶対的独裁者を排除するための社会システムとして、一二世紀以降のフィレンツェは、十数万人の市民の誰もが政治に参加しうる民主制を持つ自由都市国家であった。この自由都市で今も目にできる花の聖母大聖堂の特徴的な円蓋やサンジョバンニ礼拝堂の門扉など、その社会システムからの当然の帰結としてコンクールや委員会によって製作者を決めるという公平な実力主義方式がとられていた。批判精神旺盛な自由な市民による実力優先主義による優れた個性を評価できるこの方法は公共建築を対象にしばしば行われた。それが芸術の隆盛（個性の開花）を極めることになったし、逆に沈滞（慣れという伝統にこだわる、市民の平均趣味、技術革新への不信、フィレンツェからの脱出）や並外れの天才を排除することに繋がりかねない危険をもたらすことにもなった[1]。

誰が選ぶかは重要な問題である。公共のものだから市民が選ぶか。権威者に委ねるか。感性に関するコンペは選定者の選定が難しい。専門家や権威者は自分の過去の経験から離れにくく、市民は個人的利害から離れにくい。

藍場川（萩市）．二辺の角度を変えて一辺をほぼ水平にした．これは桁．

長浜橋（山口・秋穂町）．２枚の石の間にもう１枚の板を挟んで広い空間を跨ぐ．水平石は桁．

天津橋（柳井市）．猿橋は木で，これは石．長いのに脚がないので，幽霊橋と呼ばれた．

とくしん橋（宇佐市）．桁橋にしか見えないが，リブアーチの祖と言える．

葛橋（徳島）．客を呼べる橋は日本にはそれほど多くない．

ヴェッキョ橋（イタリア）．フィレンツェのアルノ川にかかる名橋．橋上には宝飾品店が並ぶ．

第四章　景気・経済

四・一　社会の目標と豊かさ

戦国末期に来日したザビエルが見た日本や、元禄時代に滞在したケンペルが見た日本は、大変規律正しく、優秀な国民からなる物質的に大変豊かな国であったそうである。元禄は言わば江戸時代のバブル期に相当していたからその評は当然であるが、注目すべきは戦国期も元禄期も、日本は精神的にも大変豊かで、ヨーロッパに勝る国であるとまで評価されている点である。しかるに、先般のバブル期には、政官界から銀行その他あらゆる企業や国民の多くが、慢心し、自制心を失ったことが狂乱を阻止できなかった。この局面からは、一切の抑制なしの何でもありの自由にもてあそばれた自律なき依頼心に満ちた日本人の姿しか見えないのが、まことに残念である。

さて、ビジョンなき民や国は滅びると言う。明治の開国以来、日本はずっと目標を掲げてきた。明治以降の社会目標に関して思いつく言葉を並べてみると、殖産興業、富国強兵から始まって途中で大東亜共栄圏などの狂乱を経て、総合開発計画、所得倍増計画、列島改造論、内需拡大、ふるさと創生、生活大国、公共投資基本計画、規制緩和、財政構造改革、科学技術創造立国など。その根本は追い付け追い越せ一途であった。だから利の獲得ばかり目指してきて、害の分担が疎かにされた。

何の具体策も示さないで、環境危機を視野に入れたつもりの「持続的発展」に辟易していたところに、最近は環境立国まで出てきた。環境に配慮した生き方の実現を目指す環境大国ならまだしも、環境で国を建てることができるだろうか。縄文回帰や石器時代に戻ろうと言うことなら別だが。現実味のない目標は害ばかりで益はない。

日本国憲法第二五条①において、「すべて国民は、健康で文化的な最低限度の生活を営む権利を有する」と規定して、国に義務を課している。憲法は理念、制度を規定したもので、国も国民もすべてが従うべき根本法規であり、国としてのあり方と目標を集大成したものでもある。餓死、間引き、捨て子、身売りが日常見られた時代に比べれば、明らかに日本は豊かになり、憲法同条文を満たしてしまった。上向きの目標や利の分け前を求めるビジョンは今やいらないのである。今の先行き不透明感はこんなところにある。これまで体験した流れであれば、先行きはわかる。今は未曾有の事態なのである。未曾有の事態であるから誰にも先が読めないのである。

現在は先が見えない上、目標がないと言い、返す言葉で、何とか景気を良くしたい、景気が良くなりさえすれば万事解決と言う。景気を良くするには、さらに消費拡大をせねばならない。消費拡大には、さらなる資源の経済的確保と廃棄の効率化が要件となる。が、景気と自然は並び立たない。これまでのやり方を変えて乗り切るか、これまでどおり自然を無視し続けるか。

現状の認識

所得水準は高くなった。日本はすでに十分に繁栄している。これ以上なぜに発展しなければならないのか。どこまで高めようとするのか。デフレは悪ではなく地球の有限性を考えれば必然の結果ではないのか。

今なお、乳幼児の死亡率が五〇％を超え、平均寿命が三五才の地域がある。幼気な女の子が洗濯物を担いで四キロメートルも五キロメートルも歩いて洗濯場に通わねばならない地域もある。五〇人の大家族のために深い森の中をかけずり回ってやっと小さな小動物一匹しかとれなくても、森は生命の源と感謝を忘れない民のいる地域もある。贅沢な日本人の胃袋を満たすための天然エビを小舟に命を託して捕獲している人もいる。それぞれはそれが運命と思うか、何とか脱却したいと思うかは様々であろう。

日本人の平均寿命は昭和初期には男四七才、女五〇才であったものが、今や世界一の男七七才、女八四才になった。平和、安全の他に、保健意識が高く医療技術が進み、医療システムが完備している。こんなに豊かな時代はかつてなかった。ゴミ問題を起こすほどに食べきれない食料、四季折々の華美な衣料、うさぎ小屋と揶揄されながらも各室にテレビ、ビデオ、エアコン。洗濯機、掃除機、調理器の詰まった家。朝からシャンプーができ、太陽光は嫌だが人工光で日焼けするかと思うと、いや美白だ、ダイエットだ、エアロビだ。カルチャーセンターだ、海外旅行だ。学校だけで足りずに塾だ、ピアノだ。どの家にも軽自動車や高級車がある。これでまだ豊かになっていないと言うのは、あまりにもほどを知らず、分を知らない。

　都市間を移動するのに、少し前まではまず汽車しかなかった。そしてその切符を入手するのが一苦労であった。今は、在来線列車、新幹線列車、長距離バス、飛行機、高速道路、色々な選択肢がある。産地直送の活魚や旬の果物が、送るも受け取るも人手を煩わさないで、やり取りできる。ほんの少し前、子供に荷物を送るのに、遠くの駅までふうふう運んだことから比べると雲泥の差である。電話を引くのに長い間待たされたのも少し前。今や日本国中電話回線が行き渡り、交換機も良くなり、外国へも瞬時に繋がるのに、やれポケベルだ、いや携帯だ。

　人間生活に不可欠の水の話。高知のダム湖から出現した校舎がテレビで紹介されて、日本の水行政はお粗末だと非難された。阪神淡路大震災後に被害調査に出向いた時、水道管の割れ目からの水を汲む姿や汚れた川の水を汲むバケツに衝撃を受けた。給水車では雑用水まで賄えなかった。ところが日本では、生活用水として一人一日当り（一〇年前で）三〇〇リットルを超えて使用している。

　豊かさは、ある目的を達成するための手段や方法が何通りもあることとすると日本は本当に豊かである。しかし阪神大震災で露呈したように脆い豊かさである。

＊断水では給水車は来ない　つい先年中国の大学で断水騒動に遭遇した。給水車はどこからも来ない。ありったけの器を持って食堂横に来てくださいと連絡があった。外国人教師に優先的に割り当てられたのは、食堂横で食材の魚を泳がせている枯れ葉の浮いた溜まり水であった。あまりの驚きに、地元の人の対応を見落とした。水洗便所の水ではなく、飲み水がないのである。給水車が来ない本当の断水の恐ろしさを思った。

　日本では、現在水に不自由しないから、ダムや堰は環境を破壊するとして水つくりが忌避される。これは賢明な選択であろうか。一〇〇〇年以上も前に満濃池を造り出した頃は水を自由に作り出せなかった。現在は海水の淡水化や酸素と水素ガスから水ができることは知っていても、水つくりには膨大なエネルギーがいるので、生活用水や潅漑用水の役に立たない。水はお天気任せという点では今も昔も事情は同じである。

　水は食の命であり、人の命である。その水はにわかに作り出せないことを忘れてはならない。給水車に積む水や給水車を動かす燃料がなくならないとは言えない。

豊かで、平等な社会

　豊かさを実質消費支出指数で測れば戦後からの四五年間で一二倍、五五年からの三五年間で六倍になった[1]。また、社会の平等を所得分配のばらつき、すなわち最高位所得階層二〇%分の所得額の最低位所得層二〇%分の所得額に対する倍率で測れば、日本は低・中・高所得国のどこと比べても最小値から二番目である。

日本は豊かな国で、しかも世界で最も所得分配が平等な状態となっている。言わば理想的な国である。理想的な国にはなったが、それによってまた問題も出てきた。

① 人口高齢化。一九九四年現在六五才以上の人口割合は一四%となった。これは二〇年間で二倍になり、欧米先進国の二〜五倍の速さである（介護や医療費、年金）。

② 医療費。一九九二年で二三兆円、GNPの五%（検査付け、薬漬けなどは前著参照）。

③ これまでは国際競争力のある質の良い商品を開発しなければ、外国に売れなかった。品質改善のための設備投資には積極的であったが、廃棄物処理には消極的であり、暗黙のうちに容認してきた節もある。その付けが大気中、水中、土中に相当貯まっている。もうすでに相当量が分解されたかもしれないが、他の動植物に凝縮して蓄積されている可能性もある。動植物に凝縮された毒物がいつ、どんな形で顕在化するかはわからない。何か有害な物質や生物を生み出すかもしれない（焼却さえすればゴミ問題が片付くと思っていたのが、環境ホルモンなるすぐには目に見えない影響が顕在化しつつある）。

④ 追い付け追い越せの目標の一つであったアメリカ型の生活が日本に浸透してきて、日本の伝統的生活様式をもうほとんどなくしてしまった。マイホームという小家族となって、親からの干渉はなくなったが、これは伝統との断絶を起こした。また近隣からの干渉を嫌い、地域内で孤立する。二〇年前にしばらく滞在したアメリカで見た、社会的なつながりを絶った老人の寂しげな姿が目から離れない。一面だけ見て憧れる危険性を感じた。

日本は囲炉裏《いろり》の廻りで年長者を中心にした経験伝達システムを持つ大家族社会であり、道路を子供の遊び場や大人の社交の場にして協調や対抗する地域社会であった。しかし今は年輩者の経験が生きない。家庭が地域から孤立して、その子が社会性や道徳観を持つわけがない。自己中心の我儘がなぜ問題になるのか、なぜできぬ我慢をするのが美徳か理解できない。「苦労は買ってでもする」のはもうはるか昔のことになってしまった。「革命以前にはすべてが努力であった。革命後はすべてが要求に変わった。」といったゲーテ[2]に習うと、「豊かになる前にはすべてが努力であったが、豊かになった後はすべてが要求に変わった」となる。ゲーテの眼力を誉めるべきか、人間というものの本性に呆れるべきかはわからないが、ことの前後で人間が変わるのは真理である。とすると、豊かな社会を作る上で貢献してきた土木は、この後はあり方を変えなくては時代に遅れることになる。ところがゲーテ再び曰く「富を十分に享《う》けていながら、なお欠けているものを思うことほど、人間にとって不快なことはない」[3]。冨と権力を得たあとのファウスト翁がまだ我儘を抑えきれずに、善良な老夫婦を殺し、何より大切な菩提樹を焼く悲劇を生んで後悔の念に呵《さいな》まれるのである。人間が富や豊かさの魔性に気付くのはいつのことだろうか。

これからの目標

日本ではこれまで物の豊かさを追求してきた。そのために、心の豊かさが蔑《ないがし》ろにされたというが、それは間違いであろう。拝金主義の蔓延から規律・自制心を失い、社会使命より会社使命が優先され、社畜と言われ、過労死まで起こした。金に心を狂わせたのである。

経済政策の目標は国民生活の安定と向上にあるのは自明の理である。スミスに始まってルーズベルトやケインズが、あるいはマルクスやレーニンさえもが、集合体としての国家に主軸を置いて、思索を重ね、実践した経済学は、持てる者と持たざる者、個人も国家もいずれもが、持続的に成長することを目指してきた。

しかし地球上に住む限り、無限の成長はあり得ないし、栄枯盛衰は歴史の必然である。自然環境の変化についていけずに没落した例もあるが、社会構造の変化に対応できずに没落した例も多い。これまで経済学が持続的成長を目標に掲げてこれたのは、資源と廃棄の面で自然環境的限界にはるかに及ばない貧しい時代であったからである。今や豊かな時代の経済学が必要である。

社会構造が変化し、豊かになり、環境的限界に近い今、混乱のない逓減をいかに実現するかに目標を変えねばならない。ところが政治家も政府高官も経済アナリストもマスコミも、旧来の考え方から抜け切れていないで、環境問題を少しは考えているとのポーズを表すためか持続的発展などと、いまだに成長志向的な発言ばかりするのが解《げ》せない。案外かつての石油危機を克服した記憶が自信となっているのか。かつての石油危機も環境絡みの危機ではあるが、当時は産油国のエゴに翻弄されたものにすぎない（土木では大騒動で、海や山に原油備蓄基地を造った）。弛緩した社会に緊張をもたらすのは、以前なら疫病の蔓延や戦争や大災害であった。今日の環境問題はそれらに匹敵するほどの緊張要因なのである。

今日から取り組まねばならない緊急課題は、資源の枯渇への対応、製造過程や使用過程から出る廃棄物とゴミなどの廃棄物対策である。これまで好き放題してきた罪滅ぼしでもあるが、需要を拡大することでしか資本主義が継続できないのであれば、新しい商品の開発ができたとしても、安心して廃棄できない現実問題を片付けなければ、不況からの脱出について、出口が見えてこないのである。そして今必要なことは単純に廃棄削減のために消費削減を叫んだり、廃棄物を廃棄物として処理するだけではなく、廃棄物から資源やエネルギーとして循環させるための技術開発とこれによるコスト増加を容認する

聖トリニタ橋（イタリア）．ヴェッキョ橋を越えたい一念がこの美しい橋を生んだ．

楓橋（中国・蘇州）．この橋も寒山寺も江村橋も，一帯の雰囲気が楓橋夜泊の主役．

江村橋（中国・蘇州）．江楓の漁火と言われる江はこの橋．ここから隣の楓は見えない．

呉門橋（中国・蘇州）．この橋から付近は平坦地とわかる．南船北馬の典型の橋．

宝帯橋（中国・蘇州）．隋の煬帝が大運河を造った頃，船を人が曳いた．曳き舟のための橋．

放生橋（中国・上海）．伝説の多い橋．伝説が多いのは親しまれている証拠．

経済観の転換がなくてはならないのである。

　ところが一方、成長には限界があるが、大規模事業の導入により前提条件を変えれば人類はまだまだより豊かに、より美しく発展できるとする説もあるらしい。また技術水準を保つには、常に挑戦していなければならないという現実もある。新しいエネルギーや新しい空間を目指して原子力、海洋深層水、石炭や地熱などの活用、雨水の貯留や大深度地下の利用などは、これまで手にしている地球環境の枠を広げ、遠い将来までの持続の可能性を探る道でもある。食料やエネルギーについては自給率を少しでも高めることは日本の独立性にとって緊要の課題である。もちろん水の確保や生活の後始末は持続可能な日本のためには不可欠なこと言うまでもない。

　心の豊かさや幸せは、人間の感性や感情を蔑《ないがし》ろにして得られるものではない。物質文明を支えてきた科学や技術の世界では、感性や感情を受動的で確実な認識をもたらすことのない反科学、反技術すなわち反理性的、反客観的、反再現的、反合理的として避けてきた。ところが合理性や効率など理性のもたらす豊かさは物欲を満たすにすぎないのに、感性のもたらす豊かさは心の幸せである。心を置き去りにした技術のほころびが各方面で見え始めた今何をすべきか。効率や速度は多少落ちても、自分勝手な我儘であれ、激しくあり、穏やかありの感情を持つ人間の生活を支えるには心に立脚した技術の原点に返ることである。特に人間と離れてはあり得ない土木において、その必要が工学のどの分野より求められる。

*ものと心

　日本語には物心という言葉がある。「ブッシン」と読む時は「物質と心の両方」を意味し、「モノゴコロ」は「人情や世間を理解する心」を意味するまことに妙な言葉である。そして「物分かり」、「物憂い」、「物腰」、「物好き」、「物騒」、「物情」など、不思議なことに物に心や情を重ね、託した言葉が非常に多い。艱難辛苦なしにはものにならなかったもののない時代に、畏れ、慎むべき対象としてものをありがたいとする心がそれを産み出した自然への感謝や人間の感性や苦労への感謝となったことを意味している。

　ところが、物質的にはかつてないほど豊かになった日本で、なお「幸せ」ではないと感じる人が多いとのことである。「勿体《もったい》ない」に染み込んでいる心を置き去りにして、貨幣経済、特に資本主義経済になって、ものを単に等価な金と交換できるものにしてしまったがために、ものが満ちてなお心が満たされないのであろう。ものに託された心に気付くことが、「幸せ」を感じることである。これをゲーテは「節度のない豊かさはない」と言い、二宮尊徳は「分度を考えろ」と言う[1]。時空を超えて二人が共通して指摘するのは、ものの有限性である。その裏には心の無限性がある。すなわち、本来有限なる豊かさに無限を求める愚かさを教えている。このことは人の自然依存性や社会依存性を考え、経済の本質を考える妙薬である。さらに、物質的な豊かさは自然環境と共生できないし、恐ろしいことに心を堕落させるから、どこか適当なところで切りを付けなければならない。

四・二　景　気

金が余っているのになぜ不景気か

個人金融資産一二〇〇兆円、日銀券発行残高六〇兆円、対外純資産一二〇兆円、外貨準備高三〇兆円などの大きな金額には実感はないが、日本は今大変な金余りだそうである。そして長く続く不景気。すべてがバブル期の土地神話に絡む不良債権のせいにされている。本当のところは政官界から銀行その他あらゆる企業や国民の多くが、慢心し、自制心を失い、抑制なしの自由にもてあそばれたところにある。確かに不良債権絡みの住専問題で大騒動の末、公金を七〇〇〇億円も叩《はた》いたのに、景気の上には何の効果もない。次は不良債権処理に絡む金融機関救済に三〇兆円がすんなり決定された。しかしアメリカによると不良債権の額は日本の公式発表の二倍で一四〇兆円だから、銀行救済には二倍の公的資金を使えとのこと。

しかし金余りの実感もなければ、町に不景気風が吹いているとも思えない。たしかにリストラや倒産で五％に近い失業率とのことで、町のハローワークには職を求める人の車の列がある。そして、新卒者の求人はあっても企業ごとに採用数を減らしているので、すぐに採用枠が埋まって、一度落ちると次の応募先が簡単に見つからない。今や三〇〇万人を超えたフリーターが収入もそこそこで、自由が多いと、以前からの定職に就かない流れと関係しているかも知れない。また、実力と関係なく、親の意向に従って、世間体の良いところばかりを求めすぎることもあるかも知れない。ともあれ「大学は出たけれど」の時代がまたきたようだ。

このところ凶悪犯が続発しているし、自殺者も多い。犯罪や自殺の増加と不景気は無関係とは言えないが、経営者の自殺が増えて男の平均寿命を一〇日分下げたと騒いで不景気風を煽《あお》る。日本における凶悪犯や年少者の犯罪の増加はすでに以前から始まっていたし、詳細は知らないが保険絡みの事件が増えている。東京や大阪のホームレスが増えたと言うが、これも以前からよく見ていた。しかし、あちこちで家の新築現場が目に付く。統計的には、新築戸数は落ちたかも知れないし、設備投資も伸びていないのかも知れない。日本の各地に空港が新設され、潜在需要の顕在化が著しい。少し下火になったとしても、留学や観光など海外旅行熱は相変わらず高い。

為替・株については市場が不景気と言い、外国の格付け会社が不景気と言っている。アメリカなど外国と経済アナリストやマスコミが不景気と騒いでいる。これらによると不況のようである。日米構造協議に引き続く規制緩和や内需拡大を求めるアメリカからの声は完全な内政干渉。戦後の諸改革に対して恩義を感じているからか、見るからに従順に要求に従っている。しかし一般に外国は無責任で、簡単に約束を変え、方針を変え、規則を変え、法律を変える。だから信用おけないと言っても始まらない。これは自国の国益をまもるために、当たり前。だからこそ、日本として根幹となる事柄については、簡単に譲ったり、金を惜しんではならないのである。

景　気

「景気が良い」とはどういう状態か（元気が良い。取引など経済活動が活発なこと）。景気が良い状態とは、金の絶対量に関係なく、世間に金が循環していて、金が生きている状態と考えられる（貯金があるだけでは景気が良くならない。貯金が有効に活用されて初めて景気との繋がりが見えてくる）。

八百八町と言われた大都市江戸の花はなぜか火事だそうである。木と紙と土でできた日本家屋が密集していて、どこかで出火すれば、特に冬季の空っ風に吹かれれば、たちまちに延焼するのは当たり前であろう。明暦大火、振り袖大火・・。不注意による失火や大地震に伴う火災もあったろう。多数の死者が出て、すべての財産を灰燼《かいじん》に帰す悲惨な災害であった。このような悲惨な状況を称して花とは何事であろうか。破壊（災害・戦争・暴動）が経済活性を促すのは明らかである。新設であろうが破壊後の復旧であろうが、大量の資材がいる、人手がいると、投下した資金がすぐに回り始める。復旧であれば意欲が違うから、金の廻り方は早くなる。まして宵越しの金を持たない江戸っ子である[5]。ここに土木が担う公共事業の複雑さがある。土木の目的は、生活の安全、安定、快適と産業基盤の整備にある。真偽のほどは知らないが、江戸の花の一部は経済振興のための意図的付け火さえあったそうだ[6]が、現在ではそれはできない。しかし土木に経済活性の起爆剤になる要素があるから、直接火を付ける代わりに、首都圏移転のような意図的土木が脚光を浴びるのである。

日本在住のアメリカの知性の一人が、アメリカ人は消費することがステータスシンボルであると考え、決して貯蓄しない、だからアメリカ経済は好調である、日本人も貯蓄しないで、もっと消費を増やすことを考えるべきだと、最近の新聞に投稿されていた。ここまで言える人たちと日本人は歩調を共にしてよいのかと、まことに複雑な思いで読んだ。マタイ伝で言うところの「あすのことを思い煩うな」をそのまままもっているかのようである[7]。彼の頭には自国の債務の大きさのことが欠落しているし、「あすのことは、あす自身が思い煩うであろう」と環境問題への危機感はもちろん、後世代への配慮も全くない。今日のアメリカのことしか頭にない。

＊明日のことを考えよう　過酷な環境に翻弄され続けたであろうキリスト教誕生の地や時代、「生きること」は「食を得ること」と同義であったに違いない。日照りに晒され今日食べる物さえ十分に手にできないのが日常だとしたら、明日のことは神に頼ることにもなろう。投稿者をはじめすべてのアメリカ人がこのマタイ伝を拠に消費をしているとは、もちろん思っているわけではない。

　ところが不思議なことに食が豊かな時代になると、やはり明日の心配をしなくなってしまう。あり得ないことが起こるのが世の中である。むしろあり得ないとの思い込みが間違いのもとになる。日本のように小さな器では、まさかの事態が起こりやすいので、その時どうするかを考えておかないと本当に明日がないかもしれない。日本人は、無常と縁を切ることができないのである。

日本人の貯蓄率は高い。しかし日本人の消費がアメリカから言われるほど少ないとは思わない。むしろよくぞ日本人がここまでと思えるほど消費による豊かさに浸ってきた。だから貯蓄が多くても、これが即不景気要因ではない。ここには明日への備えがある。先般の財政構造改革が目指したものは単なる出費削減であったから不景気要因になった（ちょうど江戸期における奢侈禁止令や節約令によって経済活動が沈滞したのと同じである。しかし将来に備える貯蓄は意味が違う）。貯蓄した金が不良再建絡みで国内向けには貸し渋って、外国債券などに回るのが問題なのである。銀行・保険・証券など機関投資家が外国の格付け会社のご託宣に戦々恐々として、自国の金（円）を見限っているのが問題なのである。

＊銀行預金　日本人にとって銀行に預金すれば利子が付くのは常識である。銀行が預金を堅実に運用することを了解しているからで、もし銀行に財産管理を託したのであれば、手数料を支払う必要が起こってくる。少し前までは、多額の預金が国内企業の設備投資に回って、安くて魅力ある商品の開発製造を通して社会に貢献できた。預金が生産・雇用・消費・蓄積と拡大しながら循環する資金であった。この資金を生産性に関係のない土地に注ぎ込んだから日本経済が狂い、資金を財産にした。

不定期的に巡ってくる不景気には、減税や公共事業がカンフル剤となり得た。また、「勿体ない」として命あるものを捨てることへの抵抗感の強かった日本人をアメリカ風の「使い捨て」へと大転換させた感性寿命と言うこれまでになかった更新・廃棄の概念の定着もある。日本メーカ各社は煩瑣《はんさ》でマイナーなモデルチェンジで消費者の感性に訴えて、消費のための強制廃棄、廃棄による強制消費という新しい生産スタイルを確立した。

＊感性寿命　消費者の感性を強く刺激する豊富で便利な機能、斬新なデザインの商品が次々に生み出され、まだ命のあるものをゴミとして廃棄するという新しい寿命の概念は、従来からある物理寿命や機能寿命などの概念では捉えきれないので、これを感性寿命と言うことにした（前著、一九六頁）。当初この「感性寿命」こそ、戦後の日本経済復興を理解する最重要な概念であると思った。だから前著では感性寿命に基づく工業を高く評価した。しかし、これは命あるものを捨てることと、見かけのみを追求する刹那的商品を蔓延《まんえん》させることになった。この「感性寿命」が日本人から「技」への関心を薄れさせ、環境問題を深刻化させる元凶であった

のではないかと考えている。なぜなら金ではなく、ものへの「心」こそ経済活動の主役であるべきと思うからである。この聞き慣れない「感性寿命」は、物つくりや環境問題を考える上で、重要な概念である。

土木の場合感性寿命が尽きたといって簡単に取り替えられないので、廃棄物の増大に直結するものではない。むしろ簡単に感性寿命が尽きないような、確固たる主張をもった土木でなければならないのである。

しかし、国際競争力を高めることに熱中するあまり、製造過程における無処理廃棄が多数の人たちの健康や命まで蝕むことになる公害を各地にまき散らしたのは汚点である[8]。またこの新しい生産・消費システムは、資源を夢の実現を通して廃棄して、なお資源の無限性、分解分散力の無限性を前提にしていた。

景気の障害

①　金の動きを閉ざす。景気のためには国内に金が動いていなければならない。外国での資金運用は国内の金回りに貢献しないし、土地の不良債権化は国内の金を腐らせる。アメリカの景気が良いからと、アメリカでの現地自動車生産は日本のメーカーの算盤にかなっても、アメリカの景気に役立っても、日本の景気改善にはほとんど貢献しない。ますます日本の失業者が増える。油揚げをさらっていったトンビが元気を回復し、攻撃の嘴の威力を増すばかりである。

②・捨て場がない。使い捨てに違和感を持たないほどに街には豊かな商品が溢れ、その上に多機能の商品開発が相次ぎ、ますます感性寿命が短くなっている。かつての三種の神器とか三Cと高嶺の花だった憧れの商品が、普通の人にまで広がった信用販売で爆発して日本経済を引き上げた。もう欲しいものがないと言われるが、実はウサギ小屋と揶揄される日本住宅には大小の商品が溢れていて、耐久消費財がすぐに耐久粗大ゴミとなり、もう捨て場がない。業者か使用者かわからないが不法放置が横行し、処理場建設計画は住民の反対でほとんど頓挫している。やはり捨て場がない。

③　消費に回る金がない。数十年にわたるローンの支払いは、給料が年々上がることを前提に組み立てられている。ところが長引く不景気で、給与カットやボーナス減額となれば人生設計が狂う。新築住宅へは手厚い対応がされたようだが、過年度契約ローンへの強力な支援がなくては消費に回る金は出てこない。

④　環境危機。製造過程からの安易な排出が公害を生み出したが、これは高品質、低価格製品の製造のためで、日本産業を世界で不動のものにし、日本の豊かさ創出に貢献した。しかし本来公害対策や廃棄対策の経費は価格に上乗せすべきものである。そのための経費が消費動向に影響を与える。省エネ商品は家計負担を小さくするから消費者を魅き付けるが、排ガスや騒音対策、廃棄対策、

ベルンの橋（スイス）．サイズが似ていて，形も同じだが，細部が異なる橋が近くに6橋ある．

玉帯橋（中国・北京）．これが駱駝瘤型．この曲線を使う必然はない．材料も細工も贅沢．

十七孔橋（中国・北京）．宮廷文化は豪華で非日常．高価な大理石もアーチの腹は真っ黒．

錦帯橋（岩国市）．かき餅の反りからの発想と言われる．頑丈な橋脚．丹念な河床敷石にも注目したい．

盧溝橋（中国・北京）．400トンの重量物や氷塊混じりの洪水に耐える．見る、通る共によし．

鳥巣河橋（中国・湖南）．120mを跨ぐアーチ石橋．日本でも出番はあるはず（湖南省鄧検良氏提供）．

リサイクル材使用は消費者を魅き付けない。また資源枯渇が現実のものとなり、エネルギーの手当ができなくなれば、生産できなくなるのは明らかであるが、枯渇はまだ起こらないとたかを括っている。例えば建設資材のうち、砂不足は深刻な問題になりつつあるので[9]、早晩代替材の使用を促進しなければならない。高い価格の代替材を普及するには、強い規制がなくてはならない。

正統的景気対策

かつてないほどの不景気から何とか脱出せんとして繰り出される景気対策は、公共事業と減税と内需拡大である（基本的には仁徳天皇の頃と変わっていない。これは人間というものは変わらないし、記紀の信憑性があることを示すと言える）。しかも以前に比べれば不況脱出の速度が遅い。なぜか。これまでの不景気とは異質の要因があるにもかかわらず、旧来の手法でことたれりとしているからである。だからといって例の少ない地域振興券と名付けられた商品券まで配布したが、即効薬にはならなかった。以前と違って、もう欲しいものがない、あっても置き場がないし、捨て場がない。多少見栄えのするモデルチェンジで感性寿命を終えようとして通用する時代ではない。医療や老後の心配に加えて、子供の教育費が嵩む上にバブルで膨らんだ家のローンもある。下手をすればリストラにかかって失業する。内需拡大を声高に叫ばれても減税と同じで、新たな消費に向かわない。

さらに公務員定員削減、国有機関の売却・民営化やリストラが性急に進められる。不良債権処理もある、京都会議の約束もある、財政改革も積年の課題である、福祉の拡充が求められる。借金、雇用、生活不安、不景気、環境、国民意識、国際事情などが複合的な相乗作用で一筋縄では片付きそうにない。ここ一番、将来への禍根なきよう、景気とか金・ものなど即時的な豊かさに代わる先を見通した身の丈にあった目標は何かを見極めることが何より優先されるべきである。少なくとも国（国家機関や土地）を外国に売り渡す余地を残すような策も国をまもるものではない。国家として取るべきではない。

そして、穏やかな景気対策を模索すればよいのである。

アメリカの景気対策

双子の赤字に悩み抜いていたアメリカが、大国の面子も権威もかなぐり捨てて日本など関係国に、内政干渉まがいの口を出しては、あちこちから嫌われていたのはほんの少し前である。ところがそのアメリカは、青息吐息の諸国を横目に現在ダントツのトップを走っている。関係国を脅したのが成功したかに見えるが、それだけでもない。何をしたのか。技術は力であり、金であったのはもう過去のもので、今や技術は金喰いになっているのを承知でさらなる挑戦をした。情報である。

＊アメリカのインターネット　アメリカは国民規模の情報ネットの構築をやった。情報が金を廻す力を持つことを実証した。昔からカタログによる通信販売や小切手という代用貨幣の使用に慣れ親しんでいて、アメリカにはこの種のノー・ハウは蓄積されている。二〇年も前にすでに電話で銀行口座間の金の移動を体験したくらいだ。現金を持ち歩かないのは広大で、物騒なアメリカ社会の伝統であり当然の手法である。これを支えるのは現物に代わる現物と同等のもの（情報という仮想）と、これを介した売り手と買い手の信頼構築の仕方である。売り手製品の品質保証および買い手の支払い能力は、当初から裁判を前提とした情報の開示（契約）で担保され、現実化されている。これしかアメリカ社会の根にある不信感を払拭《ふっしょく》できないのである。いずれにしても、アメリカは昔からリアルな型でインターネットを構築し、運用していたのである。

最新の光ケーブルさえ引けば、すぐにアメリカのような双方向の商取引が日本でもできると考えるとしたら、これは猿真似と誹《そし》られよう。日本のキャッシュレスの伝統やノーハウの基本は大福帳であって、顔見知りの客を中心とした買い手への信頼を構築した後の掛け売りである。信頼が構築できれば盆暮れの決済さえ珍しくなかった。一見《いちげん》さんを顔で排除する程度の防衛法では、二度目か三度目で勝手に信用して痛い目にあって倒産する憂き目にあう。近代的な装いの信用販売制度も、実は債権取り立てという正業を裏家業とする風土である。この程度のノーハウしかなくて、センスも度胸もなくて、手の内が見えないので足下だけを見るぐらいでどうして大福帳ならぬテレビ画面でまともな電子商取引ができようか。しかもこの仮想的現実取引では、瞬時に不特定多数の買い手を相手にしなければならない忙しさである。

アメリカと日本とでは情報というものの捉え方に雲泥の差がある。各地から集まってきた人たちが広大な土地に点在する孤立型米国社会の情報は情を排した記録型情報（契約）で、開かれた相互の主張や監視に耐え、訴訟にさえ耐える理詰めの硬いものである。地域におけるプライバシーを尊重するのと逆に、公における戦術としての情報開示は全く厭わない。ところが、狭い地域で肩触れ合う粘着型日本社会の情報は、情に基づく記憶型情報（約束）で、閉ざされた柔らかい信用構築を支えるが、秘密性からくる暗さがある。地域でプライバシーが少ないことから、公における個人情報の開示を極度に嫌う。これが情報の不法漏洩に繋がる。

どちらの信頼度が高いかには触れないにしても、この違いは広がりにおいて、速さにおいて決定的に違う。まさかの際に、記録型情報は法に馴染みやすいが、記憶型情緒は法で扱いにくい。

＊信頼と信用　見掛けで相手を信用できるか。信頼できる人の紹介があれば信用できるか。これまでは見掛けや紹介が役に立った。このような信頼感に頼っている間に、判断力を失ったようである。外国や格付け会社という権威に信頼を置き、私の判断ができない日本人、私の判断を信頼できない日本の組織、仲間がや

らなければ行動できない体質などが問題なのである。間違いのない信頼構築法は各自が確立すべきもので、器械やソフトメーカーに期待しても無理である。信頼とか信用や信義は個人の信念にしかなく、普遍がないからである。その点裏切りは簡単である。

景気対策としての公共事業

さて災害を避けながら自然の中で人間を支えなければならない土木の分野では、持続的発展に応えるためになすべきは何か。環境適応性のより高い土木を目指すことである。すでに第二章において述べたように、少なくとも現在の水準を維持したまで、環境危機に対処できる方策を模索する夢のチャレンジである。その柱は技術革新と意識改革を前提にしている。

甘え構造を温存したままで、景気対策にはやはり公共事業しかないと、土木の副次効果に期待がかかってきた。財政構造改革で民主主義の付けを押し付けられて痛め付けられ、自然保護や文化財保護で破壊者と痛め付けられた怨念を晴らすのはこの時とばかり狂ってはならない。ここはじっくり考え、本当の好機にしなければならない。今がなくては明日がないのは事実であるが、今を誤れば明日も誤る。立ち止まって何をするか。

公共投資はもういらないとの声がある。

① 投資に見合う便益が少ないし、波及効果はすでにない。土木にも民間の資本を活かすべきであるとの声がある。この資本主義社会で、民間資本が利益のあがらない事業をするだろうか。儲からない事業に手を出した経営者は株主から責任を追及される。日本のように国土脆弱にして、地価が高く、私権の強い国で儲かる土木はない。

② 公共事業中心の景気策をとる先進国はない。なぜ他国がしているとおりしなければならないのか。特に公共事業の中心である土木は自然と社会から離れてあり得ないにもかかわらず、どうして真似ようとするのか。まして景気対策はその国その時の特殊事情を離れてあり得ない。他国は他国の事情で止めたもので、日本でも止めねばならない事情があり、他に代わるものがあれば止めればよいのである。ただ、景気というものは変動するもので、一時の状況だけで決めるべきではない。

③ 役所の予算配分率が毎年変わらないのは無駄な事業をしているからである。各省庁とも、現在各地からどれほどの要請があるか、いつから積み残されているかを開示すれば、なぜ配分率が変わらないか明らかになろう。正当な箇所付けが行われているなら、積み残しを公開しても何の問題もないはずである。

④ 土木には不明朗が多すぎる。また、事業意志決定の不明朗さや業者選定の不明朗さが問題にされる。もし不当な価格吊り上げの談合があるとすれば、これは不明朗の問題ではなく、司法の問題である。技術や感性に関して真の競争の場がないのが、疑惑を生むのである。

社会資本はその社会の活動能力の源泉であるから、これが大きいほど景気を動かす能力も高くなり得る。この両者の和が国の経済力である。この経済力は減退する恐れもあるが、相乗効果で増殖する可能性も持っている。だからこそ、現在の安全や飽食を当然とするような高みや、経済性のみを規範とするような低みから物事を考えてはならないのである。なにより景気というものは変動するものであるから、一時の状況や外国の状況で、社会資本などの国家の基本財を増減させるべきではない。これまでの経験では三〇年もすれば景気は良くなる。

景気起爆剤としての土木が、これまでに果たしてきた役割は小さくない。しかしお上主導のこの土木は、個を無視しがちになり、公依存症を増やし、また公不信症を増やすことになる。必要性を主張する個や地方の声、必要たることを主張する公の声を互いにぶつけ合って、その中で社会としての損益と特定の者の利害の兼ね合いを開かれた場で議論し、利の獲得に見合った害の負担や補償を配慮して、実施の可否を決め、順位を決める。ここでは単純な費用効果比の規範性は影が薄くなる。また当然自分を持たない地方、害の負担を避けたい地方などの社会基盤の整備は進まないことになる。景気のために作り出す歓迎されないありきたりの土木ばかりではなく、真の公共感のあるところでは、そのような主張に裏打ちされた土木が増え、今を支え、明日も支えるはずである。

従来型公共事業が評判が悪いからとして、あわてて目新しい事業を導入するのはよくない。単純な真似ではなく、日本の伝統でもある「物真似道」（後述）を思い起こさねばならない。

四・三　資本主義

資本主義においては、自由な競争を前提とした市場が唯一の実践の場である。この場は完全な自由競争の下にあるのが理想で、その結果を事前にだれ一人として知ることができない。だからこそ神の見えざる手に委ねられていると言われるのであるが、現在特に市場の競争性を確保しようと躍起になっているアメリカは、グローバルスタンダードという特定の神ならざる手を出そうとしている。市場に参加する者は全く白紙で事に当たる自信がないのか、情報戦争を繰り広げるだけではなく、格付け会社の予見ないし偏見をもって、自主的に参画していると思い込む哀れな姿しか見えない。市場はもはや神の手から離れたことを前提に、対処法を考えねばならない。

本来競争には最低限のルールがいる。アメリカはたとえ強引と言われようと、ルールをねじ曲げ、グローバルスタンダードなどと大仰な表現で、なしくず的にアメリカ化を押し付けてくる。ルールとは関係者間で合意された規制のことである。「道徳のない経済は犯罪である」と言った二宮尊徳の経済はこのルールのない市場のことで、経済に倫理がないから道徳やルールが要るのである。金次郎さんは古いというは大間違い。ローカルでも、核心を捉えた言葉はグローバルである。逆に、言葉はグローバルで中味がローカルもある。油断はならない。

＊二宮尊徳の世界　自然は人間から独立した客観的存在であると捉え、生産のための人間主体の自然改変に積極的であった。ここにおいて、世の中のすべての現象は神の意志によるものと、キリスト教的自然観に近い考えで人間の主体的意志を無視することになった本居宣長と異なり、また直耕による生産のみが人間としてのあるべき姿であり、あらゆる搾取の否定を通して理想社会を夢見た安藤昌益とも異なっている。強いて言えば天人一致のもとに組み立てられた朱子学に対して、天と人の分離によって不仁なるを容認した荻生徂徠に近いと言えるが、荻生はあくまでも幕藩体制なる階層的社会秩序を維持する統治としての道徳の上にあった。二宮は体制内改革を目指したもので、生産者たる農民所得の改善に立っていた。しかも、生産は拡大再生産を善とし、貯蓄と推譲を不可欠のものとして、現在にも通用する考えであった。さらに計画にも実務にも精通した万能の土木技術者であった。[10]

自由競争による市場は確かに成果をあげてきた。物々交換がものと金の交換になったとしても、市場は仕事と生活を維持する人間の活動の源泉であった。市場では需給関係と自由競争に基づいて、明快な客観的結論として価格を定め、特定の人間の恣意が入る余地が少なかった。だから自由主義経済を象徴するものとして尊重されていた。取引量は、現実に生産された商品か産物であって、天候の予測など多少の勘に頼ったり、一山当てようと欲望が入り込む余地があったとしても、それはあくまでも近い未来の現実を対象としたものであった。需要が見込める高品質製品の開発という現実のみが課題であって、そのための技術革新や研鑽を通して、優れた商品を提供して、生活水準・文化水準を高める役割を担った。努力や創意が酬われるから働きに応じて所得が増えた。駆け引きや見せ掛けによって商品価値を高めようとしたり、売り手も買い手もおべっかを使ったり、顔で笑って心で泣いて、様々の人生をかけてきたものである。

市　場

資本主義の切り札たる市場には問題が多々ある。

市場は他人任せ、流行任せになりやすく、自主性や自律性は放棄される。金に換算しにくい地域の特殊性（地域文化）は無視され、感情より勘定が優先される。結果的に優勝劣敗、弱肉強食となり、大即強となる。投資効果、経済性が唯一の判断材料になる。土地のようにかけがえのないものまで金まみれにする。市場は非人道的で残酷な、時には国家の主権さえ侵すシステムである。市場には社会正義がない。市場に参加する個人や企業はその責任で動くが、国に対する責任は持たない。

市場は万能ではないと言わざるを得ない。他に代わる

趙州橋（中国・河北）．聖徳太子が遣隋使を出した頃に完成．巨大，扁平，華麗に脱帽．

ゲルチタール橋（ドイツ）．高さ80 m近い4層の巨大鉄道橋．非常に精緻な石の積み方である．

ズーラタール橋（ドイツ）．道にかかる．大きさ，橋貌共にモンスター．開口部の穴が印象的．

王子橋（亀岡市）．並列した三代の橋の長老格．華麗さも造り手の魂も放置され侘しい．

内日眼鏡橋（下関市）．余水吐き水路にかかる橋．華麗さでは筆頭格．

堀川第一橋（京都市）．円形リング（らしい）珍しい橋．アーチリングの組み方も珍奇．

優れたものが今はまだない。共産主義は平等性を強く意識するあまり、個性を殺すことになるし、不思議に独裁的権力や官僚や取り巻きが跋扈しやすいなどの理由から、どうやら資本主義の軍門に下ったようである。資本主義が唯一生き残ったものなら、市場に手を入れなければならない。金儲けしか頭にない市場関係者、まして外国人投資家や投機会社に道徳を求めるのはお門違いであるからには、適切な規制が何より必要である。監督官庁というより政府の責任はことのほか重要である。

にもかかわらず、市場はなんでも知っている神様だから、「すべてを市場に委ねよう」とか「経済政策へのご託宣は市場に聞こう」と言う大蔵大臣や経済アナリスト。無責任極まる。市場の機能は変わらないが、市場を取り巻く環境が様変わりしたことを全く承知されていない。

経済活動の拠である金の価値が日々変動する中で、明日の金の価値を抜きにして、事業計画を立てる企業も大変なら、長期計画を立てる役所も大変なことだ。こんな無意味なことはない。ついでに、テレビや新聞が日々の為替を報じるのはいいとして、滑稽なのはまるで競馬の予想屋のように、為替の予想をプロから聞いて予報している。競馬の予想屋がその結果に責任を持たないのは承知の上だから良いとして、責任の持てないことを広く報じるのは報道の仕事ではあるまい。株価も為替も眼中には昨日と今日しかなく（博打の対象としての明日しかない）、その間で上がったとか下がったとか、長期の目を持たない日本人をますます近視眼にし、結果論的に小理屈で解説して見せても、総合性とか、昨日から今日、今日から明日へと引き続く歴史観の上では意味のないこと甚だしい。

世界恐慌に勝る恐慌

かつて神の見えざる手に任せた自由放任主義が過剰な独占を生み出し、それが労働者の失業や貧困、階級対立など社会的矛盾をもたらせた。この初期資本主義の矛盾がまさに破綻しつつある時、社会主義経済が実践の輪を広げ、成果をあげつつあった。またイタリアやドイツでファシズム政権が誕生して牙をむき始めていた。時のアメリカ大統領ルーズベルトの市場介入やＴＶＡなどニューディール政策とケインズの金融政策による設備投資の操作と財政支援による公共投資は有効需要を作りだし、これを中心にした大循環を作りだし、完全雇用を実現した。およそ資本主義的ではない総中流化を実現して資本主義の優位さを立証したのは皮肉な結果である。ここに土木を中心とする公共事業の果たした役割は無視できない。

日本人はＧＨＱによって手にできた自由が多少制限され、あらゆる活動に規制が填《は》められても、多少の不愉快な疑獄があっても、実現する豊かさの前には大した抵抗感を持たなかった。不景気になってもそのうち必ず好景気になって、巡り還るものと決めていた。そして幸か不幸か、貧しかった日本の前に先進国という豊かな欧米諸国が目標として存在していて、一方、近隣には貧しい国があって、多少の優越感を感じながら憧憬もまた持ち続けられたのである。憧憬と優越感を同時に持てるとは幸せなことであった。ただ、その裏には、廃棄物の未処理排出の影響が徐々に凶暴な牙をむき始めていた。

圧倒的な貧しさが何にも勝る牽引力となって、少しの幸運を活かして奇跡の復興を成し遂げたにすぎないのに、その結果を得たのは日本人の力であり、優れた能力であったと慢心した。その慢心がもとより少ない自律心と重なって、極端に言えば日本中が金が帳簿の操作で生み出されるかと錯覚し、仮想と現実の区別も付かないままに金に狂ってしまった。その上、政官界から金融業その他あらゆる企業や国民の多くが、慢心し、自制心を失い、一切の抑制なしの何でもありの自由にもてあそばれ、自律なき依頼心と甘えがバブルを膨らませ、弾けさせた。それがもとで起こった不景気だが、これだけではまだ恐慌などは起こらない。

問題なのは、これまで採取の効率さえ考えていればよかった資源が枯渇の危機にあること、これまで金をかけずにいかに能率的に廃棄するかを考えていた廃棄物が蔓延する事態になったことなど環境危機にちょうど遭遇したことである。これは世界恐慌以上の混乱になりうる経済危機である。かつての恐慌では資源の枯渇や排出物の毒性など表に出なかった。金絡みの思惑だけであった。はじけたバブルの後始末だけなら難しくても不可能ではない。バブルの原因となった日本人をどう生まれ代えさせるか、環境問題にどう対応するか、これが難題中の難題である。不運にもこの難題が重なって今路頭に迷っている。いかなる混乱もこれまでに経験があり、見本があれば簡単であるが、今度は見本がないのである。

どんな風に未曾有か

① 貧しかった生活水準は、これ以上ないまでに高くなり、豊かになった。豊かな時代の経済学はいかにあるべきか誰も知らない。

② 小さかった市場規模が拡大し、また市場構造が変わった。この一〇年貿易額はほぼ一定であるのに、為替取引額は三〇倍にもなったとのこと。実体のないこの金の動きを異常と思わない方がおかしい。

③ 資源偏在を克服するルールと輸送手段は整備された。しかし資源の有限性が現実のものになり、廃棄の蓄積が深刻になってきた。資本主義の「利の獲得」規範である効率とか合理性の範疇で環境問題に対処できない。

④ 情報システムが完備され、独立して一人歩きまで始める状況になり、大量性、迅速性において爆発的に飛躍

した。これまでは顔を持った個と個の関係であったのが、顔なしの個から多および多から個のネットワークに拡大された。その上プロ級の特定の者から素人たる不特定の誰もが使用できる。善意の者だけではなく悪意の者も使用できる。悪意は匿名性の情報と相性が良い。しかし不特定の中から悪意を検索するシステムはまだない。仮想が現実になる恐ろしさはこれまで体験がない。

⑤　取引形態が変わり、ものともの、ものと金、すなわち人間の努力によって生み出される生産物を中心とした現実の取引であったのが、金そのものが取引の対象になり、紙（実はキーボード）の上だけの努力なしの欲・思惑だけの取引となった。しかも取引量が拡大した。人間生活の根源たる土地の尊厳と金の尊厳をなくしたデートレーディングなどの利鞘稼ぎが大きく幅を利かす経済は、もはやこれまでの経済学とは違う。金や土地そのものが金を生むことは生産活動ではないから、ネズミ講のようにいずれ破綻し、破滅するのは明らかである。金融は近代社会にはなくてはならない経済活動であるが、わずかの利鞘が本体を脅かし得るような事態を招くシステムは正常ではない。ゲームは取引ではない。

　これらの変質も経済学や技術の輝かしい成果であるが、ここまでになっても日本の金(円)の値打ちは市場頼みのままである。そして景気回復には内需拡大と公共事業で、財政健全化には公務員の削減で、環境の根源たる土地は経済活性化の起爆剤として一層の流動化など、旧来手法を踏襲している。環境の危機を叫びながら同時に持続的発展を目指す矛盾に気付かない政治家、マスコミ、経済アナリストなど、日々前線に立つ専門家は、政治・経済など社会の枠組みどころか人間のあり方さえ変えねばならない事態に対してまことに呑気《のんき》なことだ。気紛れな景気のために枠組みを変えることは避けねばならないが、同じやり方で何とかなろうと考えるのは時代認識がなさすぎる。新しい社会、新しい環境には新しい哲学と新しい秩序がいる。その新しい体系が誕生するまで、座して待てない。社会と自然に関わる土木は他のどの分野より真っ先に新しい秩序目指して変わらねばならない。

四・四　国　際　化

一癖も二癖もある国々と日本

尊大を押し隠して暖かく迎える国、歓心を引き付ける手練手管を弄する国、脅しや手の内はお世辞で隠して内政干渉する国、見え透いた小細工で脅迫する国、ひたすら平身低頭して援助を直訴する国、何はおいても頂くものは頂こうとする国、ハナから返す気のない借金を申し込む国、それとこれは違うと原則を崩さない国、足下を見て吹っ掛ける国など、いかにして今日の日本から金を巻き上げるか、金にしか関心のない国がいかに多いことか。思えば日本は偉くなったものだが、付き合う世界も広くなった。不思議なことに日本人の旧道徳観からすれば忌避されそうな特性ばかりの曲者揃いである。生きるための泥棒や嘘、強がりも泣き落としも倫理なのである。金なしでも生きられるが、倫理なしでは生きられない。世界のこの現実をまず知るべきである。

それに対して媚びを売り歩く善良そのものの日本。資源がないばかりに結果的に戦争にまで暴走した過去に比べれば、金で解決できるのを幸せとすべきかも知れない。ただ金がいつまでもあるとは限らないのが辛い。

内なる日本の道徳はもちろん、「曖昧さ」は理解されない。世界は日本ではない外の世界。日本が外国になる必要はない。曖昧語は外では使わない。通訳に期待しても駄目。日本語は優秀でいくらでも論理的な表現ができる。個として自立できる内なる倫理の他に、外なる戦略を持たなくてはならない。

世界最大の債権国日本が、世界最大の債務国アメリカのマネーゲームに牛耳られ、債権国が債務国に大きな顔で文句を言われて唯々諾々としている。まるで不良債権ならぬ優良債務である。非核三原則をなし崩しにされ、構造協議という内政干渉に反発できない。敗戦後のアメリカ主導の諸改革で、日本人は魂を失ってしまったような、奇妙な話である。日本は総合的で長期的な目を持たないその日暮らしで、戦略なき戦闘に明け暮れ右往左往しているようである。あるいは、やはり自国の安全は自国の方針と能力で保証しなければならないのだろうか。

あの当時の改革が悪かったとは思わない。一面しか見なかったのである。そして日本人のように子供の時から、みんなが同じで優しく、応用の利かない知識ばかりを無批判に詰め込まれ、自主判断を放棄するように管理されて成人した集団では、いくら単純な頭を寄せ集めても、癖だらけの世界の強豪と真の交流ができるわけがない。

ユニークな国が目白押しの中で、日本ほど単純で扱いやすく融通の効く国はない。これは美徳なんかではない。世界共通の道徳や正義がない今、日本のように潔くて、融通が利く国を世界に求めても無理なことである。国際化において一番重要なことは、外国語が操れることではなく、この現実を知った上で日本の特性に精通し、伝統に自信を持ち、世界における日本の位置を知ること。国際関係で重要なことは、思いやりや協調性ばかりではなく、強者が勝つという単純さに気付くこと。

日本の国際戦略

国際化で大切なことは、単に真似たり、真似させて無理に同化することではなく、自然や社会の違いから生まれる違いを必然の結果として互いに理解し尊重することである。その際、媚びる必要はない。傲る必要もない。

国内では「和なるを以て貴しとし、忤《さか》ふる（さからう）ことなきを宗とせよ（一七条憲法の第一条）」を標榜していた聖徳太子が豹変して「日出処の天子書を日没する処の天子に致す恙《つつが》なきや」と外にうって出た。この度胸や虚勢に思いを致すべきである。たとえ隋の煬帝の不興を買い、対等の外交関係が結べなかったとしても、その媚びのない、へつらいのない気概は今の日本人のどこを探してももう見付けることはできない。国の根幹たる律令は学び、仏教や漢字は取り込むが、必要のない科挙や纏《てん》足《そく》は毅然として拒絶。これによって、大化改新の推進力を得たのである。そんな古い日本を持ち出さなくても、江戸期にケンペルの見た好奇心溢れる江戸市民のへつらいのない態度は心強い。しかるに、現在では国益の名の下にどれだけ譲歩し続けるのか。物事の本質的な評価のできない国や誇りを持たない国は滅びる。日本であることを主張し、まもるのはナショナリズムとは違う。

外的規範を尊重する日本人は、国際規格や基準を絶対視する。アメリカやヨーロッパに憧れるのはよい。制度を学ぶのもよい。学問や福祉もよい。彼らに権威を感じ、判断基準を求めるのも、日本を捨て何もかも同じにしたいなら、それもよいだろう。しかしどうしても同じにできないことがある。それは日本の国そのもの、すなわち山も川も、地面の下まで、それらの国と全く違う。気象も違う。だから歴史が違う。何より人間が違う。例えばアメリカがダム造りを止めた、道路造りを止めた、ドイツで原発を止めると決めたと言って、即真似てよいものではない。大地震や大洪水には外国から一時的な救援が来るだろう。しかし水不足が起こり、停電が頻発してもおそらく水は来ないし、電気も来ない。原子力にしても、電力にしてもエネルギー問題は汚染や資源枯渇など環境的側面で捉えられるが、一番重要なことは外国依存性が高いことも忘れてはならない。

＊停電　中国滞在中の断水騒動はすでに記した。停電も頻繁にあった。停電で電気が来ないと部屋が暗いし、寒い。が、電気が来ればすぐに元に戻る。困るのは工場である。責任生産制に移行していた化学工場長の嘆きが今も耳に残っている。あらかじめ時間を予告した計画停電であっても、いったん止めた工場ラインが復帰するのは電灯を灯すように簡単ではないのである。突然の停電であれば、一層混乱するであろう。かつてなんとしても自力で電力を造るためにコンクリートでタービンの羽根まで作ったそうである。効率とか、経済性などは二の次で、必要なものは何を犠牲にしても作り出さねばならないのである。当時の中国のスローガンは「自力更正」であった。

ニューヨークの停電が話題になった。ニュージーランドの大停電も記憶に新しい。現在の社会では、食材や水と同じように電気ももはや、命の維持にとって不可欠のものになってしまっている。脱石油の新エネルギーを自前で開発する緊急性が高い。

国際入札に勝ち、国際協調の下で仕事をするためには、国際資格に照準を合わせたカリキュラムが必要だとか、実践的な英語教育をと言うならまだしも、用語を英語に

西海橋（長崎）．美を定着している点で芸術品と言える．彼岸に渡るご利益まである．

栗野轟橋（鹿児島・栗野町）．川内川にかかっていた（千代田コンサルタント吉井瀧己氏提供）．

村木橋（長崎）．壁石を抜けばもっと軽快になる．地域や生態を分断しない盛土代わり．

芸術橋（フランス・パリ）．セーヌ川にかかる．なぜ鴨川に似合わないと断言できるか．

イタリアの高速道橋．ユニークで軽快な折れ線の橋．なぜかレオンハルトの評価は悪い．

バックデローダ橋（スペイン・バルセロナ）．両岸を結ぶ橋はクルーザー．イメージが先行した橋．

代えようなどと言う、かつての森有礼のような日本人も出てきた。いわんや日本国の学術や文化活動を取り仕切るはずの文部省が、外国人留学生のために、日本の大学や大学院に英語クラスの開講を積極的に勧めるとは何という愚かしいことか。これを迎合と言う。英語しか学ぶ気のない学生は英語国に留学すればよい。「日本の大学院は本国の大学院より簡単に入れる」とやってくる外国人のために、英語クラスを開設し、入学時期を九月に変更する必要はない。かつて中国から西洋の先端技術を学ぶために多数の学生が日本に来た。魯迅や孫文はどうか知らないが、彼らの多くは日本や日本人に関心があったのではない（前著）。当時の政治的思惑もあったろうが、真の日本理解のない滞在が本当の交流を生み出せなかった。事実を羅列するだけが歴史ではない。そこから教訓を汲み取り今に活かさなければならない。

　日本人のための英語クラスはまだわかる。仕事で英語が必要なら、特訓すればよいこと。国際資格がなくて仕事が取れないなら、その勉強すればすむ。偏狭なナショナリズムは唾棄すべきものとの信念からしても、大学など教育機関の用語を外国人のために他言語に変えるなどは、容認できることではない。明治になって西欧を学ぼうとして、外国人教師を迎えた際にも、なおかつ日本語を捨てなかった気構えを何と心得るか。大学は大学の事情で用語を決めればよい（なお、日本語の表現能力の素晴らしさについては前著で相当詳しく書いた）。

　国際化において何をすべきかを考えることと同時に、なにをしてはいけないのかを考えねばならない。

＊ここまで国際化　ある県警が運転免許試験を外国人のために英語で実施すると決めた。英語でしか試験に通らない運転者が町中で安全な運転ができると考えているのだろうか。適正な取り締まりができるだろうか。日本語を話す一般大衆の中で運転するのである。世界には国際免許すら認めない大国がある。道路標識に英語を併記するような感覚で道路交通法を理解しているかの警察に強制力を委ねてよいのだろうか。日本語は世界に例がないほど難しい言語だと思いこんでいたのは、昔の日本人の独り合点にすぎない。その気になれば修得できる。

日本の独立性

対外的な独立は、ある国家が外部の支配に従属しないような国家権力を持つことである。日本国憲法前文で「われらは・・他国を無視してはならないのであって、政治道徳の法則は、普遍的なものであり、この法則に従うことは、自国の主権を維持し、他国と対等関係に立とうとする各国の責務であると信ずる」という主権は独立国の要件である。この憲法を持つ日本は独立国である。

　人間が生存し、活動するためには食、水およびエネルギーが最低限の基本資材である。この食とエネルギーのほとんどを外国に依存していては、独立性が高いとは言えない。そして外国の資源を多用して、日本の自然保護を叫ぶのは勝手すぎよう。もし日本が環境問題や平和問題で世界に貢献したいなら、まず日本の独立性を高めることである。これが最低限の、そして最大の国際戦略であるはずである。

日本のような小さな島国で、しかも一様化した社会ではねばりがほとんどなく、通常と異常は隣り合わせの無常の世界である。この日本の持続性を維持するには、異常時を想定して粘りある対応ができるようにすることが肝要である。そのためには人間生存にとって不可欠な基本資材を可能な限り自給できる体制とすることである。基本資材なしで、自立できていると言えない。

安全を前提にした危機管理は危機に直面して役に立たないことが多い。特に、世界情勢は、気象より早く悪化する。一切の輸入が止まるのに時間はいらない。戦争を想定しなくても、日本の空港も港湾もお粗末で、日本に入る貨物の多くが外国籍に頼っている現状では、荷役に関わるトラブルがあっただけですぐにも入荷が止まる。商品が余っている時は買い手が優位であるが、品薄になると立場が逆転して売り手と対等関係に立てない。価格が高騰し、品質が劣化し、供給が安定しなくなるのは明らかである。これが商取引の常識である。だから人間の普遍的価値を生存とするなら日本の最大の国際戦略は、外交努力もあるが、最低限の自立を確保する努力である。

① 今はどんな食材もほしいだけ輸入できる。幸いにも日本の基幹食料の米は豊作続きで潤沢にある。だからといって、日本ではもう農地はいらないか。農地を整備するのは大ごと、種蒔きや植え付けにはタイミングがある、収穫までに相当の時間がいる。水の段取りは俄にできない。数字の詳細は知らないが、食いつなげるまでに相当の時間がいる。基本食材に関しては規制と保護、短時間で農地や水を確保する手立てがいることは間違いない。

＊二宮尊徳の備え（2）　二宮尊徳は「世の中に事なしといへども、変なき事あたはず。是恐るべきの第一なり。変ありといへども、是を補ふの道あれば、変なきが如し。変ありて是を補ふ事あたはざれば、大変にいたる」と礼記の古語をひいて「三年の貯蓄なければ、国にあらず」と言っている。格言にも「備えあれば憂いなし」とある。江戸時代と現在は違うから、特に予測の精度が違うから心配はないと思うのは間違い。そもそも余裕はものごとが計画どおりに進むなら不要だが、社会事象も自然現象も思いどおりになるものではない。石油、食料、水など生存のための基本資材について「備えある」といえるだろうか[11]。現在の日常だけをみて水作りに反対、土作りに反対、ダムも原発もいらないで、日本に大変が起こらないだろうか。まさかの事態に備えないで、何もかも外国に依存していて危機管理はできないし、独立もあるはずがない。

② 原子力発電所は、頻繁に故障を起こすからますます評判が悪くなる。そもそも機械や施設が故障を起こし、不具合になるのは当然のこと（システムが巨大で複雑なほど、小故障と縁が切れない。小故障を手直ししながら完成に至るもの）。現在はトラブルが続き、廃棄物の処理

が決まらない、放射能は怖いと原子力発電所は嫌われる。原油が確保できれば火力発電が可能といっても、排気の問題があるし、燃料のすべてが外国頼りである。ダムは環境を破壊すると言われる。エネルギー問題を環境面と施設の安全性から議論されるが、エネルギーの石油依存、その石油の外国依存、その石油の枯渇に対する心配の声を聞かない。かつての石油危機とは状況が違う。エネルギー源の分散と自前調達が不可欠である。

＊エネルギーの独立策　エネルギー源の分散と自前調達という点から今後熱心に取り組むべきことを適宜列挙する。ⓐ生態への影響が大きいとして嫌われるが、洪水調節にも有効な水力発電の復権を考える。ⓑ日本にはまだ相当の埋蔵量が期待される石炭の巧妙な活用法を開発する。ⓒ資源小国としては例外的に豊富な太陽光や風力を、小規模であっても適地を探して設置したり、温泉国日本の豊富な地熱利用法を開発する。ⓓ施設費のために、採算が合わないとされている海洋温度差発電を海洋深層水の多角利用によって促進する。ⓔ次世代電力源としての可能性の高い燃料電池の開発を一層急ぐ。ⓕ工場廃熱や排ガスの利用を進める。ⓖ一層の省エネ策をハードとソフト面で推進する。

　この他にも海底にねむるメタンハイドレートや豊富な太陽光がもたらす生物エネルギーなど取り組むべき課題は多い。そしてこのようなエネルギー問題をコスト面で考えることは、環境政策として適当でない。また日本の独立性や持続性を高める上では障害である。

③　日本の降水量は多く、貴重な資源であるが、地形が急峻だから海に直行してしまう。地下水が豊富だが、かつて汲みすぎて地盤沈下を起こした。海水淡水化は可能であるがコストがかかりすぎる。日本では間違いなく人間が貯める工夫をしなければならない宿命にある。川の水を有効利用するために堰やダムを造ることは生態系に影響を与える。このことだけで水造りを止められない。物事の評価は、現時点だけでしてはならないし、コストだけでしてはならないのである。

＊日本の災害　阪神淡路大震災直後の視察の際、バケツで川の水を汲む姿を見て衝撃を受けた。思えば天保の飢饉で一〇万人以上、関東大震災で数十万人、世界大戦で百数十万人を超える死者が出た。科学や技術が進歩し、防災対策に資金を注ぎ込んで六〇〇〇人を超える死者を出したのが、つい先年で、まことに衝撃的であった。

　このような悲惨な事態から我々はまことに得難い体験を積んだ。この先同じような悲惨な事態を迎えることはないと断言できるであろうか。戦争は避けられるかも知れない。これまで体験した範囲の自然災害なら何とかなるかも知れない。

　一番の心配は、水問題である。水は人間をはじめ動植物の命を支える大事なものであるが、基本的に雨水頼りである。日本国土に降る雨水という貴重な真水のほとんどを海に捨てているのは、最大のエネルギーロスと考えるべきである。水を貯めるための生態破壊と水がなくなった時の生態破壊のどちらが重要かは言うまでもない。断水した時には給水車が来ると思いこんでいるようでは、この先どれだけの人命を損なう惨事が発生するかわかったものではない。自然は偉大であるが酷《むご》い。日本は狭隘《きょうあい》であって脆い。そして、備えあれば惨事は減らせる。

アメリカでは、クリントン大統領の不倫問題において、公と私の使い分けの見事さが浮き彫りになった。逃げる大統領の強弁、攻める野党のごり押しにも、アメリカ人の判断基準は大統領の仕事に置かれていた。アメリカの政治には国民の意思が間違いなく反映されると実感できた。そのアメリカの経済界と直結した閣僚からなる政府が押し付けてくる日本への圧力に、日本自身がどのように反応するか、応援できるかが問われている。これはアメリカのごり押しの問題ではなく、日本の受け方、立ち方の問題である。戦後の諸改革の恩義はある。核の有無問題や基地問題があっても日本の安全を委ねている。しかしこれまでにその見返りは支払っている。ここ一番、日本人としての内なる倫理が外圧という外からの正義とどこまで対抗できるか、政治に名を借りて問われている。

社会主義の原則にこだわる中国

かつてソ連、東欧や中国は、人間は等しく平等で、同じように働き、同じように食べられる社会を目指した。しかしロボットではなく、人間の集団であったところから、本当のユートピアにはならなかった。工場が良い商品を作るには創意し、努力しなければならない。商店が売り上げを伸ばすには、愛想をよくし、努力しなければならない。良い商品を作り、売り上げを伸ばそうとするのは、人間として当然だなどという人は、人間というものを知らない。努力しても、努力しない人と同じ評価しかなければ、全員が努力しなくなる。決してみんなが努力する方向にはならない。これが普通の人間である。それらの国々は何千年も前から続く、交易の駆け引きや生産のための努力を停止させてしまって、失敗した。確かに人間にとって市場の機能は重要なものであった。

中国の鄧小平は、社会主義にその市場を取り込む離れ業によって、生活水準の向上、すなわち人間性を復活させようとした。世界のどこにもなかった社会主義市場経済なる矛盾したシステムを誕生させた。そこには伏線があった。この矛盾に満ちたシステムは、国内にも外国にも必要に応じていつでも強力な規制を加えることを担保したとの宣言をオブラートでくるんだ巧妙なシステムであった。ある日突然法令が変わる、税率が変わる、店舗閉鎖命令が出るとなると、外国人としての戸惑い、憤りは当然である。けしからんと叫いても始まらない。市場経済の頭に乗っている社会主義は飾りではない。オブラートの下にある本音を見抜けなかったがためで、中国のこの巧妙な戦略的経済改革、端的に言えば中国のための規制戦略を非難しても詮ない。進退窮《きわ》まって、なお匙を投げずに繰り出すこの戦略の巧妙さ。この壮大な実験場たる深圳を土木が下支えしていたのである（前著）。

ふさわしい場とリーダーの強い決意があれば、土木にはこんな力が発揮できるのである。ただ、ふさわしい場もふさわしさを見抜く感性と実現する技術がなければ埋もれたままになる。この感性と技術は共に土木が支える。また、リーダーの意志は強くても、国の建前と民族の本音・本質を両天秤に懸け、置かれた状況の分析と必要性の確認がなければ空回りする。その分析や確認もまた土木の仕事である。ただ枝葉末節の技術にこだわり、固定観念に冒された感性からは、こんなアイデアは絶対に浮かばない。単純に深圳に学べというのではない。日本には古来からの伝統である「物真似道」がある。アメリカが人件費の高騰を理由に、安い海外に生産拠点を移して、自国内での産業の空洞化を招いたのはもう昔のことになる。日本は同じ轍を踏んではならないのに踏みつつある。

国際舞台での土木と言えば、危険の回避できる親方日の丸のODAしか今はない。為替の変動も大きい、労働者の勤労意欲も頼りにならない。いや相手政府自体に熱意がない。このようなリスクを乗り越える戦略とやる気がないものなら、国際資格など云々する必要はない。

＊新しい潮流　西ヨーロッパ主要国は血を流さずに、強い意志に基づく地道な、時には過激な準備期間を経て、やっと共通通貨を手に入れた。ユーロである。きびすを接しながら、覇権を争い、宗教で争い、ファシズムと戦い、自由のために血を流し、盛衰を繰り返しつつ、なぜここまでと思われるほどの格差ができてしまった。それぞれが生き抜くためには、分家のドルと少し前まで見習いにすぎなかった円の恐怖と、目を覚ました巨竜に対して、結束以外に生き残る道はないと、連帯した。この連帯の輪が広がるか、元に鞘に戻るか、それぞれの国の国民の我慢もさることながら、決め手は、個の尊重と連帯のための規制にある。中国の実験の成功に引き続いて、ヨーロッパではまた別の壮大な実験が始まった。

マレーシアのマハティール氏は国際舞台で合法的に暗躍する金・狂い軍団に音を上げ経済鎖国に踏み切った。時代錯誤と非難するのはたやすい。「国際社会で仲良くしましょう」などと、ありもしない、できもしない理想論に酔っていては国がまもれない。現実味のある戦略を備えた理念を断行するのが政治である。この意味で政治や経済や土木は、すなわちその国の実力である。

四・五　経済相応性土木

多様な事業評価

普通、事業評価と言えば費用効果比と言うほど定着しているが、これは効率のみを重視する貧しい時代の経済原理であり、豊かな時代の土木あるいは持続を目指す土木には適さない。また最近、環境影響評価としてその事業そのものが環境に与える影響を事前に推測したり、埋文調査として事業によって貴重な文化財を失うことがないかをチェックすることになっている。この他に環境適応性評価（その事業を実際に推進する上で、環境負荷にいかなる配慮をしているか）、社会適合性評価など例え数値化できなくても評価されねばならない。また、現在の状況のみが判断の拠ではいけない。

将来性を考えた事業、その事業の持つ危険性を見極め

ラプラタ橋（スペイン・メリダ）．ローマンアーチ石橋に並んでかかる．古都にも合う．桁と脚に工夫．

盧溝橋（中国・北京）．両側の欄板小柱の上にいる獅子の数を数えるのは簡単ではない．

豊岡眼鏡橋（熊本・植木町田原坂）．リング構成がユニークで，石だぼを持つ珍しい橋も哀れなこと．

鳥鵲橋（韓国）．鵲の渡せる橋に置く霜の……のカササギ橋もこんなであったか．

カールテオドール橋（ドイツ）．宝石店もガラス店もないが，見るために渡る人が多い橋．

ベッキョ橋（イタリア）．宝石店での買い物より川や街を見る人が多い．

評価することがなくてはならない。政治家や官僚のみならず市民一人一人の歴史認識や総合性が問われるのはこの点である。例えば、いくつかの離島に橋を架けようとして、順位を決めたり、事業の可否を決めるのに島民一人当りの投下経費の大きさのみを判断基準にするのではなく、島の特性や将来の展望や島民の意欲など数値化できない評価がなくてはならない。

＊費用便益　公共事業によって創出される便益から算定される金額と、事業実施に必要な費用との大小によって個々の事業の効率を評価し、この効率が大きいものから実施される。しかしこの方式では事業のもたらす利にしか関心がなく、利を生み出すために発生した害が欠落するし、害の蓄積を等閑《なおざり》にする。これは貧しい時代の原理である。なお、真の必要性を評価するには、便益を効果に代えて評価されることもあるが、最小費用を目標とする限りは、環境に与える害を評価できない。

利には害、自由には責任、物事はすべて二面、場合によってはもっとある。特に自然の中で暮らす人間を対象にする土木は、もはや小さくなった地球から恵みだけを一方的に引き出すことは不可能であることが現実になりつつあり、価値観の多様化した人間集団の中で、均一化に価値を置くべきではない。一方、資金に限りあり、安全もそれなりに確保しなければならない。その際、最低限の基準は必要であり、安全性を担保するには力学を頼りにする必要もある。しかし、力学は均一化を指向するが、利用者たる人間の感情は多様を志向する。力学や数字は解釈の幅を狭め、感性や感情と相性が悪く、したがって美とも疎遠である。ならば土木は均一より多様を尊重し、個性を尊重する評価法を整備する必要がある。

土木と経済のあるべき関係

日本のこれまでの評価の基準は、陰に陽に、誰もが、どんな分野でも、役立つこと、安いこと、ムダのないこと、他と変わりないこと、安全なこと、客観的に説明ができること、楽ができること、などに置かれていた。這い上がり、追い付け追い越せを目標にしている時には、これらの判断基準が大きな役割を果たした。個性ある地域で、個性ある社会で造る土木の分野も例外ではない。特に事業の効果を評価することになれば、それらのお題目のうち、安いかどうか、言葉を換えれば投下費用と得られる効果の比率が最大の眼目になっていた。これからの時代の土木の評価において、なお経済性を指標とすることに関わる検討を行う。

経済観の転換　公共福祉増進のための社会資本は経済性が唯一の規範ではない。また環境問題は、経済性を唯一とする市場任せでは絶対に解決できない。

普通「経済原則」とか「経済性」と言えば、最小の費用で最大の効果をあげること、すなわちより多くの利益をあげることである。ここでは合理性と効率による均一が重視される。少ない資金で大量の事業を行おうとする時には、当たり前のことと受け取られる。この原則に則って土木を造ってきたからこそ、壊滅状態の戦後の日本を早期に復興させることができたのである。しかし今や時代は転じた。豊かな時代には効率も合理性もいらない。均一より多様の時代である。多様な価値観は理で統一するより、情でまとめるのを好む。多様の中の調和の美は均一の美に劣らない。美は真にも善にも通じるし、安定にも向上にも通じる。ならば多様な情に基づく新しい土木のための経済原則があってもよい。土木の目的も経済の目的も手法は異なっても、「国民生活の安定と向上を追求するところにある」からである。だからありきたりの経済原則ではない、豊かな時代に相応しい巧妙な経済原則が求められる。

土木の経済面の特異性

土木的行為は通常の経済行為（需要と供給を金が仲立ちする）であり、また景気動向と無関係ではない。しかし、通常の経済行為だけではない側面が多々ある。

① 土木は調査・設計・施工・施工管理のいずれの段階においても、完成品ではない段階で売買契約を行うもので、通常の商取引とは異なる。完成品の場合はその品物に信頼が持てればよいのであるが、土木では通常の取引以上に信頼がなくてはならない。

② 通常の商品価値は特化されていて、購入者がそれを独占できる。しかし土木の価値は特定の者の独占を許さないし、特化された価値の他にも、多様な価値を持つ。

③ 土木は土地から離れてあり得ない。地域には特有の多様性がある。さらに土木の効果も影響も一つの地域に限定されない広がりを持つ。条件の悪い土地を避けることもできない。土木から上下流問題（利と害の衝突）を避けることはできない。

④ 社会には誰もが持ちたくないゴミ焼却施設など迷惑施設が必要で、どこかに設置しなければならない。

⑤ 普通の商品は寿命が尽きるか、使い方を間違うか、使う気がなくなった時点で廃棄される。土木は自然からの外力によって突然機能が停止することがある。

⑥ 商品では特定の人の特別注文があり得るが、土木ではあり得ない。また簡単に代替がきかない

公共事業には経済性も重要、しかし最低価格や採算性が唯一の指標ではない

① 豊かな時代には量より質が求められる。各種基準に適合していても、それは最低限の要件を満たすだけで、品質の善悪は客観的に規定できない。客観的に規定されないことに対する評価法がなければならない。

② 不特定多数の住民の持つ多様な価値感に応えうる土木事業は、費用効果比のみを事業推進の決め手とはなしえない。効果が一つのものに特化できないからである。また、初期投資額ではなく、供用期間当りのコストも重

要な要素である。

③　明らかに収益率の悪い事業は、民間企業が取り組まないので、公共事業として取り組まざるを得ない。事業効果を評価する場合、不特定多数の福祉に関わる土木は、その便益を受ける人の数の大小に関係のない評価法がなくてはならない。

④　福祉の観点から見た土木（安全に関わる土木、あらゆる地域の人に利便を提供する土木）は、経済行為としての建設ではあっても、それ自体が直接的に儲けることはない。この意味で通常の経済原則はあてはまらない。

⑤　安全性に関わる土木では、無駄を排除することは善ではなく悪である。無駄地（遊休地・危険地）を公費で買うことを容認できる評価法がなくてはならない。

自然環境対策は経済性になじまない　これまでは材料取得において、品質や量とその供給安定性が問題とされても、資源の枯渇を気にすることなく、採取後の始末が問題となることはなかった（鉱毒事件が昔からあったのは知っている）。当たり前のこととして効率や合理性、すなわち経費最小のみを目標にしてきたし、市場も品質と価格にしか関心を示さなかった。現在の環境問題を下敷きにするなら、資源が枯渇する前に次の手を模索するのは当然のことである。

①　環境に配慮して生まれる材料は、明らかにコストは高くなるし、リサイクルや代替材では品質が悪くなる。この劣等で高価な材料を市場にまかせても、買い手は見向きもしないし、普及するはずもない。行政が積極的に関与しなければならない。

②　環境適応性土木は割高になり、その上利便性はある程度低下する。設計上の合理的根拠がなく仕様書がない。これからの環境問題では、この点の整備が避けて通れない問題である。

災害対策における経済性の問題

①　日本の自然環境からすると、安全性を確保するために、ごくまれに起こるであろう災害を想定して防災対策を行うことになる。関係住民がきわめて少ない場合の適正な評価はいかにあるべきか。

②　危険性を排除することと同じく、危険を容認し、危険からの早期避難を前提とした防災対策も一つの選択肢である。そのためには家屋の損傷に対して公費で補償することさえ場合によっては容認されねばならない。逆に、過度の安全確保には多大の資金を要し、危険地の一部住民にだけ過大なサービスを提供することになるとも考えられる。単に家屋を私的財産とするだけでよいか。

美観・景観・意匠と経済性　土木は素晴らしい自然に本来持つ構造美を重ねて造られる。一般に醜には客観性があっても、美には客観性がない。しかも美は共通からの逸脱において達成されることが多く、仕様書など基準にこだわっていては美を追求できない。仕様書から外れて美を評価法する方法を考えねばならない。

土地収用は単なる経済行為ではない　例えば、ダム水没地に対する土地収用と都市内再開発に対する土地収用は、理念も実践も異なるはずである。当該住民にとって影響の度合いは全く異なるからである。水没の場合、生活基盤たる地域や慣習・風土などがほぼ消滅し、また事業から受ける価値はないのに対して、再開発ではマイナスの影響は小さく、地価高騰など事業の価値が付与される。

第五章　科学・技術

五・一　科学、技術、技能

定義を明確にするために広辞苑を繰ってみる。

自然科学：自然に属する諸対象を取り扱い、法則性を明らかにする学問。

技術：科学を応用して自然の事物を改変・加工し、人間生活に利用する技。

技能：技芸を行うでまえ。技量。

少し字数を加えて、科学とは「自然（の出来事）を適切に設定された客観的な統一基準を通してながめ、評価することと」としてもよい。技能についての定義は大変曖昧である。このような認識では、技術と同じに重要な技能の社会における役割の理解がされない。逆に技能を軽視することに繋がり、これが技術の停滞を招く。

技術と技能

技術は技能より優れたものと誤解される。技術の意味が広く境界が曖昧なこともあって、技術と技能をはっきり区別せずに使われることもある。しかし技術と技能は異なるもので、区別して使わねばならない。

技術は科学的知識を基礎に、論理的で、計測とか数量化データと客観的な手法に基づいて、人間の幸福のための手立てを考え、実現するための技のことである。カントの技術論（判断力批判）には「技術は学問とは異なる。技術には目的を成就するために必要な経験と同時に、十分な身体的熟練が不可欠である。学問と違って、技術は決して知的なだけの活動ではない」とある。彼の技術は芸術あるいは技能のことであろう。技能は論理よりむしろ個人的な経験や感性に依存していて数量化しにくい。個人が備え持つ本能としての感性と長く苦しい訓練に依存するものである。

技術は根付くかどうかは別にして、その気になればどこへでも移転や導入ができ、物真似が可能である。昔の親方が技を盗めと弟子を鍛えたのは、技能の伝達性が小さいからである。

技術は需要に対応できる、あるいは新しい需要を喚起できる新発想を創出し、それを具体的構想にまとめ上げ、技能はその構想を製品として短時間で確実に実現するという関係にある。技術は特別な一つの高度技術が存立できないし、また優秀な技能なくして優れた技術は絶対にない。現に生産性とか信頼性に関する技術は戦後アメリカから導入されたものであるが、技能に関してはほとんど自前である。導入された先端的新技術が日本に定着できたのは、日本に優れた技能の伝統があったからである。

このように、技術と不可分である技能者の重要性に気付かず、安月給で、長時間追いまくった。安全面に配慮を欠いたこともあった。彼らの創意工夫を引き出す努力をしたか。正当な評価のない状態が続けば技能嫌いや技術嫌いが増える。三〇年前と今は若い人の考え方も違う。以前と同じ考え方、同じシステムで通用するわけがない。これまでの遺産だけにしがみついていては、新しい技術の開発や展開についていけないのは明らかである（戦後の日本経済を支えた技術の上で果たした「金の卵」と言われた技能者については前著に詳しく記した）。

技能の社会的評価

ごく最近、技能や技能者の重要性に気付き、彼らの技を次世代に受け継ごうと、スーパー技能者なる称号で彼らを顕彰し始めた。結構なことである。

① 顕彰すること。これまで資格試験はあっても、一切社会的な認知をしてこなかった罪滅ぼしとして結構なことである。賞状・賞金に勝る栄誉である。

② テキストを作ること。次世代への伝承のためであろうが、これは難しい。彼らに表現能力がないからではない。長い訓練を通して心身で覚えたことを表現するのが難しいのである。極意や勘所は口で説明できないから盗めと言われるのである。口で説明できないことは書けない、書けても体得できない。宮本武蔵の五輪書をまだ読まないが、これを丸暗記しても多分実戦には役立つまい。実践に役立たないテキストを作っても意味はないが、作

業や成果の記録のつもりで根気よく集積しておけば、そのうち役立つこともあろう。技能は効率や体系と対極にあって時間を超越した世界で輝くものだからである。

③　企業を越えた指導体制を作ること。これは他人の褌で相撲をとろうとするもので、やったことのない者の気楽な発想にすぎない。優秀な技能者ほど、会社への忠誠心が、実は永年使い古した愛着のある機械や工具への忠誠心であるが、ことのほか強く、公開することの抵抗は強いであろう。特許情報は公開することで排他性を主張し、このことを通して技術の発展を期待するもので、技能の公開と全く意味が違う。むしろ、企業から独立した職能集団の組織化を育てる施策があってもよい。

結局、次世代の技能者育成には、手を下して作ることへの偏見を廃して、技能教育を失業対策やリストラ対策として取り扱わないで、代わりのない掛け替えのない人としての評価が必要なのである。

＊技能の伝承　根性ものドラマでしばしば職人の世界が取り上げられる。簡単に教えられることをわざと教えない場面や頑固な職人を作り出して放映するのは偏見か無知からきている。技を盗めというのは、口で、あるいは文書で示せないものを体得することを象徴する言葉で、できることを教えないのは意地悪にすぎない。秘伝、家元、免許、徒弟制度や組合（ギルド）など、技の伝承や身分に関する制度は、地域や時代ごとに変遷があって簡単に捉えきれない。客観的な評価が難しい芸能における家元や流派、品質や量の管理、仕入や販売における権益保護や相互監視のための組合やギルド、技術の訓練だけではなく道徳的資質を向上させる徒弟制度など種々の形がある。イタリア・フィレンツェのジョットの鐘楼には、ルネッサンスを支えた無名職人の像があるというし、ドイツ・ハイデルベルクのカールテオドール橋には職人や工具のレリーフがある。これも技能を顕彰し、その大切さを伝承する方法である。人間が生きるに必要な技を蔑《ないがし》ろにする社会には、持続性はないであろう。

技能の力

子供が持つ好奇の心や目を危険だとか、受験に関係ないと、親が摘み取っていないか。ダサイとか大学へ進学しなければご近所に恰好悪いと、子どもの適性を見誤っていないか。絵画や音楽の才能は子どもの頃に芽生え、長い訓練によって比類なき技能となって開花する。工学的技能も同じである。適性があるなら、早めにその芽を伸ばし、鍛え、成長させたいものだ。

鉛筆を削るのはナイフではなくても一向構わないが、今の学童はナイフは人を脅すものとしか思っていないようである。危険なナイフを道具として正しく使うことは、小さなことであるが、危険を有用に変える技の獲得を意味する。小さくても技は感性の涵養に役立ち、知識と同じようにあるいはそれ以上に自信を生む。自信は技を大きくする糧になる。一つの技は別の技を生み、独創を生む契機とさえなる。スポーツ、音楽、絵画、大工。どれも技と感性が基本である。なぜ技が独創の契機となるか。

人間生存にとって不可欠の知識と技のうち、知識は他人の価値判断を理解するだけなのに対して、技は自分で価値を作り出し、価値判断を加える必要があるからである。

技は技術の基本である。日本は技があったから技術大国になり、豊かになった。しかし、皮肉なことに技術を磨き、豊かになって技を疎んじ、感覚や感性を蔑ろにした。それらに関わる技能科目は客観的評価が難しく、説明しにくく、そのゆえに学校でも主要科目ではないと疎んじられ、入試科目から外された。しかし技能はあらゆる能力の基本であり、生活の基本である。成人した後の人生で生涯教育やカルチャーセンターを通して、感覚的な技能的な事柄が求められ、人気も高い。また知識より技能によって人物評価ができるとの説さえある。

教育勅語には「・・学ヲ修メ業ヲ習ヒ以テ知能ヲ啓発シ徳器ヲ成就シ・・」とあった。おそらくこの「学」は知識、「業」は技や技術、「知能」は人間性で、「徳器」は道徳であろう。技術と技能は、一卵性の双生児のようなものであり、どちらを欠いてもいけない。教育勅語そのものやその運用の仕方には問題があったとしても、この一句には日本近代化の立て役者がここにあったことを示している。

＊紙で橋を作る　ほんの少し自慢すると、ある実験科目で七〜八〇センチメートル角のボール紙を数枚支給して、これでスパン一メートルの好きな形の橋の供試体を作らせて載荷実験をしている。必修でもないから受講者は少ないかとの心配をよそに、多数の学生が一人で、あるいは気の合う数人で取りかかる。学生は紙で体重程度を支えられるものが完成したことに悦びを感じ、また驚く。担当教官は素晴らしい出来映えの作品が多いのに悦ぶ。実験そのものは精密なものではない。しかしこの製作によって体験する悦びや驚きを通してテキストや言葉からは理解できないことを感じてくれればと考えている。

五・二　理工離れ

「理工離れ」が言われて久しい。その理由は多いはずである。例えば、大学への志願者の多くが自分の適性や好みで志望せず、入れるところを選んでいることもありそうである。が、これだけでもなさそうである。

完璧な商品

日本では売れるのを幸い、押し付けがましい製品開発を続けてきた。使用者の感性をくすぐるような見かけの良い工業製品を次々と作り出した。工業としては成功で、世界の日本になった。これまでは国際競争力を付けるのことで製造過程からの廃棄に無頓着であった。使用過程における低騒音や省エネルギーは商品価値を高め、消費者の負担減になるので環境負荷逓減の要因になり得た。高品質を保証するための精製エネルギー消費や原材料取得には経済的配慮はあっても、環境的配慮を欠如させた。むしろ、使い捨てを誘導し、命あるものの廃棄を促進するために、感性寿命をいかしてに縮めるかが社運をかけて行われた。

一昔前には考えられなかった多彩な機能を持つ美しくコンパクトな製品がどこにでもあって、目新しくて人を魅き付ける。しかし完璧な工業製品には、どうなっているのか、どんな風に作ったのか、誰が作ったのかなどの素朴な疑問をさしはさむ余地がない。腕自慢が分解しようにも不可能なほど完璧で、これは工業デザイナーの成功を意味するが、仮に分解できてもとても復元できないような、面白みのないものばかりになった。修理しようにも、肝心のところはブラックボックスでそっくり入れ換えねばならない。並の好奇心ではもう梃子《てこ》に合わないものばかりである。新たに好奇心を呼び起こすこともなければ、謎解きへの挑戦心、苦労して修理した時の満足感や優越感を覚えることができなくなった。完璧だが面白みのない商品群は、すべての人間を素人に押し止め、想像や創造の世界に魅き込む力を持ち得ないのである。

近年、甲子園の野球や正月のサッカーばかりではなく、若者の創意と工夫と製作意欲を引き出すロボットコンクールや人力飛行機、ソーラ自動車やソーラボートなどの競技会が、テレビで扱われるようになったのは、歓迎すべきことである。それらは手作りで、見かけが悪く、性能が完璧ではなくても、各人の技術と技能を総動員して完成まで臨める。たとえ失敗作でも、好い成績が取れなくても自分の責任であるし、満足感が残る。

逆説的ではあるが、完璧で多彩な製品が蔓延しすぎたところに理工離れの一つの理由がある。

安全への不信感

科学技術が進歩し計算機の性能が良くなり、新しい解析手法が生まれ、観測機器の進歩もあって自然現象への理解を深めた。各種材料特性が高精度で把握され、材料品質が向上し、新しい高機能性材料も豊富になった。これらの成果を受けて設計手法も改善された。河川改修、危険斜面の補強、砂防事業を進め、海岸には高い防波堤や防潮堤を築いて防災対策を講じてきた。リアルタイムの監視・警報システムを整備して災害に備えた。巨大施設を造り、高速大量交通機関が日常の足になった。便利、快適、豊かさのためのあらゆる土木にとって、当然ではあるが安全が前提になった。そして巨大完璧型ばかりになり、危険は意識の中から消えた。日常の安全から危険を推し量るのはきわめて難しいことである。このようにしていつのまにか土木の関係者にも、市民住民にも過度の安全への期待が、まさかの備えの必要性を忘れさせ、油断や慢心を生み出すことになった。各方面で絶対安全だとか安全神話という言葉が一人歩きしていた。すでに

極楽橋（韓国）．渡る人を極楽へ導く大切な橋を橋下で韓国独特の妖怪が水面を睨みつけてまもる．

跨虹橋（広島市）．縮景園という庭園にこの非自然を造るセンスは難解．渡るのも恐ろしい．

図月橋（金沢市）．跨虹橋に負けない珍奇さ．日本人離れした発想．渡るのは怖くない．

菅原神社眼鏡橋（笠岡市）．乱切り石の乱積み円リング．独特の技法に意欲を秘めた秀作．

雪鯨橋（大阪市）．鯨骨で作った高欄．鯨への感謝の気持ちが稀有の発想を現実にした．

円通橋（京都市）．丸い心を通わせる橋．しかし，この橋を渡る何人がこれに気付くか．

述べたように安全には過敏で、危険には不感になった。

しかし、大地震や豪雨や台風からは逃れられないし、過去最大が将来最大を意味しない。我々がこれまでに体験したものを凌駕することもある。個々には小さくてもある現象が他に影響を与えたり、巨大システムの些細な現象が全システムの機能を停止させることもある。被害跡からは、巨大完璧土木の限界を超えた後の悲惨さを見ると共に、効率的利活用の脆さを汲み取ることもできる。無駄を排除しようと空地を活用し、危険地の利用を進めた。都市内にばかり幹線交通を錯綜させすぎた。

今日の日常生活のあらゆる場面で、安全過信・危険不感症が蔓延している。遺伝子の解明が進み人の運命を左右することが可能となったし、不治の病が普通の病になった。臓器移植が現実のものとなった。しかし安全なはずの薬が大問題を引き起こし、得体の知れない新しい疫病は蔓延し、絶滅したはずの病原菌が体力を増して甦る。ハイテクの塊のような新鋭航空機は落ちる。超高速鉄道の上にコンクリート塊が落ちる。ロケットは飛ばない。

動燃の「もんじゅ」の発端となった現象は、流体力学的にはすでに数十年も前に解明されていて、いわば常識的なものであった。これをケアレスミスと考え、取るに足らない技術的に意味のないこととして、それが隠蔽に繋がったとすれば、とんでもない思い違いである。原子力平和利用三原則を蔑ろにしたことに加えて、もう一点重要な思い違いがある。巨大技術の意義や先進性は、なにもそれらの核心部分の高度さにあるのではない。小さなことも大きなことも、新しいことも旧いことも同じレベルでバランス良く配慮されていることが重要なのである。ここにも、技能的役割の軽視や安全への過信、危険への無神経が現れている。

絶対安全はあり得なかった。社会システムとして、安全性の限界（危険の可能性）の開示や事故の公表、事業の評価に対する情報公開などの透明性の確保の仕方やチェック体制の未整備もあったであろう。知らないこと、わからないことがあるのは恥ではない。それらをわかったかのように振る舞い、あるいは神頼みの部分を隠しておくのが、信頼を損ねることになるのである。危険性を世間から遠ざけ、安全感ばかりを植え付けすぎた。

自然のサイクルであり摂理である自然災害であれ、薬剤・医療・原子力などあらゆる技術災害であれ、安全を強調するあまり過敏症になり、危険には不感症になることについては技術に大きな責任がある。安全の限界を開示することが、常に危険に備える心になる。

安全性への不信感や危険性への不感症が若者の理工離れに無関係とは言い切れない。このような反省なしに理工好きを増やそうとしてもそれは無理である。

受験科目に技能科目を

受験のための学習では、原理や解法の記憶に走りがちで、疑問抜きで結果だけを覚える。経過は知りたくない、合格のため以外の関心はない。物事の関連性なしに、結果だけを覚えるから、知らないことは習っていないと簡単に諦めるし、間違っても運がなかったと、なぜ間違ったかに無関心となる。これでは応用はできない。試験に出るパターンは決っている。解法を丸覚えして問題は解けても、これでは感動がない。技能科目でなければ、確かに評価はきわめて簡単で、結果に疑義をさしはさめない。だから試験の点数の開示要求にも簡単に応じられる。

それに対して技能関係の科目はほぼ正反対の特性がある。作る感動、育てる感動が原理の発見や確認につながり、応用（創造力）となる。何よりそのような技能は人間の基本である。植物を育て、動物を飼育し、家事を手伝うことはすべて手先を使う。理工系は特殊な分野であると考えることが間違い。それらは心、すなわち人間としてのあり方に関わる基本の学習である。

技能は受験科目になじまないとして外された。受験科目になければ学習しない。受験の負担を減らそうとして、技能科目が外されたのであろうが、見直しの時期がきたのではないだろうか。さもなければ人間性がいつまでたっても回復できない。

社会の理工離れ

インターネットは単純な情報の交換のみならず、これによる商取引を可能にした。関係企業は誇大な表現でこの新技術の優位さを宣伝するが、この新技術の裏に潜む危険性には一切触れない。日本人は匿名（愛称・ペンネーム・ラジオネーム）に馴染んでいる。匿名だと安心して自分がさらけ出せるとネット上の会話が流行っている。ここには自分という人格を隠し、顔を隠して責任を放棄している。会話だけなら問題ないが、これがいつの間にか取引に拡大するのが問題である。これまでの対面商取引で果たしていた感情を一切配慮できない。またインターネットでは情報が直接発信できるから、弱者が強者に対抗する手段にもなり得る。しかも一切のチェックもなく、一切のフィルターも掛からない。これは自律なき社会では危険なことと言わざるを得ない。

このように心を抜き去って運用できるシステムでは信頼が構築できないし、安心が脅かされる。すでに従来考えもしなかった犯罪が成立している。悪意に対する完全な防御法を早急に確立することが必要である。

先端技術における技能軽視

数年前科学技術庁宇宙開発事業団に対して、ロケットのコストを縮減すべきことおよび事故続きへの対応など業務運営のあり方について総務庁から勧告されたことがあった。コスト縮減には簡単に賛成できないが、重心の計算忘れなどの単純ミスが重なって失敗したらしいことは見逃し得ない。関係者の声の中に、「技術を知らないのに管理ばかりしたがる」とか「若い技術者に・・物作りの経験を積ませないといけない」などがあった。まるで他人事のような技術の体制への反省があり、自己批判が紹介されていたが、技能を軽視してきたことの反省は一切なかった。

その後、H２ロケット８号の失敗を受けてH２A延期を決める際、「多発する事故災害は、日本が得意としてきた品質管理を含めむものづくり能力に深刻な問題がある」との認識を示し、各方面で「安全を重んじる気風を育てることが重要」と事故防止会議が報告したそうである。

安全性を高め、信頼性を高めたい時に、安全を重んじた気風を育てるとは、他人行儀も甚だしい。信頼度を高めるには品質管理を前面に出すのではなく、技能を評価してこなかったことを深く反省することである。ものづくりの原点たる基本的な技能を重視し、科学や技術では割り切れない感性の総合性を再認識することである。さもなければ原因が究明できても対応ができない。

「もんじゅ」、「JOC」、「M５ロケット」にも共通する。高度技術も先端技術も技能抜きにはあり得ない。技術過信からくる技能軽視を反省せずして、ものづくりはない。

先端技術や巨大科学に単純ミスが続けば、理工離れどころか理工不信が根付いてしまう。原材料に手を加え付加価値を高めることを国是とした日本で、理工離れは深刻な問題である。巨大科学も先端技術もその根の支えをどのように構築するか、技術の真価が問われる。持続可能な日本を実現する上の半分は、技術が担っているのである。

五・三　物真似道

真似る・学ぶ

「門前の小僧習わぬ経を読む」は聞いても、薫習《くんじゅう》は聞かない。広辞苑によると仏教用語で「物に香が移り沁むように、あるものが習慣的に働きかけることにより、他のものに影響・作用を植えつけること」とある。だから習いもしない経が読めるようになる。薬師寺管長高田好胤[1]は「意識、無意識、知らず知らずのうちに、過去の経験がことごとく、種子として薫習されている」と、家庭における薫習の重要性を説いている。「学ぶ」や「習う」は、過去の経験や規範を意識し、努力して身に付けることである。学習には積極性が必要なことになる。それに対して、「真似」は模倣することであるのに対して、薫習は意識や努力しなくても身に付く。これらには独創はないかに見える。

猿真似と物真似

外国人から、日本には大発明家はいないにもかかわらず、なぜ高度技術が発達、発展したのかと不思議がられている。日本の技術を考える時、物真似について正当に評価しておかなければならない。外国人だけではなく一部の日本人でさえ、ことあるごとに日本人は猿真似人間だと貶《けな》しているからである。

かつて中国に滞在した折り、「日本人はいつも道標を頼りに歩いてきた」が、「中国人は道標を作りながら歩いてきた」と言って、少し軽蔑の目で日本の物真似上手に触れる学生たちがいた。確かに日本人は物真似がうまいし、好きである。しかし単純な物真似や一時的な援助だけで社会を転換させるほどに成功した例はない。良いもの、良い制度をどこかに持ち込んでも、そのままでは良いものであるとは限らない。気候、風土、習慣、伝統、人間の気質などの違いから、あるところで通用するものが、別のところでそのまま通用するとは限らない。その時、その場に適合するように取捨選択すること、創意を加えることがなくては、消化されないままで、そのうち朽ちてしまう。このように本質を考えないで、上面《うわっつら》だけを真似るのを猿真似と言うのである。

一方的一時的技術援助がその国に根付かない例が多く、日本の援助そのものに批判が多い。また単なる憧れだけでも、物真似は簡単そうでうまく根付かない。かつて中国はソ連を兄と慕い、何もかも模倣しようとしたことがあるそうであるが、何一つ根付かず、逆に「自分本来の歩き方まで忘れてしまった」、まるで「邯鄲《かんたん》の歩だ」と言う中国人学生がいた（前著）。

聖徳太子以来中国から色々なことを学んできた。明治維新にヨーロッパから社会制度や技術を学んだ。戦後アメリカから学んだ。一部の例外を除けば、どれもが大成功で完全に我がものとし、その上に独自の工夫まで加えられるようになった。例えば、漢字から仮名と片仮名を作りだしたように。なぜ日本ではそこまでできるのか。社会的必要性を感じるかどうかは、その社会の成熟度とか向上心によるもので、これは日本人だけに特有のものでもない。もっと重要なことは、日本には外来ものを選択し、根付かせ、創意を加えるのに不可欠の伝統と言う基盤がどの時代にも用意されていたことである。形態こそ前近代的ではあったが、江戸時代の農業、商工業の発展や弾圧されたり斬新すぎて社会に受け入れられなかった思想が明治の近代化の受け皿であったように。もう一点は江戸の中期にはすでに庶民層にまで読み書き算盤が浸透していたことである。識字率の高さや教育の普及の高さは、当時日本に接した欧米人から高く評価されている。

物真似の要件

技術の客観性がその伝達性、移転可能性を保証しているから、技術の物真似は本来的に可能である。ただ、真似た技術が定着し、持続し、発展性を持つにはいくつかの要件がある。

まず、その技術受け入れの必要性があること。二点目はその技術の機能の裏に潜む本質を見抜くこと。最後に受け入れた技術をその時その場に相応しいように改良できること。これらの要件は、単に技術だけではなく、社会システムにも当てはまる。近代的な施設や機器やシステムを援助でどこかに持ち込んでも根付かない例が多いが、その理由はこの要件を欠いているからである。

かつて多くのことを中国から学んだ日本は、宦官《かんがん》、纏《てん》足《そく》、科挙は学ばなかった。その理由として、社会体制が不備であったから必要性がなかったのだとの解説があったのを覚えている。必要を感じないものは学ばないし、学んでも定着しないのは確かである。しかしこれは間違っている。特に日本人が科挙を学ばなかったのは、社会体制未整備が理由ではない。留学生として選ばれた社会的エリートが官吏として我が身に代わりうる優秀な者の選抜システムを学ぼうとするはずがない。必要性の有無ではなく、学んではいけなかったのである。その制度の裏に潜む本質を見抜いたと言うより、自分たちにとって不都合なことを普通は誰も学ぶはずがない。また、中国にもヨーロッパにもごく普通に見られる都市を取り巻く城壁を学ばなかったのは、取り囲む海が壁の代わりになるから、その必要性がなかったのである。ただそのために、元寇や幕末の外圧には大変苦労することにはなったが。

日本はこれまで外国から学んで社会制度の近代化を達成した。しかし内面の意識は近代化していない。「日本人は富を得てシステムは近代化したが、精神の近代化ができていない、それは日本人の精神がまだ西欧化していないからだ」との説があるのをすでに紹介した。確かに色々学んだ。システムだけではなく精神までも学んだ。にもかかわらず、まだ心の近代化ができていないとしたら、日本の自然に適うような内から発する倫理観、日本社会に適うような正義感や道徳感を置き去りにして、技術や経済や自然からさえも心を蔑《ないがし》ろにしたままで、精神を移植すればよしとする他人依存的な精神が障害になっているに違いない。地に根差した心を持たない思想や学術が仮に近代的であっても、そこに意味はない。

＊掘り起こし共鳴理論　耳慣れないが、物真似の成否に関する理論である。同説によると日本に民主主義は定着したが、キリスト教は定着しなかった理由を説明できるとされる。この要点は、「真似られたりあるいは移転された新しいシステムが定着するかどうかは、それがその社会のありし日の記憶に共鳴するかどうかによって決まる」と言うのである。[2] 先に、日本には遠く鎌倉の時

平安神宮（京都市）．日本にも屋根付き橋は意外に多い．華麗さで一番．

大宮橋（大津市）．石積みで有名な穴太近くだからか，石を木のように細工した．

二宮橋（大津市）．走井橋と併せて，石桁橋三橋．細部も細工もそれぞれ異なる．

大鳴門橋（鳴門市）．メカニカルな完璧性は落ち着く．岩肌や大渦の乱れがあるからか．

リゾルジメント橋（イタリア）．コンクリートを布地のようにして造ったイタリアンモードの橋．

マントレル橋の隣（バルセロナ).コンクリートを粘土細工のように造った抽象造型スペイン風味ラーメン？.

代に、完全な秘密投票を採用していて、総意ではなくても多数を神意として尊重する伝統があったことを紹介した。これが戦後導入された民主主義に共鳴したのだとのこと。ここまでは正しい。しかしもしこの理論がここに紹介したとおりなら（実は申し訳ないことに、この理論の原著に当たっていない）、全く新しいシステムは絶対に定着しないことになり、世界の至るところですべてのシステム（あるいはその芽）が自生したことになる。そんなことはないだろう。

加上論

思想と言うものは他人の思考に自分の考えを上乗せすることを潔しとしないのか。富永仲基の加上論が高く評価されている[3][4]。「前説の上に出ようと加える」ないしは「権威づけようと、絶対的権威の言葉に加える」と要約される加上論によって、数ある経典のどれもが「釈迦の説のままと思われる経典ではない」ことを権威に囚《とら》われない分析的な検討を通して初めて見抜いた仲基の独創性が評価されているようである[4]。

技術は、既知のAに新規のBを加えたことを明示することによって、世代を継いで徐々に発展してきた。もちろん時には大発明と言う爆発もあったが。技術Aは、企業秘密として秘匿されることもあり、逆に特許として公開することによってその権利を保護することもある。イタリア・フィレンツェのアルノ川にかかる聖トリニタ橋は、隣にかかる名橋ベッキョをなんとか凌駕したいとの執念から造り出された新しい名橋である[5]。技術の世界では、このような創造例は多いが、これを加上とは言わない。どうやら実務と観念の違いのようである。

それにしても遠い昔の一地方に生まれた宗教教義が、そのままに変わりもせず、今の世に遍く流布していると思い込む方が不思議でならない。人間が生きている場と時における自然感と社会状況の中で、救済を求める魂に応えるのが宗教であると思うからである。

自説に都合の良いもののみを誇張して持ち上げ、意図的にまつり上げ流布させることもあれば、時の権力者や権威者によって客観性あるいは独創性ある思想や成果が抹殺されたり、その斬新さのゆえに世間の常識にそぐわないで理解されないこともある。例えば安藤昌益のように。言わば早すぎた天才の悲劇といえよう。

富永仲基の加上論は、「いかなる権威をも絶対視せず、いずれの習癖にも囚われぬ自由な立場と、すべてを客観的に批判する冷静さとを持して」[6] 得た独特の境地によって到達できた手法である。技術が、特に土木がこの手法で実践できるとは限らない。自然を相手に、人間を相手にした思索や評論活動ではない実践が求められるからである。が、この境地には真似る本質、独創の本質が潜んでいるから高く評価したいのである。これこそ論文の評価における新規性や独創性の判断の要件である。

＊権威　ある分野で第一人者と認められている者の判断、意志、指示などの言動が、広く承認・支持され、規範として他人を強制し、服従させる力。時には崇拝の対象となる。権威は、いわゆる権威者の資質として生まれる場合もあり、またその資質とは関係なく受け手の精神的不安、怯え、依存性が転写されることによって生まれることもある。

独創の源

どうすれば独創や新規な発明ができるか。もし簡単にわかるなら苦労する者はいない。これだけ技術が進歩していている世の中で、もう簡単に独創できないと思うのは間違い。むしろこれだけ進歩して活動の量・速度・質ともに広範で多彩になり、価値観が多様化してその活動を支える道具や器具への要請も多様になって、ますます新規性や独創性が必要になった。独創はどんな時代にも人間に欲望がある限り求められるし、可能である。まさに欲望は発明の母である。もう一つ理由がある。独創が問題になる技術は価値創造学であるが、その価値が仮に絶対性のあるものであったとしても、それを創造し実現する手法は一つでないことである。

技術Aは既知であるとする。このAに、Bなる何かを加えたものが、これまでにない新規で役立つものなら、Bが既知たると新規たるとに関係なく、この加える行為やその成果は独創的である。ただ、Aをそっくりそのまま、しかもこっそり使うのは剽窃《ひょうせつ》であり、必要性や適応性を考えずに使うのは猿真似である。

元東京大学総長有馬朗人氏の若者を相手にした講演会「日本人は独創的である」[7]によると、「日本人は独創性がないなんて言うのは偽りなんです。ただ自然科学や技術の歴史が短かかったから」少ないように見えるだけで、短い期間に日本人は多くの独創的な貢献をしていると理論物理学を例にあげて説明している。長岡半太郎から仁科芳雄、湯川秀樹、朝永振一郎から現在までの日本人科学者と外国人科学者が、どのような独創によって理論物理学を形成してきたかを述べている。その中に頻繁に出てくる言葉は、およそ論理的ではない先見、先駆、改革的考え、推測・予言・確信・自信など情緒的・感覚的な用語である。しかも印象深いのは、曖昧語の代表と外国人からも日本人からも思われている、・・らしい、・・に違いない、・・そうだ、・・かも知れない、・・と考えられる、を頻発していることである。曖昧に見えるそれらの情緒的な言葉が、情緒的だからこそ物事を厳格に表すのに適しているのである（自分の感情や考えを厳格に表すには論理的な用語が適し、事実を厳格に表すには情緒的な用語が必要なのである）。用語は別としても、独創は全く主観的行為によるもので、客観を善とする社会が独創の芽を摘んでいるのである。だからこそ有馬氏が最後に若者に伝えた独創の極意は基礎的なことを「自分でやってみる・造ること・試すこと」である。ここには常識も権威もなく、個性と感性と主観しかない。基本の技は重要であるが、これは根性があれば修得できる。知らないうちに基本が身に付く薫習は、独創の種である。

＊常識を越えた発想　耐震工学の関係者にとって河角マップとか常時微動は馴染み深い。河角マップは将来日本各地に発生する地震最大加速度を表示したもので、耐震設計の実務に使われ、地震保険の保険料算定の根拠になっている。過去の地震災害の記述から地震の大きさや各地の震度を推定したもので、記述の精粗、ばらつきを乗り越えて定量化したところにこの地図の価値がある。日常生じている微弱な地盤振動を常時微動と言うが、これがその地盤の振動特性を反映していて、それが地震時にも共通する性質を持っているとして活用される。5桁も6桁も違うものを同じレベルで比較する大胆な非常識に価値があった。

意味ないと勝手に決めたり、常識に囚われていてはこの偉大なアイデアはものになっていない。

完璧の弱点

プロ野球で名選手名監督ならずと言われることがあるが、思想界や技術界でも類似の現象がある。同じ舟で唐に向かい、共に研鑽を積んで帰国後、教学上の衝突で確執を生んだ空海と最澄が対比される。空海の完璧性が後進の独創を絶ったそうである。なぜなら、完璧の持つ規範性のあまり、後進がその体系を理解できても、そこに新たに付け加えたり、そこから新たな体系を生み出す気力さえ萎えさせるほどの完璧さだからとのこと。それに対して最澄の我流は、そして未完のままの死は、幸運にも神格化されず、弟子に自分で考える余地を残した。すなわち師匠の不完全さが後進の創作の力になった[8]。

死亡後にしろ存命中にしろ、ある偉大な人物を偶像化、神格化することはよくある。彼から多大な恩恵を受けたとすると当然の心情であろう。これは洋の東西、今も昔も変わらないし、倫理感がいかに異なっても、普遍的な心情である。「一人の生きた神を作り上げ、それにぬかずくような形ではないと生きていくのに耐えられないタイプの人間」がいる[9]からである。そしてこれを利用する悪意の人間がいる。多くのケースを知っているわけではないが、不思議なことに極端なまでの偶像化や神格化は、自発的であろうと強制されたものであろうと、その時その地の活力を削ぐケースが多い。ぬかずき、祀ることは崇高な精神作用ではあっても、受動的であり、保守的であって、創造的行為とは別ものだからである。

土木で似たことを無意識にやっている。完璧な仕様書や基準やマニュアルがあって、計算手法から評価法まで決められていて、それらから外れることが許されないとしたら、技術開発への意欲は起こりにくい。なにより業務として設計を専《もっぱ》らとするコンサルタントは新規の創造に対する意欲を失うことになりかねない。新規な技術開発が不可欠の持続可能な日本、あるいはそのための土木にとっては危険な状況と言えよう。

物真似道

福岡市の箱崎宮本殿に興味深い短歌が書かれていた。

良きを取り悪《あ》しきを捨てて外国《とつくに》に
劣らぬ国となす由もかな　　明治天皇

いつの作であるか知らないが当時すでに、単に外国から学べと発破をかけるだけではなく、選択の重要さを説いている点に非常に心惹かれるものがあった。

独創はないよりあるに越したことはない。しかし「物真似」ばかりで、独創がないからといって卑下する必要はない。日本の「物真似」は長い歴史と多くの実績を持っていて、単なる盗作や剽窃ではない。「物真似道」、あるいは「物真似学」と言うべきである。「他国を真似ること自体が日本の独創だ」と開き直ったり居直ったりする著名な評論家もいるが、日本の物真似を卑下する人は、たいてい西洋は独創の国であり、一方的に西洋は優れていると思い込んでいるようだ。この「物真似道」の基本は「技」であり、人間の感性である。感性は数量化できない。技能はこの感性を最大限に働かせねばならない。豊かになった日本は、技能を切り捨てているが、これが作る感性をなくし、独創までなくしている。真似ることは確かに独創ではない。真似ることにより高まった技、技術が新しい独創を生む力になるのである。

「物真似道」の極意は、ものそのものを真似て作ることではなく、目前にあるものからそのものを生み出す心を汲み取ることである。それがなければ新しい地への定着のための新たな創造はありえない。

五・四　技術の本性

人間が生きていく上で重要な技術（理）と宗教（情）の関係を述べる。もし主観的な科学のようなものがあったとしても、現在ではこれを科学とか、科学に基礎を置く技術と言わない。宗教と言う。なぜなら宗教の持つ伝達性、継続性はきわめて固定的で、排他的で、教義に対する批判は破門されるか、抹殺されるのを覚悟しなければできない。科学やそれに基づく技術が客観であり、再現性を持つからこそ、これが自ずから普遍的な伝達性、継続性を持つし、批判を受け入れ、これに耐えるからこそ、具体的な形で人類福祉により役立つように発展できるのである。だからこのような科学技術は広く支持され、公的資金が投入され、とみに力を獲得してきた。そうしてこそ人間と言う多様な生き物の生存に役立ち、貢献できるのである。しかしこの技術にも色々な顔がある。

技術の本性

　科学や技術には、関係者に万能であり一切の宗教や自然さえ越え得ると誤解させる魔性がある。さらに客観であるはずの科学や技術は、そのゆえに権威筋から外れた個性を排除する危険性を内蔵しているし、固定観念にとらわれがちで非専門家の発想を排除する。これは誰彼を特定しなくても多くの関係者が落ち込みやすく、落ち込んでいてなお独断と言う主観を客観と思い込ませる。その上、客観化されにくいとして人間のための技術が心を失いがちになる。これはまさに、技術は客観の衣装を着た歪んだ主観からくる魔性を持つと言う由縁である。

　技術には権威を求める体質もある。本来、技術は客観的で、多方面からの批判に耐えねばならないものと期待されている。ところが技術は、特に現代社会において、影響範囲が広く、大きく金に絡むので、正確さ（仮定や前提なしに構築された技術や不確定要素を包含しない技術はないのに、それらを意識的か無意識かは別にして開示しないことが多い）や新規性（物真似と言われて萎縮しているからか独創性に憧れ、新規即独創ととる）や効率性（目的に対する直接的な効用のみが強調されることが多い）が強く求められる。これらを否定するものではないが、これが権威と独善を作りだし、その上他人の成果の揚げ足を取り、小さな欠陥を論《あげつら》う排他性まで賦与することになる。掲載論文の数のみが研究能力判定の基準になり、反論の機会を封じた匿名審査員による無責任審査（論文編集委員会の無定見と集団無責任）に通るためには、二番煎じでも確実性を狙うことになって、本当の独創性の芽を摘むことになる。「技術は金なり」と技術の成果が経済に直結することから、国、企業、個人を問わず、技術の独占性と秘匿性が極度に高まる。

　安全性を確保する必要から、基準を作り、資格を作る。有資格者が基準どおりに作れば、監督しなくても安心できる製品になると決めている。この資格がまた権威を生み、同業者の権益保護の観点から排他的となることがある。なお、広く公開されている基準は、安全性を確保する上で重要な役割を果たしているが、責任逃れとマニュアル化による非個性化を推し進める。

技術の限界

　技術では、完璧性より速効性が繁殖力を持ちやすい。これがいつの間にか社会を壊滅させるほどの大問題を起こす。完璧性を追求するには時間がかかる。目先の効能の存在証明は簡単であるが、いつ、どのような形で出現するかわからない副作用の非存在証明はきわめて難しい。ローマ帝国崩壊の要因の一つとされている葡萄酒を貯蔵し、甘味にするための容器が鉛中毒と言う生殖機能を破壊する副作用を有していたことに気付かなかったローマ

広島市内の橋．この桁は完璧だが，何か違和感がある．嗜好の問題だろうか．

首都高速高架を仰ぐ．酷い部分を誇張したのではない．渋滞と排ガスが重なって一層嫌われる．

新幹線の高架を仰ぐ．あちこちでこの後コンクリート片落下が相次いだ．これを凌げるか．

萩市の橋．すっきり見えるが，流水作用を考えると下細りの橋脚には洗掘上問題あり．

歩道橋．この歩道橋が醜悪なこと．美的センス以前の造るセンスの欠落である．

関門橋．昔神功皇后がこの海峡を開削していなければと恨むのはおかど違い．

の技術を、現在の技術が笑えるだろうか。目先の豊かさや機能に熱中して、これが内蔵する副作用に気付かない現在の技術が後世笑われないとは限らない。

ドイツの鉄道事故の際、「人間のすることだから事故がなくならない」と日本の評論家がテレビのインタビューに答えていた。確かに人間はミスをするし、ずぼらもする。が、人間を排した機械信仰そのものがまた事故を呼び込むことになる。なぜなら、技術が進歩した現在でも、機械が独自に自律的に機械を完全にコントロールすることはできない。できても任せてはならない。人間は確かに不安定だが、機械も不安定で故障もするし、虫が生存している。外部からのウィルスや悪意やいたずらがシステムを破壊する。昔の諜報部員のように命を懸けて敵の要塞に忍び込まなくても、遠隔地からの意図的な侵入や窃盗を簡単に許す無防備さを持っている。人間はダメで機械なら安心だと、現場を知る人ならとても言えないことを平気で言うところに恐ろしさがある。人間は機械を道具として、危険作業やバックアップなど補助として使うのであって、超近代システムでも主役はあくまでも人間である。

人工知能ディープブルーがついにチェスの世界チャンピオンに勝った。しかしこんなことでコンピュータが人間に取って代われると考えるのは大間違い。ただ人間が、技術の分析性にこだわり、専門が細分化するほど全体像が見えなくなり、本来つくることであった技術が、管理する技術になる。これを忘れないことが重要である。

技術の非人間性

革新的先端技術の秘匿性、異常な金銭主義、（軍事技術の殺傷性）、情報技術の人間不在、技術者の固定観念と思い上がりなど、成果の大きい技術にも欠陥が多々ある。科学は人間に役立つと言う視点がなくても成立するが、特に、人間に役立つことからスタートした技術がなぜ人間性を欠如することになるのか。

哲学者竹内敏雄は「自然はなんらの意図なくして生の目的にかなったものを創造する（この点において技術が自然を越えられないのだとの解説あり）のに、人間の技術はたくまずして合目的なものをつくることはできない。はじめから持つ目的意識による所産はある一つの機能に限定されていて（これは自然を凌駕している）、さまざまの能力を兼備した綜合的全体ではない。この偏局性が人間の精神にひずみをもたらし、人間をスペシャリストとしてすぐれた、しかしヒューマニズムを忘れた『技術的実存』と化せしめる」と説いている。[10] ややもすれば技術およびこれが持つ美を眼中に置くことさえ避けてきた節のある哲学の分野において、技術の美を根源にまで遡って真摯に考察を加えた竹内の批判に、技術は真剣に反省する必要がある。

それでは技術に人間性を回復させるにはどうすればよいか。竹内によると「技術が生きた自然との親密な関係を回復すること」で、これは、「自然も技術も合目的性の原理と共通の基盤に立つ」ので可能とのことである。一つの見解ではあるが、少し甘さを感じる。甘さと言うよりむしろ技術への遠慮があると見るべきであろうか。もう少し強い叱責があってもよかった。

技術は効率と合理を追求することによって、そのために技術の総合性を切り刻むことによって、単純作業ばかりの専業的分業システムを作りあげ、大量生産への道に到達した。この分業や専業を担保するのは規格や基準であり、客観性であって個性や感覚は排除された。また総合性ではなく分析性であった。こうして竹内の言う技術的実存の誕生となった。*これは品質と価格において（国際）競争に勝つことの一点からくる帰結である。その延長として総合的実存たる自然から出た技術が自然と疎遠になって、経済的合目的性原理にかしずくことになった。

少し前まで構造解析は理屈は単純明快でも、設計計算は大変面倒なものであった。計算尺と関数表を使って各種計算を進めたが、五～六元程度の連立方程式には算盤や手回し計算機で悪戦苦闘し、ついに音を上げた。こんな時代に滑らかな局面の桁を設計することは不可能であった。今は違う。極論すればどんな構造形式でも、微妙な曲線の桁でも瞬時に解が出るし、複雑な図面も書く。材料の切り出しまでできる。ますます人間味が薄くなる。が、実は違う。やっと人間味を回復する機会が来たのである。何を意味するか。昔は絵を先に描いても、その力学性が保証しにくかった。今は道具が揃った。先行する

***工学への問いかけ**　かつて学園紛争で大学が右往左往していた昭和四〇年代中頃、急進派学生の工学への攻撃の中に専門馬鹿の養成機関（馬鹿専門との陰の声あり）だとか、工学部自動車教習所論があった。竹内の言うスペシャリストとはこの専門馬鹿を指しているとは思わないが。当時駆け出しの工学部教官であった筆者だけではなく、誰も彼も工学部は単なる技能の教習所ではないと、技術の伝達性にのって分析性を磨くことがあるべき姿だと確信し、またカリキュラムの編成においても、学生の自主性に委ねることが独創性を高めることだと信じていた。だから、工学部各分野のあるべき姿を映す最低限の看板であるはずの必修科目をやめて、全科目総選択化などピント外れの対応に奔走した。高度の専門性を備えた学生の養成を目指すとの幻想にうろたえ、測量は資格の都合でやむなく残したが、製図などの技能科目は切り捨てた。土木の「心」離れに手を貸した。

実は五感に基づく技能的な訓練が感性や創造性の鍛錬に最適であること、これが技術の総合性にとって重要であることに気付かなかった。なぜなら、科学や技術は物事の本質を知るために、理想化し単純化した上で数式化、数量化するのが常套手段で、これが人間の感性による微妙な匙加減を排除することになって人間味を薄くするからである。案外、今なお気付いていないのかも知れない。また、定性化は定量化の初歩の段階とされ、客観化しやすい定量化に科学や技術の重心が移った。しかし定性化こそが、ものごとの本質にとって重要で、ここにこそ科学や技術と人間性との接点があるのである。

絵の力学を簡単に保証できるようになったのである。

レオナルド・ダ・ビンチ、田辺朔郎など昔は一人の天才が全体を担当した。現在は分業・分化が進み、専門性が高くなるほど偏ったことにしかタッチしなくなった。これは近代工業社会の特長であり、欠点でもある。

＊分業と総合　レオナルド・ダ・ビンチの多才ぶりは有名であるが、田辺朔郎も負けてはいない。東京遷都で沈み込んだ京都再生の切り札としての琵琶湖疏水の大規模工事に取り組み、調査・設計・施工など一人で陣頭指揮した。京都蹴上から山科界隈には並々ならぬ気迫が漂っている。水路閣を筆頭にしてここに水を導くトンネルの孔口デザインの多様さには目を見張るものがある。京都亀岡に美しい名橋「王子橋」を手がけ、また「明治以前日本土木史」[11]の編纂など地味な仕事も残している。

明治一四年にすでに、工部大学校長大鳥圭介は工学における専業化の重要性を工学会機関誌で訴えていた。これはまさに慧眼《けいがん》で、分業、専業の推進こそが近代工業において主役たり得るとの信念を吐露したものである。また全く逆に、古市公威は大正三年土木学会の設立記念総会で土木の総合性の重要性を述べた。様々の専門技師との交流・協力を通していわば関連技術のコーディネータとして活躍すべき土木の特殊性を指摘した[12]。専業や分業は同種製品の供給先がたくさんあって価格競争に晒されていて規格品を作る工場生産において最大の威を発揮するものの、専業や分業が全体を見えなくし、統一体としてのバランスを欠くのは、合理性や効率を前面に出している現在各地に見られるとおりである。

話を竹内の甘さの理由に戻すと、彼の言う自然には穏やかな日常的な自然しかないことである。破壊的自然を果たして合目的であると捉えられるものか、また生産的と捉えられるものなのか。さらに、親密な関係を回復できる相手なのか。この点において彼の真意がわからないのである。少なくとも人の生涯（あるいはその数倍程度）で考える場合は、破壊的自然の生産性を許容し、親密感を持てるほど人間と言うものが大きくはない（破壊的自然は一過性としか捉えられないが、超長期間で考えた時は自然は再生型であり、その生産性が認められる）。だが、竹内の言うように自然への回帰を目指すことが全く意味のないことではない。技術の根源に立ち返ることを意味しているからである。これまで省みることが少なかった環境適応性への配慮が必要になってきている。そして社会適合性の高い土木では個性が前面に出ざるを得ない状況になろう。やはり人間性を取り戻す機会がやってきた。感性や感情には代わりがないが、基準ばかりでは技術の客観性からくる代替性によって、いつの間にか自分の存在が他人に取って代わられていたと言う事態になる。だからこそ、せめて人間性を加えて多少なりとも個性化しておくことが必要なのである。

感情と勘定が渦巻く社会で折り合いを求めながら、人知で計り知れない奥深い自然に対峙して行う土木の仕事には、過去と今日が独立してあるのではなく、今日から明日への歴史認識の基に、技術の成果に基づきつつ、技術を越えた哲学や感性がなくてはならないのである。

技術の魔性

技術には本来社会の正義に基づく普遍性はないし不可欠の要件でもない。技術を普遍的で画一的な規範で縛ろうとしても不可能である。なぜなら技術は単なる生きるための実践の技であって、人が生きる上の特定目的を解決することを期待されているにすぎないからである。

それではなぜ技術は客観性・再現性・体系化などの普遍性まがいの特性を持つに至ったか。なぜ技術が分析や解明を得意とするのか。このように格好良く装う優等生的な技術は能率的（即時的）な解決、（普遍的と思われる規格・仕様書による）効率的な作業、（体系化した）効率的伝承などすべて経済論理（資本主義経済、社会主義経済を問わず）に由来し、科学の成果や規格化や数字数式を使うのは、無駄を排除し、普遍性や合理性を実現する道具として便利だからである。

技術の本性として普遍と思い客観と思うは明らかな誤解である。技術は先駆けに血道を上げ、排他的になり、金儲けに熱中する卑しき本性を持っている。技術成果の受け手たる消費者はまたきわめて利己的で、自分の目的にあったものを求めるだけで、そこに正義はない。ゆえに技術の正義たるも悪魔たるも、すべてそれに関わる人間に帰すのである。これまでの貧しい時代の技術は容認するとして、成熟期の技術のあり方を考えなければ、技術に生き残る道はない。

技術に絶対や完璧はない。技術は妥協の産物にすぎず、必ず限界や弱点がある（商品ではそれを明示しないのもあるいは許される）。土木では事業の効果のみを強調して、完璧を装い、限界や弱点を明らかにしないことが多い。完璧性や絶対性のみを示すのではなく、限界や弱点も同時に開示すれば、相対的な判断がしやすい。効果だけ説明して同意を求めるから判断も絶対的になって、一か八かになり、極端な推進派と極端な反対派に分れ、判断のできない、言わば賢明な多数を沈黙させてしまい、住民間に不要な悶着を起こす。御公儀の流れを汲む行政当局が、中央と地方を問わず、弱点のある計画を開示することに抵抗はあろう。特に土木は茫漠たる自然と、正義の定まりかねない人間集団の中での事業だから、むしろ限界があり、弱点があるのが普通である。その中で必要性を主張すれば批判が起こり、それらの摺り合わせから計画が洗練し、合意が形成されやすくなる。

技術のあるべき姿

人間の生活や諸活動を安全に便利にしたいとする善意や功利心・好奇心から始まった技術は、産業革命を経て社会構造を大転換させる契機となった。資本主義から帝国主義へと悪意を実現する道具ともなった。技術はその善意や悪意に導かれて、合理性や客観性を限りなく磨いた。技術は純粋なのである。合理性が生産品の安定性、大量性や低廉性に、客観性や伝達性が加わって、言わば好ましい循環となり、世界規模で人類に物質的豊かさをもたらせた。この大変身は、自由主義であれ社会主義であれ、経済と言う魔物に導かれ、支配された姿である。地球は無限との思いが今資源枯渇の危機や自然の分解能力を超えた廃棄物の蓄積を生み出すことになったのだが、これはすべて人間に役立つことだけを念じた結果である。

今や自然が支配される対象から離れようとしている。技術は迫り来る環境危機の下で、人類の生存と自然を並び立たせると言う難題を背負うことになった。

技術は企業、研究機関、官公庁、学界、協会など集団に属する個人を通して、その集団の目的に応じて実践される。集団はその設立意図を絶対的規範とし、技術者個人に就業規則や宣誓書でそれを遵守することを課す。反国家的あるいは反社会的規範が明らかに掲げられることはないが、必ずしも国家や社会の規範や意志に一致するとは限らない。技術者個人はいかにあるべきか、また技術はどうあるべきか、簡単ではない。あえて一言で言えば、技術者の倫理、複合チェック体制の整備、透明性の確保、不買運動や住民運動、司法の活用である。

結局は技術の魔性をコントロールするのは、専門家としての技術者と非専門家としての受益者・被害者の倫理感や、あらゆる個人や集団を包括した社会としての正義に基づく道徳観に拠らざるを得ない。ここには絶対はない。例えば、ある社会における魔的技術の企てを阻止すべきかどうか、阻止できるかどうかは、最終的には技術そのものを押し立てた力と金の戦いにならざるを得ない。

技術の魔性をコントロールすることは、ますます高度化、複雑化する今後において重要さを増す。ただ、魔性を完全に排除すると技術の進歩が止まり、独創性が発揮しにくくなることを知っておくことも重要である。なぜなら、技術を操る人間に潜む魔性が純粋に真実を目指す力となった例があるからである。

人間の生存の技を出自とする技術の排他性などの魔性や非人間性は、技術の本性ではないと書いた。確かにそれらは技術者たる人間や資本主義論理のもたらすものである。個人の技が集団の技に変わると技術になると考えられるが、そのとたんに非人間性や魔性などの悪意が生まれる。技術そのものには正義もないが、魔性もない。したがって、技術の魔性が問題となり、これをコントロールする必要があるとすれば、それは技術を操る人間やその集団が対象になる。そして奇妙なことに正義は粉飾されやすい癖を持つから、正義の装いの下にある魔性を見抜くことが必要となる。

①　技術者の倫理。担当技術者個人の資質、自覚、価値観、正義感など内なる倫理感と、集団への帰属心や家庭の事情などを考慮して自分の行動を決めればよい。集団

明石海峡大橋．構想から半世紀以上，やっと夢が実現．夢を見るのは悪くない．

アウトバーンの橋．斜張橋には遊び心をくすぐる何かがあるらしい．

大田市内の歩道橋．遊び心は拒否されるべきではないが，奇を衒うこととの違いが難しい．

梅の木轟橋（熊本）．五木の子守歌の里の奥に超近代的な遊びの橋．訪れる人が多い．

第三五ヶ瀬川橋梁（宮崎）．高千穂を下る五ヶ瀬川に交錯する鉄道橋．気迫に溢れた力作．

平橋（福岡）．県下最古と言われる鋼トラス．橋をまもらなければ由緒は活きない．

内での抗議の意思表示や同調者との団結、集団からの離脱あるいは内部告発など色々な行動がある。どれを選ぶか決め手はないし、決めるべきでもない。あくまでも自己責任に基づく個人の問題である（例えば、金に魂を売り、あるいは金で魂を買うことさえあり得る）。

環境やロケット、軍事、原子力、遺伝子操作など、人類の持続や生存に関わる技術に関して、このところ技術者倫理（技術倫理）などと規範化を志向する傾向がある。個人の意志を縛るような危険は避けるべきである。内部的な倫理規定を用意して自らあるべき姿を模索し規定するケースが各分野で増えているようである。しかし、倫理規定（本当は就業規則にすぎないが）と称して集団のあり方を規定するのはよいとして、それに属する個人の尊厳まで縛ることは排除しなければならない。集団では、正当な監視と批判こそが、何よりの規範である。

専門家たる技術者個人が、人類への愛情と失敗を認める勇気と自然の深さへの畏敬と知らないことを知らないと言える謙虚さを持つことを願うだけである。

② 複合チェック体制。専門家による多重のチェック体制に非専門家を加えたい。先端的高度技術に非専門家とは何事か。責任者の一時的精神錯乱に備えるなどとは言わなくても、多くの分野で専門家が信じられないような単純な誤りを犯すことがある。慣れて緊張感を失って油断するし、専門家は当該分野には深く高度の知識はあってもきわめて狭く、プライドや思い入れや永年の経験が固定観念となり、関係方面にしがらみや利害を持ち、独立性が意外に小さい。非専門家は当該分野の常識はないが固定観念を持たないし、生活に根差したエゴはあっても特定方面と利害関係はなく、実現性への確信はなくても自由な発想がある。異分野の職業的非専門家が望ましい。同類同業権威者による外部評価より効果があろう。

③ 社会システムとして透明性確保。反軍事利用を強く意識して作られたと思われる日本の原子力平和利用三原則で言う自主、民主、公開は透明性確保の原典である。しかし、技術の魔性にとりつかれた専門家だけの原則に信憑性はない。自主や公開には、社会からの強い監視や批判などの制約が常に負荷されていなければならない。

また、透明性の確保において担当技術者に課された守秘義務が障害になることがある。ここでは集団の防衛（産業スパイやヘッドハンターからの防衛と技術集団存立そのものの防衛）と社会の防衛が問題になる。この点では関係者個人の倫理そのものが問われる。なお職務上知り得たことを血族などの閉ざされた輪の中で独占的に利用するのは、倫理の問題ではなく犯罪にすぎない。

④ 技術が不買運動・住民運動を組織化するのは非常識としても、それらを支援することはできる。魔性には消費者たる住民の感情と勘定が効き目を持つことが多い。一つの方向を目指す主観の公約数が力を持つのではなく、

ばらつく主観の数の大きさがパワーとなるのである。この際魔性の示す方向を具体的に修正したり再構成する能力がなくても構わない。魔性の示す行く手を遮ることに意味があるからである。魔性の方向を具体的に変更するのは、そのパワーを受けた技術者の倫理である。

解明できない技術

近代における技術は実験や分析を通して、因果関係を解明した上で問題の解決を行うものであるが、不思議なことに技術には、解明ができず因果関係がわからなくても、解決する本能が備わっている。技術者や技能者の経験や観察の積み重ねによって培われる感性と技からなるセンスがこの不思議を解き、不可能を実現するのである。

例えば、稲作に不可欠の堰を洪水の影響を避け、洪水に影響を与えないように造るのに大変な努力を重ねてきた。石積みが多く残っている。中には柴の束を川の中に立てかけてこの難しい課題を解決している。この柴の堰に起こる現象を完全に解明することは大変難しい。

また木の文化と言われる日本にも、アーチ石橋や煉瓦アーチが相当多数建設されている。ばらばらの石の集合でありながら、普通は忌避《きひ》される自分の重さを巧みに転化して互いを強く拘束し、擬似的な連続体とする巧妙なメカニズムを持つ点で、他の構造形式と異なっている。普通は嫌われる自重が大きいほど構造体としての一体性が大きくなって有利になる。この拘束性離散構造体は、近代的な構造物が持ち得ない力学エネルギー吸収能力に優れている。

ほぼ垂直に立つ城の石垣もそうである。宮勾配あるいは寺勾配といわれる壁面の華麗な曲線に秘密がある。当時の人が地盤の支持力を解析的に解明したとは思えない。にもかかわらず、地盤の強さに応じて石垣の曲線を使い分けている。

巨石を切り出し、運び、積み上げる手や体を介して、心が会得したものである。心が会得したものはテキストにはならない。テキストがなくても、完全に力学的な解明がなくても、柴堰も石橋も石垣も幾星霜経過してなお華麗な容姿を見せている。

解析できなくても解決してきた古い技術の巧妙さは、環境問題に直面している現代に甦る新しさを持っている。これを活かすことが、今日の歴史的課題である。

＊アーチ石橋の現代性　レオナルド・ダ・ヴィンチはスパン二四〇メートルの壮大なアーチ石橋をゴールデンホーンにかけようとして図面を書いている。[13] 解放後の中国では、スパン一〇〇メートルを超える扁平なアーチ石橋をあちこちで架設している。[14] 文献では、最大スパンは一一六メートルとなっている。しかし一九九〇年完成の湖南省の烏巣河橋がスパン一二〇メートルで、現在これが世界最長であろう。[15] 現実に目にできたアーチ石橋の最大スパンはドイツ・プラウエンにあるズーラタール橋の九〇メートルで、最高に背の高い石橋はやはりドイツ・プラウエンのゲルチタ

ール橋の七八メートルである。ズーラタールはまことに壮大で、この橋を尋ね歩き、この下に立ってなおその瞬間には、これが石でできたものと気付かなかったほどの怪物ぶりである。

城の石垣やアーチ石橋は地震に弱いと思われている。ところが、地震で破壊された石垣やアーチ石橋が現実にあるかと言えば、ほとんどない。あったとしても近代橋の破壊に比べて比較にならないほど少ない（高欄や壁石が落下したのはある。アーチリングに亀裂が入ったのはある。地震で全橋崩壊したのは聞かない）。日本と同様地震の多いイタリア、中近東、中国には、古いアーチ石橋が多数残っていて、途中で修復されたではあろうが二〇〇〇年経過しているのさえある。通常の構造物では嫌われものの自重を逆手にとる拘束性離散構造体の持つ強みである。

主要材料たる石は凝灰岩のように軟らかくても、単位自重当りの材料強度は近代的材料に劣らないほど大きいこと、石ではなくても土を固めた煉瓦でも、切石でも自然石でもよいことなど。発生応力が小さいからである（廬溝橋では、解放後重量物を通過させるために少し補強して、四〇〇トンの車両を通過させたそうである[16]）。

支持力が小さい地盤には薄くて軽いアーチを、船舶通行など橋下空間が必要な場合には背の高いアーチを、大きな壁石には変形止めをと言うように状況に対応した対策は色々ある。完成後必要に応じて機能増強を行うのも容易である。ただ、洪水には弱い。高い橋脚や水切りの工夫に加え、壁石を空腹式にして河川閉塞率を小さくしたり、潜水式にすることもある。立地に適うような工夫ができる。

巨大なものでも分割した一斉作業が可能で工期は意外に短い。初期投資額は高いかもしれないが、供用可能年数で考えれば、いわゆる近代橋よりはるかに安価になる。自然材だから景観的にも問題なく、むしろ時の経過が汚れとなる現代の構造物と異なって比類のない風格をかもし出す特徴を持っている。緊張感を秘めてなおこれほど暖かく、優雅な姿で見る人の心に直に語りかける構造物はない。アーチ石橋は現代にも適う橋である。耐久性、景観、材料の使い回し、廉価さなどアーチ石橋は、環境適応性土木の一番手である。

このように解明のできないものほど環境適応性が大きい。技術が特定の現象を解明する際、必ず極端なまでの理想化・単純化を行う。当面の目的に比べ、影響の小さな因子を無視する。工学的判断を下すと言う。この工学的判断がこれまでに無類の難題を解決してきたのは事実であるが、ゆっくりと時間を掛けて総合的事象として現れる自然の巧妙な働きを取り込めないのである。だから即時的な解明度が高いほど、結果的に自然から離れた結論となりやすい。ここに解明できない技術が成立する余地があるのである。

＊アーチ石橋は地球温暖化を救う

エネルギーや資源の枯渇、廃棄物の蔓延などに対応して持続可能性を担保できる土木はアーチ石橋に学べばアイデアが得られる。アーチ石橋は発生応力が小さいことから、いわゆる粗悪材、リサイクル材、代替骨材が使える特徴がある。これがアーチ石橋の現代性の一つである。

最大の現代性は炭酸ガスの固定化に貢献できるところにある。世に酸化カルシウムを含む廃棄物は多い。例えば、溶鉱炉から排出されるスラグ、石炭の燃え殻などに、炭酸ガスを吹き込むと炭酸カルシウムと言う固形物になる。詳細には不分明だが、すでにスラグでは成功していて、強度もコンクリート並に大きいとのこと。この固形物を構造物にできれば、循環が完結する。

京都会議以来、炭酸ガスの削減が緊急課題となった。発生を少なくするか、発生したガスを吸着するか。前者は言うは易《やす》く行うはきわめて難《かた》い。後者を難しいと思い込んでいては問題解決がない。貝殻は炭酸カルシウムでこれは海水中の炭酸ガスを吸収して成長している。これを積極的に促進すれば空中の炭酸ガスが海水を経由して貝殻になり、おいしいおまけが付く。この観点から貝の養殖に取り組んでいるチームもある。

話を戻して、炭酸ガスを吸着させて固化したスラグの使い道がなければ、循環が完結しない。その強度不足をアーチで補うのである。しかも拘束性離散構造体として用いれば、地震や交通荷重による振動をも恐れる必要がない。ただこの構造は、洪水には弱いから、特別の配慮がいる。だから洪水の心配の少ない（特別に配慮した）中小橋梁やトンネルに使える。また、街や田畑を分断する盛り土の道路や鉄道に対して、言わば連続アーチの高架とする。街や生態を分断しない、地表面の水脈を切らない道ができる。

副産物として、積極的に環境改善に役立つ土木はそれほど多くない（固化したスラグを粉砕して使うことはある）。

五・五　感性土木

競争時代の幕が開く

安全で便利な土木を造る際は、技術（自然荷重、材料特性）と感性（社会的要請との適合、必要性、自然観、美観）と価格（財政事情）を考慮しながら種々の意図や制約条件を乗り越えねばならない。土木は公共のものであるから、技術で決まること以外については、最大公約数的な対応となりがちである。経済性が強く意識され、さらに本来、安全のための仕様書に細部にわたる規定を持つために、合理性や効率が前面に出て、日本全国どこで、いつ造っても、まるで個性のない同じようなものを造り出すことになっている。今や材料や技能者に地域性がないことも没個性化に拍車をかける。その上、コスト縮減の動きが無理な標準化や質の低下を招きはしないかと心配になる。これらは社会の申し子である土木の宿命であるのは確かである。この中で技術者のセンスを発揮する場があるはずがないと決めてかかれば、ますます陳腐な土木しか誕生しないことになる。

国内に限れば土木関連事業費の大枠はほぼ毎年決まっている。多数の業者がいる中で発注数に限りがあって、受注の機会は多くない。だから競争は激しい。技術はもともと客観的である上、通常の業務に必要な技術はマニュアル化されていて厳格な仕様書となり、これが結果的に個性や地域性を排除する（補助金制度が経済優先主義となりこれを助長する）。この状況では感性にかかる真の競争の場面は出てこない。基準が最低限の要件だけを求めるならば、相応しい安全感の実現の仕方、適切な循環材の採用とこれに相応しい造形、単純な採算性から離れた多様な価値に応える計画の作成など、持続できる土木を目指すために、多くの場面で競争の場が自ずと出てくる。ここでは担当役人さえが審判ではなく一人の競技者になる。審判は誰か。フィレンツェのコンテストが結果的に陳腐で在《あ》り来《きた》りを選んだことを知ってなお、住民に託したい。かつてのフィレンツェになるもならぬも住民次第である。社会資本だからそれでよい。

誤解や汚れは美を腐らせる

土木を造りあげる建設業者には技術者ばかりではなく、技能者がいる。技術は論理であり、継続性が保証されている。その気になって若干の幸運が重なれば、ブレークスルーも可能である。しかし技能は長く苦しい訓練と熱意や感性のみが獲得の要件になる。しかるに日本ではこの技能の大切さを低く評価することから、時に技能者の心はすさむ。しかもこのような土木の技能は人目に晒され、賛否渦巻く中で一挙手一投足に注目される。キタナイ、キツイ、キケンと揶揄され、また土木は自然や文化の破壊者などと濡れ衣を着せられる。

昨今の土木への苦情や不満の中には、社会システムからくる制約への無理解もあるが、規模や順位を含めた事業意志決定に関わる不透明さと強引さ、建設コストへの疑惑や受注業者決定における不明朗さなど、造るまでの手順に関するものが多い。そして年度末に集中する工事や強引な工事優先など造る行為そのものに対するものもある。造る行為について言えば、昼夜を分かたずの突貫工事もかつては必要であったが、土木がそのようにまでして社会に貢献してきた努力は忘れ去られている。だが、すでに時代は変わり、工事優先の時代ではない。例えば、普通一番よく目に付く道路工事において、歩行者や通常交通車への影響を避けることをもっと考えるべきである。地元住民にとっては工事が必ずしも善ではないのである。真っ昼間の幹線国道で理由もわからないままに一時間以上停止して、それが工事によるものであるとわかった時、炎天下の仕事と感謝する人がいるはずがない。

その上に談合、贈収賄疑獄など不透明感が重なれば、これは土木に対してイメージが良くなるわけがない。一時、土木と言う言葉自体がイメージダウンの主役かと思い、改名を真剣に議論した。そんな枝葉にこだわらず、土木にまつわる不明朗なことを反省し、また誤解があったのなら正しく説明するなどして、造る感性をせっせと磨くべきであった。また、アメリカの横槍を内政干渉と抗議もせぬままに策定された公共投資基本計画に浮かれ、確かに余計な土木造りに手を貸したこともあった。造る技術にうぬぼれていたから好機到来と捉えていた。土木の本質を考え、造る感性を磨いておれば、アクセルとブレーキを使い分けられたのにと残念である。

＊談合　現在は談合と聞けば即悪と杓子定規に決めつける。適正価格を操作する談合は、あってはならない。

公正な価格を害し、または不正の利益をうる目的で談合する場合は罪になるのであって、談合そのもの、すなわち協議することが禁止されることではない。土木のように大型で、参加者の多い仕事に談合がなくては良い仕事ができるわけがない。最適受注者を決める根拠を客観性が高いし、資本主義の原理で

昇開橋（福岡）．汽車を通した橋には今，隣町への人の足．待つ間，会議の場となる．

南河内橋（北九州市）．現実に日本でこんな形が見られるのは楽しい．

近鉄観月鉄橋（京都市）．列車と比べれば高さがわかる．横からはどっしり，列車からは腰高．

宇部興産橋（宇部市）．これは私の橋．私の橋でも見る者には公の橋．

元禄橋（赤穂市）．現在のトラスは素っ気ないが，古いトラスは楽しい．解析は大変．

吉野川橋（徳島市）．土木は必要悪ではない．外からの視線と内からの視線に応えればよい．

あるとして、最低価格に置くところに問題の根がある。むしろ、完成もしていない段階で、しかも品質評価法が準備できもしないのに、最低価格を持ち出す方が経済行為として異常と言わざるをえない。

本当の造る感性

造る感性とは人間性、社会正義、正当な自然観に基づき、期待される機能と実現するための技術課題を克服し、安全性の限界を見据えた上で、現在の財政事情と長期的に見た必要性に適い、対立する利害の調整力を総合的に含めたものである。表面的な見掛けの点だけで評価されることを目指すような美的センスを云々するのではない。

造る感性で重要なことは、造り上げようとしている土木そのもののみではなく、造るまでの手順や造る行為にまで広げなければならないことである。土木を正当に評価してくれないと嘆きの声をしばしば耳にするが、世間から見れば、できたもの、できるまでの手順、造っている最中のすべてが土木なのである。

できたもの（厳密にはできると想定されているもの）に論理があっても、できるまでの過程、すなわち施工には常に論理が発揮されるとは限らないのである。特に土木に経済原則が適用され、時代の要請からコスト縮減が必要以上に強調され、さらに過酷な価格競争を経ている時に、労働の質が低下しないとは言えない。これはあってはならないと非難するのは簡単であるが、その言は労働の本質を知らない者から出る。手抜き工事を擁護するのではないが、労働の担い手である人間には感情があって、工事への情熱や情念は労働の評価に影響されないとは断言できないのである。特に、美に影響する仕上げの質には、労働における微妙な精神状況が反映するものである。忘れてならないのは造る際の心理作用が質に影響すること、また特に留意すべきは質について定量的な判定基準がまだ用意されていないことである。

工程管理や工費管理はできても、管理して美が生まれるものではない。造る人間が造る悦びや誇りを味わえる状況にあって初めて質の向上が期待できる。だからこそ前章で述べたごとく、「土木のようにいまだ価値の確定しないものを対象にした経済原則は、現実的ではない」と言わざるを得ない。

例えば、土木なる専門課程を終えると技術者要員として社会に出る。そして造る過程で施工管理を行う。技術の関与がないとは言えないが、普通は基準どおりできているか、図面どおりできているかの管理とか、必要資材と人材の調達業務（むろん予算管理もあるが）であって、彼らが直接に手を下して加工する余地はほとんどない。そして質を高め、あるいは低くするのは管理にあるのではなく、直接手を下す作業員の技にあり、この技に作用する心理にある。図面との違いを修正するのは簡単であるが、この管理で質が良くなるわけではない。悪くならないだけである。彼らの技を引き出す環境整備が技術者の役割でなければならないし、そのためには技術者は、技術だけを極めればよいものではない。

労働が正当に評価されれば、質が絶対に低下しないか。実は、これも難しい。人間には怠惰な性分があり、その上勘定と言う欲もある。しかし人間の本性の一つに、自分の帰属する集団（ここでは社会ととってよい）への忠誠心がある。時代にそぐわぬ古い言葉と一瞥《いちべつ》する人は、人間不信の人で、美とか技術とか、まして土木はいかにあるべきかを語る資格はない。その忠誠心は簡単に養成できないから議論が込み入るのであるが、もし彼が帰属する集団に正義があるなら、エゴと無関係に忠誠心を持つはずである。言わば忠誠心は、その集団からの正当な評価の上に成り立つ。その評価は金もあるが、金だけではない。この意味では、土木の労働者不足を外国人で補おうとするのは安易すぎると言わざるを得ない。これは国際化を否定しているのではない。ただ国民性を考えない安易な国際化、過去を断ち切れない卑屈さからくる迎合的な国際化、人間性を抜きにした優越感に駆られた国際化に警鐘を発しているだけである。

第六章　美・醜

六・一　美学序論

美の定義

　土木や建築あるいは絵画、彫刻などを見て美しいと感じるのはどう言う時であろうか。人それぞれの体調、立場、精神状況や学習状況など様々の理由で変わるであろうが、その対象の色、形、大きさやこれらの組み合わせの純粋さ、完璧さや豪華さや巧妙さ、巨大さ・繊細さや素朴さ・丁寧さ、独創性や斬新さ、風土性などへ挑戦する姿に接して、また特に土木や建築では求められる機能を満たすための困難を克服する力学性や完成して得られる安心感など多くの要因が重なって、常ならざる感情、深い感銘、憧れ、心奥に潜む郷愁、模倣や再現への欲求などと言う思いや感動に捉われる時であろう。

　すなわち美とは、見る人の感性を刺激して、時には生理的作用さえも加わって、見る人にプラスの快感を生み出すものである。なお、マイナスの快感（言わば不快感や嫌悪感）を催すのは醜である。美学では美ばかりではなく、醜も同列に考えなければならない。

　美はギリシャ時代においては、対象物に内在する絶対的な普遍的価値と考えられていたようであるが、美の評価や効果において普遍性や一般性はない。が、人間の生理に働きかける効果からすると美への欲求は、人間が生来的に持つ基本的欲求の一つである。

「美は美によって美となる」と要約できるソクラテスの美を少し詳しく紹介すると、「美それ自体の存在と関与がなければ、何ものも何かを美しくすることはないと言うことは、私の知るかぎりまったく単純で当たり前のことなのだ」と述べている。[1]が、これではあまりにも抽象的である。本来美を見る目は全く自由で主観的でよいのに評論家が活躍できる由縁でもあろうか。ソクラテスに倣《なら》って「美は権威によって美となる」といっても、美と言うものの一側面は語れても、美の本質に迫ることはできない。また作り出す際の手助けにもならない。かつて日本経済がバブルに沸いていた頃、ゴッホやルノワールの作品を驚くような高値で購入して話題になったことがある。本来これらの価値は換金できるものではないが、この例などから「美は価格によって美となる」と言ってもよいほど、金が美の判断基準になっていたのではないかと、邪推できなくもない。プラトンは、あらゆる美の根源には「本質的な美が存在するはずであり、それはまさにその存在によって、もろもろの事物を美たらしめるのであり、両者のあいだに何らかの交流が生ずるがゆえにわれわれはそれら事物を美と呼ぶのだ」と指摘するものの、それが何であるかをやはり明瞭にしていない。[2]原著に当たりもしないで批判するのは適当ではないが、原著を当たる力もないので美学者から紹介される片言に従う限りでは、ソクラテスもプラトンも美について茫漠としたままで、明確に答えてくれない。

美学事典は、美の定義として「ある物ある事態の完全性もしくは価値が、端的な形で直感的にもしくは直観的に、快や感嘆の念をもって把握された場合の、その完全性を云う」[3]を掲げている。後述するように、完全性は人間の脳の生理からは否定される側面を持つが、土木のように人間にとっての有用性を最高の価値とする分野では、これは有力な手掛かりになる。

「美は自己目的的な、内包的な価値であって、われわれがある対象に美的価値をみとめるときは、それをそれ自身に内在する固有の意義によって評価するのである」[4]。この竹内敏雄の定義は人間がある目的をもって作り出すすべてのものに当てはまる。種々の機能を課される土木を対象とする場合はわかりやすい。問題はいかにして固有の意義、すなわち課された機能を実現するかにある。また例えば、橋のような実用品であっても機能に関係のない美があるが、それらについては別に触れる。

「美とは均斉あるものの知覚によって喚起される快感なり」[5]もある。端的であるが、奥行きが少ない。

美を創る

人から認められる美を創り出すのはどうすべきか。

絵画、彫刻などの美術工芸作品は、人間を含め自然を写し取ることが多いが、何を描き、創るにしても一切の制約から独立して、作者の内なる思い、技量・技能と感性と嗜好（これらを併せたものをものを簡単にセンスと言ってもよい）によって自由に描き、創る。基本的には社会との繋がりを考えなくてもよい。しかし作者の内なる思いは、作者の意図どおり表出できているか、そして受け入れられるかどうかは別として、強く社会へアピールされる。世間の評価が作者の生活に直結する場合は、その意図に反して時代の流行に従うだろうし、収蔵展示される時などでは社会性が必要となる。権威と無関係と思われがちであるが、賞と言う評価システムから離れることも普通はあり得ない。あくまでも作者個人の意志と能力が創作の原動力であるに違いない。

＊裸体芸術　作者の自由な思いによって創られる芸術作品であるが、少なくとも不特定多数の目に触れるものには公序良俗を乱さないとの最低の制約は必要である。街角にやたら女性の裸体像が氾濫している。例えば、東京都庁の都民広場に一〇体程度の彫刻が展示されていて、半数以上が女性の裸体像である。橋の袂に裸体像が据えられていることもある。

ミロのビーナスなど女性の美は昔から芸術家のモチーフになってきた。魅力ある美である。一七世紀のヨーロッパでは、美はすなわち美しい女性を意味した。黒田清輝は、西洋を学んだ総決算、すなわちヨーロッパ人の目を持って世界をながめたいとして裸体画を描いたそうである。明治二八年内国勧業博覧会への出品には大反響があったが、同三四年には裸体画腰巻き事件が起こった。作者はまだしも日本人はヨーロッパ人になれなかった。この行き違いは、遠くギリシャの時代から、いわゆる人体そのものの美への憧れを追求する伝統を持つ社会の一局面の模倣のみでもってヨーロッパ人になれると考えたところにある。はるか彼方の西域から裸体美女ではなく鳥毛立女屏風に見る樹下美人図を選んだ天平人の感性の生きる日本であったのである。まことに、美には社会性がある。

現在、街に溢れる女性裸体像の氾濫は、作家の思いより展示を決めた当事者の判断である。美であれば、どこに展示してよいものではない。これは独善の美による環境破壊である。テレビの「表現の自由」をかさに着た異常なほどの節度のなさ、文化人と称する写真家や商業主義に凝り固まった出版社の無節操。規制緩和流行りであるが、社会的責任の自覚もなく、自己規制もできないところに自由などない。

次に、土木を造る時は何を考えたであろうか。これらには作者の主観そのものといえる美を目指す芸術作品とは全く異なる要因が制約として数多くある。社会要請からくる機能性、自然の摂理に適った安全性（力学性）、財源が乏しくても多く造れるように経済原則、材料特性を自然の中に活かす技術や施工性、早期供用性や他との整合性など様々ある。これらはすべて制約となる。制約が多いと個性が発揮しにくいかに見えるが、単に制約の多いことのみがその障害になるのではない。むしろ公共性を安全であり経済的であって、しかも「万人から好かれること」と強く意識するあまり、自らが自由度を小さくして、在り来りの土木となるのである。特に強い個性を嫌う日本人の体質が影響していることもあろう。

土木は美を本来的に持っている。追い越せ時代にはこれを拠に少ない財源の中、遮二無二に土木を造って社会の要請に応えてきた。しかし社会の成熟に連れて、これからの土木にはもっと積極的な美が求められる。

土木の美と醜

建築家芦原義信氏は、「戦前には橋の文化性や美意識と言うものがいささかでも存在していた。戦後は単純な機能性や合目的性の追求と言う技術至上主義によって建設されてきた」と述べている[6](要約)。今各地に残されている明治から昭和初期の土木を見ると、一幅の名作にも匹敵しそうな、気迫溢れた丹念な造りの土木が数多くある。芸術家が己の作品に命を吹き込もうとするのと同じように、全身全霊で完成させた当時の設計者や施工者の意気込みを感じる。芦原氏の指摘が、土木が在り来りの大量生産方式に近い手法で様式美を損ね、景観美を損ねたと言う点にあるなら、これは戦後日本の高度経済成長をもたらせた技術全般に通じることで、土木のみに責めを求められても酷《むご》すぎる。

むしろ、美の追究は人間の基本的欲望の一つではあっても、それには命の存続と食が満たされていること、すなわち安定した生活が前提であることを忘れてはならない。戦後は何もなかった。極端に言えば食のためには、美はもちろん魂さえ犠牲にせざるを得ない状況にあった。その日暮らしの中で明日への展望を描き、苦しい財政をやりくりして、道路予定地だとアメリカからの道路視察団に揶揄されても、社会のための土木造りに邁進した。確かにその頃の俄造りの土木がまだ意外に多く残っている。初期の都市内高架橋には本来的に酷《ひど》いものや、痛みや汚れの酷いもの、安易な補修跡の酷いものがある。しかし、乏しい財源の中で産業優先策なくして今の日本はなかった。これを抜きに批判しても詮ないことである。

ところが、先日浄土真宗のお坊さんの法話を聞く機会を得た。法話の最後に、ある女子高生の詩を紹介された。以下は詩の概要である。私の好きなものと言うことで始まった。最初に高速道路が出てきた。それで俄然集中して聞き始めた。続いて排気ガスで汚れたスモッグ、悲惨な交通事故。ここに至って、期待が覆されると感じ始めた。続いて、ゴミ、血みどろの戦争。愕然となった。後、二、三の言葉が並んでいたかもしれない。その詩の末尾は、このような血も涙もない私の心をお救いください、と結ばれていた。お坊さんの意図は魂の救いにあったであろう。他の聴衆がどう聞いたか知らない。いずれにしても、彼女にとっておぞましいものの真っ先に高速道路があげられたのが実に残念であった。

満たされた者の贅沢。社会的な目や歴史認識の欠如。その詩に抗弁できる。しかし経済性を優先するのは、単に造る者の論理である。彼女のような純真な直観からの声に応える心が必要なのも事実である。社会資本の整備において、いつまでも経済性が前面に出ていては、美は創れないし、自然や環境をまもれない。貧しい時代の貧弱は恥ではないが、豊かな時代の貧弱は恥さらしである。

美は昔から数多く論じられてきたが、美と同じく重要な醜を取りあげたものは少ない。「美要素のきわめて少ないものは醜である」[7]を見る程度である。先に不快感や嫌悪感を催すものは醜と言った。具体的に言うと周辺から浮き上がっているもの、奇を衒《てら》いすぎているもの、なくてもよい余計なものなどは多くの人にとって間違いなく不快感の因となろう。草木が繁茂し、塗装が剥げ落ち、コンクリートが剥離して、見るからに無惨な姿で死を迎えるのを待つように放置されたのも醜である。街中の中小橋梁は、よく利用され多数の目に晒《さら》されるにもかかわらず、あればよいだろうと言う安易な補修、排気ガスによる汚れ、放置したままの錆や水の流跡や落書きなどが放置されている。まことに醜である。

この点、「在り来り」や「平凡」は難しいところにある。「在り来り」に抵抗するだけで主張もなく新規さを強く出すと奇を衒いすぎて醜になる。「在り来り」は厭きないと言う。美醜の判断がわかれやすい。物事の一側面だけ捉えると造り手は美と言い、受け手は醜と言う。土木がその「在り来り」の醜を造り、周辺から浮いた醜を造っていないか常に省みなければならない。

美と倫理

倫理は個々人の生きるための内なる拠であって、絶対性も普遍性もない。土木の要件たる公共性は集団としての掟である道徳が担っていると考えられるが、これは常に正しいとは言えない。個々の倫理の集合が公共である。だから土木を造る際も見る際も使う際も、客観性はいらない。名誉心溢れる野心作さえもが、それが時代に適い担当者の倫理に即しているなら造り得る。見る人間、使う人間の倫理との葛藤が起こり、時には造る人としての資質欠如を露呈することもある。また、見る人間、使う人間の特定の倫理から許容されない土木もあるが、公共性が造り手の倫理を支援して、使い手の独断振りが指弾されることもある。面倒に見えるが、造り手の主張が使い手の心に能動的に働きかけて感動を起こすのである。これだけが技術と美の結晶たる土木に普遍性や歴史性を持たせる王道である。なぜなら道徳観に適う土木は単にその時代の集団の掟に適うだけであるからである。豊かな時代の土木には、適正な自然観の他に、信念と知性と鋭い感性からの美と技術が求められる。しかし現実の評価は気紛れ、断片的思い付きからくることがある。

保津川（亀岡市）．橋は梯（かけはし）．梯子の橋．嘴の脚．原色が山に映える．

白須川橋梁（山口・阿武町）．今は山中，今は浜…の世界．子供に感動，開業時は大人が感涙．

趙州橋（中国・河北）．この恐ろしくて素晴らしい妖怪どもはなぜ通行者を睨むのか．

永通橋（中国・河北）．川面を睨み付ける妖怪に課された役割はわかる．が，川は干上がった．

鍛冶橋（高山市）．日本の橋では数少ない手長妖怪．対面の足長妖怪と目線を合わす．

祓川橋（福島市）．波間に漂う亀（反対の要石に鶴）．瑞祥の橋を移設して活かす．

六・二　技術美

土木は与えられた機能（利用者の安全も含む）を果たしつつ、それ自体が安全に存在し続けられねばならない。必要性に応えられ頑強で有用であれば存在できる。ところが、「『ひとは有用なるものおよび必要なるものをもとめるときは必ず美なるものを目指している』と言うアリストテレスの美は人間の理性と一体なのである」[8]（要約）との言に従うと、実用の土木にも美なることが課され、かつ期待されている。しかもその美は人間の理性と一体であらねばならないとのこと。理性的美とは理解しにくいが、この美は無意味な美ではなく、生活の必要性を満たすものが持つ美、すなわち機能美と考えてよい。

ドイツ・デッサウにあったバウハウス（造形学校）では、徹底的に装飾を排除した機能のみを追求して得られる形にこそ美があるとする考えを造形における基本理念としていたそうである。おそらく力学に依存しなくても得られる造形ではこの生き方もあり得よう。

また、竹内敏雄が「技術美は、所定の目的にかなった機能が活発な力の充実と緊張をもってそれに適応した形態に直感化されるところに成立する。合目的性そのものではなくて合目的的機能の力動的表現が技術美の本質的契機なのである」と定義した技術美[9]は、ある目的を課された土木にとっては、竹内は塔と橋を取りあげているにすぎないが、満たすべき力学性などからくる構造美と考えてよい。与えられた機能を実現するために必然的に成立し得るものと考えられる（実現の仕方やさせ方が唯一であることを意味するのではない）。この美はことさらに意識も主張もしないで得られる結果としての美、言わば消極的な美と言えよう。

ここでは社会的要請に応え得る機能性とこれを現実のものとするための力学性の二点を満たせば、所用のものが存在できること、その存在を担保するのが技術であり、技術美であると捉えられる。このように造られる土木に対して、用強美と言われる。

アリストテレスと竹内が言う美（機能美と構造美）は、存在の美であり、彼らに従う限りこれは論理の美である。言い換えれば、代替の余地のない美でもある。美に代替の余地がないと言うのは決まった形に対してであって、存在の形そのもの（すなわち、形式）には、普通は、特に今日では使用可能材料や工法が多彩、多様であるから、多様な選択の余地があることは言うまでもない。

しかし、価値観の多様化した今日、科学や技術の進歩で用や強に対する自信ができたとしても、それが作る消極的な美ばかりで満足することなく、造り手として美について主張を持たねばならない。また、土木の責務が用と強を適えさえすればよいのではないことにも注意しなければならないし、社会の土木に対する捉え方が変化していることも忘れてはならない。

これまでの土木の美は、力学に付随するものと考えられてきた。醜には客観があるが、美には客観も普遍もない。むしろ美は個性や差別化を目指す。すなわち美は均一や統一からの逸脱において発現される場合が多い。ところが力学は個性を排し、統一を目指す。哲学界からの声に応えるためにもこれからの土木において、「力学は美に従属する」と考えよう。現在の力学は、たいていの造形の解析ができる。土木においても造形者と解析者と環境評価者の役割を分担し、それぞれが別々に評価される時代がきた。

思えばほとんど力学が頼りにできなかった時代にも、人間の要請に応えて土木は造られてきた。おそらくその存立のための力学を探し求めて、他の何ものをも省みる余裕などあり得なかった頃の土木に向き合って感じるのは、決まって美である。それも力学や機能だけが作り出すような消極的な美ではない。積極的な美である。自然の中に巨大な人為物として存在するものは調和ある美でなければならなかった。造り手の誇りをかけた決意と主張と責任が美に昇華したのである。

＊主張あるものに魂あり　明治から昭和初期の土木が力学や経済性などに関係なく自由に造れたとは思えない。にもかかわらず、水路閣、二股眼鏡橋の横に架かる鉄筋コンクリートアーチ橋、白須川橋梁、王子橋、羽淵橋、神子畑橋、余部鉄橋、立野鉄橋、近鉄のトラスなど、社会の要請に応えたいとする主張が、力学や技術の困難さを超えたところに魂を吹き込んだかのようである。

明治維新になって殖産興業を国是として一刻も早く西欧化を達成すべく工部省工部寮に、東京芸術大学の前身となる工部美術学校が開校された。これは機能を満たすものつくりの担当が工、そのものの美の担当が美術と規定していたことを意味する。明らかに工作物は機能と美を備えていることが前提になっていたのである。これも新時代への主張である。

純粋性：数学的論理・明快さ

濱田青陵はイタリア・フィレンツェのアルノ川にかかるベッキョ橋について「『キクロイド』形の『アーチ』三個は洵に調和もよく、稍々反り気味の橋路も良いが、若橋上の廊屋が立面に於いて更に多少の変化を示して居れば、一層面白かったらうと思はれる」と言い、聖トリニタ橋について「其の三個の『アーチ』は『キクロイド』形の美はしい曲線を見せ、中央と両端とは大きさに相違を示している。凡てに於いて学術の造詣と、美術的成功とを併有して居る此の橋、・・」と両橋の数学曲線の純粋性に絶対の美を見出している。[10] しかし「我々の最も恐るる橋は、いわゆる『科学的の遊戯』[11]によって作られた橋と、費用を節約した安物の橋である」と釘を刺すのを忘れてはいない。後半の安物の橋はよく理解できる。しかし科学的遊戯によって造られた橋とは、表現として面白いが、当時としては具体的に何を指したか興味深い。現在では、土木に地域性や個性を出そうと、斬新な試みが行われる。例えば、耐久性の点で一時姿を消していた木橋が相当大規模なものまで出現している。リボン橋がある。奇天烈なタワーを持った斜張橋がある。今日では種々の材料があるので、材料特性を活かせば力学や論理で決まる必然の形にも、様々な形があり得る。

　数学曲線が好まれる理由を、タウトは「力学的な線の持つ科学的論理性が観る人の心に直接伝えられるからこそ、我々は構造に表現された人間の思惟の明晰を喜び、美と感ずるのである。エッフェル塔やアーチ橋では特にこれが著しい」[12]と述べている。

完璧さと完璧の中の揺らぎ

　タウトは論理的力学美に関して、次のような留意点を述べている。人間は「直線にせよ円或は立方体にせよ、絶対に純粋な線や形は見る目を不安にして落ち着かせないし・・好まない。・・健全な眼は数学的基本形のみからなる構築物を本能的に嫌悪する」[13]。おそらく単純な幾何学的な線、面、立体はそれなりの完全性と言う美を持つものの、人間の目と言うフィルターを通して得られる知覚は、単調さとか緊張感が退屈感あるいは逆の窮屈感をもたらすのではないだろうか。機能主義を信奉したタウトの、人間の求めを直截に表した機能主義一点張りの持つ余裕のなさに対する人間の拒絶感を知り抜いた反省であろう。現に、我々人間は完璧さを好むのは事実であるが、完璧の中にごくわずかの歪みを発見した時の、安心感や解放感をしばしば体験するのも事実である。

　完璧さそのものが人を心地良くするのではなく、「完璧な中の揺らぎ」が安らぎや心地良さや美しさを与えるのは、人間の脳の働きから説明できるようである。「脳に欠陥があると、心拍はメトロノームのように規則正しくなり、脳波は機械が作り出したように綺麗な波形となる」[14]（要約）があった。これからすると完璧さは人間の脳の生理に適合できないのである。

＊床柱と揺らぎの美　日本建築における装飾性の高い柱に、床柱がある。材質を選び抜き、磨きをかけと床柱への執着心は強い。直線にしろ曲線にしろ（面も同じ）完璧性が好まれると同じ程度に、木の成り行きのままの歪んだ曲面、ひび割れ、節くれや虫食い跡さえが好まれると言う事実（材料固有の性状に適応するべきことは文献[15]）にも気付いた。これは完全への拒否である。機能性や力学性には全く関係のないこれらの歪みなどの不完全性は意図したものではない。「完璧な中の揺らぎ」で説明できそうである。

　ギリシャ建築以来ローマ以降まで引き継がれた石柱のエンタシス、法隆寺回廊に見る木柱のエンタシスは、なぜに時間をかけて加工され、長く引き継がれてきたかを、機能性からは説明できる理由を持っていない。同じ太さにした場合は平行線を作り出すが、ごくわずかの可能性をあえて言えば視距離の関係で中太りに見えるはずである。その平行線の完全性に対する拒否感であると言うのは、こじつけに近い理由であると排除しようと思った。エンタシスは柱列、柱廊の柱に施されるもので、一本だけの独立柱では施されない。多数の柱列を正面から見た時、もし平行柱なら背景色によっては、円柱の中央部がくびれているように見える（錯視）のを防ごうとしたもののとのことである。筆者には目が良くもないのに実物どおりに先端がくびれたようにしか見えなかったのが残念である。ともあれエンタシスは、強い意志の下で歪みを作ることによって、揺らぎのない完璧さを求めたことになる。タウトがこのエンタシスにいかなる反応を示したか興味がある。実のところは完全な平行線群に歪みを作りだして見かけの完璧性を仮想したのではないだろうか。

石の橋が人の心に呼応するのは、重量感や色彩もあるが、表面や目地が規則性の中で揺らいでいて、完璧でありながら、完璧ではないところにあると言えよう。

巨大さ長大さ

フォース橋やエッフェル塔は建設当時、未経験の長さや高さを何としても克服するとの強い信念の上に、当時の先端技術を総動員して達成されたものである。解析手法や解析機器が進歩し、材料特性の把握が進み、また新材料が出現し、高度な施工技術が手にできた現在から見れば未熟な部分もあるし、無駄な部分もある。しかし土木の美はそれを実現に駆り立てた時代背景や個人の倫理を抜きにして語っても意味はない。すなわち単純な懐古趣味を排除すると共に、現在の高みからの批判を排することが土木美の評価の基本である。

六・三　美の実践

美学の対象は美なるものを前提として、その拠ってくるところに最大の関心があるようで、鑑賞者としての所論が多く、造り手や造る上の具体的な方法論は少ない。考えてみると造り手はあくまでも特定のパトロンあるいはパトロンたるべき不特定を想定して、より気に入られるよう、すなわち客観たるを願いつつ強烈な主観で製作し、評価を待つ。大きな評価を得た造り手の主観が客観となる構図であった。こうして流行が生まれ、様式となったものさえある。したがって美の構成についてのノーハウは、あったとしても、言わば企業秘密とされたに違いない。ここでは美の実践のための基本的事項を考える。

美の規範

子供は他の子供を意識する。そして「先生から褒められたい、みんなに誇りたい」一心で、上手な子の作品に憧れ、真似たいと思い、越えたいと思う。ついにはその子自身が憧れの対象になる。これは子供だけではなく案外大人も、芸術家も技術者も事情は同じである。

何かを描き、作る場合、規範たるものがあれば、果たして越えられるかどうかは別にして、ことは簡単になる。

未熟なものが早く上達するための手本、見本のようなもので、模倣ができさえすればよいからである。模倣であっても元にないほどの完璧さであれば、評価の対象になる。イタリア・フィレンツェの聖トリニタ橋と、これに隣接するベッキョ橋の関係である。この場合は、聖トリニタ橋の設計者にとって、ベッキョ橋が明らかに規範となっていた。清州橋と遠くケルンの鎖橋の関係である。

　ただ、規範にこだわるとすると、逆にこれが大きな制約となって、個性が発揮されないし、新しい展開への道を閉ざすことになる。その規範と言う制約からいかにして解き放たれるか、規範から飛び出して個性溢れる創作が可能となるかは、社会性や人間性、自然観など造る感性がそのエネルギーとなる。お稽古事における習離破と同じ事情にある。基礎訓練と主張が要件である。

　例えば、建築では、様式と言う規範から逃れたいとの一念が、歪んでいるとか、野蛮だとか酷評されながらも、新しい創作を作り出した。しかもその新様式は、後世また一つの規範としてのゴシック様式となった。これを皮肉ととるか、美の本質（絶対性は少なく流行に流される）ととるか。規範からの逸脱を顕わす形容詞であるバロック（もともとは歪んだ真珠を意味するポルトガル語）なる言葉が一七世紀の建築に用いられた。現在では、これはまた価値判断から独立した様式概念となっているし、一七世紀全体を指す時代概念としても使われる[16]（要約）。

建築の依頼者が社会の上流部にいた当時、彼と力学性（材料特性の把握や施工性についての経験も含む）が建築を作る上で絶対であったし、制約であった。しかし上流社会の保守性が、台頭してきたインテリ都市市民の人間性・革新性に取って代わられ、それまでの規範が規範たり得なくなって、後世新様式として承認されるほどに、各地で計画され、実現したのであろう。当時手にしていた力学性は今に比べれば貧弱なものであったに違いないが、神の庇護と規範からの脱却への飽くなき挑戦が、より高く、より大きい建築の実現を可能としたのである。ドイツ・ウルム市の天を突き刺さんばかりの大聖堂がそれを語っている。技術的発展は、規範と言う反面教師を得ることによって達成される面があることを示している。

＊様式の美と新規性

　あるチェンバロ奏者は「初期バロック音楽は、ルネッサンスから離脱しようと、ものすごく革新的で、斬新でした。対照的に後期バロックには整理整頓された形の美があります。形といっても、枠にはめて規制しようとするものではありません。形の中でいかに冒険してエキサイトした音楽を作るかが重要です」とバロック様式の既定作品そのものを種に演奏活動している中で感想を述べている[17]。聞くべきは「形があるから自由さが生きるわけで、そこに演奏の妙がある。その時必要になるのが知性と気取りである」で、豊かな時代の土木にとって、まことに示唆ある発言である。

　安全上では忌避される「慣れ」が、意匠面では規範となることさえある。無意識の伝承意欲の現れと考えられ

聖マルチン橋（イタリア・アオスタ）．急勾配河川の激流を受け，土石流からの守護をマリアに託した．

錦川橋（韓国）．韓国の橋は妖怪の舞台．まず，中央橋脚壁石に．

錦川橋（韓国）．水切り石を兼ねた亀．耳石にも，子柱にも，実は橋の裏にも妖怪．

虹橋（韓国）．要石中央に川面を睨む妖怪．この妖怪の使い方は韓国独特らしい．

セゴビィア水道橋．悪魔が造ったと言われる橋の天辺にマリアが祀られている．

コルドバのローマ橋．通行者の祈りの多さが，彼女の足下に垂れた蝋に顕れている．

る「慣れ」から脱却するには、身に付いた癖を直すのが簡単ではないように、よほど強い意志がなければならない。しかし、新しい展開のためには何としても「慣れ」を越えねばならないことがある。この意味で「慣れ」は確かに規範的である。例えば高階秀爾は、建築に関する技術と芸術を論ずる中で、「エッフェルは新技術の可能性を具体化するため離れ技を演じた。建設直後は怪物の醜悪さを批判された。美感は絶対的ではなく趣味の差・・世代の差が現れる。ついには造形上の新しい美と評価されるに至る」と述べている。[18] 歴史の皮肉や美の曖昧さととるより、「慣れ」の規範性ととれよう。

似たようなことは日本にもあった。昭和三〇年代後半に起こった京都タワー事件である。計画が発表された時その醜悪さが古都に馴染まないと京都は沸いた。しかし設計者が建築界の権威者であったためか、ほどなくしてできあがった。当初はビルの上に建てると言う「高さ」の実現の仕方において違和感があったし、いかにも人工的に整い、のっぺりした曲面と、仏教都市としての象徴性を課された不自然な形と色に馴染めなかったが、しばらくして批判も消えた。その際、設計者の権威が規範であったとは思わない。市民が「慣れ」たのである。慣れが規範となったのである。

***慣れの美と模造品**

これまでの京都の持っていた「慣れ」に挑戦する試みが続いている。最近は、この京都タワーに対抗するかのような巨大な「駅ビル」が完成した。京都を離れて永年経っていたこともあって、できるまでの反応について詳細は知らない。そして、「高層ホテル」も結局建設された。ただ、鴨川にパリの「芸術橋の模造品」を造ろうとする動きは挫折した。ケルンの鎖橋を模倣したとされる隅田川の清州橋は、周辺への収まりもよく素晴らしい名橋である。○○にあるから良いとか悪いと言う相対的な判断基準に基づく限り、美の創出はあり得ない。

広告塔としての意味しかなかった大阪道頓堀の初代通天閣は「エッフェル塔の模造品」であったことが市民の「慣れ」を訓育し、その初代への慣れが現在の通天閣を待望した。固執するもよし、越えようと挑戦するもよし、「慣れ」はやはり規範である。

多様と統一

スイスの街並みの写真をぼんやり見ている時は、よくこれだけ同じものを密集して作ったものだ、よくこれで飽きないし、家を間違わないことだと呆れていた。屋根は同じ形の黒、壁は白、壁の縁取りや筋交いの木は黒。全体的にはヨーロッパでよく見掛けるもので、日本風に言えば山小屋。しかし丹念に見ると完全な思い違いであった。同じ切り妻に見えた屋根は傾斜が同じようで同じではない。煙突の位置も大きさも違う。雪止めがあり、またなし。屋根から突き出る窓があり、またなし。白壁のアクセントとなる黒い木の水平、垂直、斜めの桁や柱や筋交いは太さや間隔が違う、角度が違う。非常によく似て、非なるものの集まりであった。それでいて、たとえ遠くに白銀の嶺がなくてもそこはスイスとわかる。日本の集合住宅の統一性とは全く違う。

前提が同じであろうが、異なろうが、多様と統一、調和と破綻、類似と独自は美を目指すにしても、評価するにしても重要な概念である。そのうちの、多様と統一は、特に「多様における統一」は、プラトンが言い、ライプニッツが言ったというも、一般的な概念であって、その起源を特定できないとのこと。[19]

一つとして同じことのない種々の制約のある土木では意識しないとばらばらのものを造り出しかねないが、同時に状況（社会の要請、力学、おまけに資金不足と全国統一の規準）が似ていることから同じものばかりを造りかねない。このような土木では、企画者や設計者に多様と統一について強い意図が必要であり、それを支えるシステムが必要である。

中国・江南地方にある放生橋、宝帯橋、江村橋、楓橋および呉門橋（付近にはもっと多くの類似橋梁があるし、また逆に全く異なる迎祥橋がある）は水郷地にあって、ルートによって運河の幅が異なり、航行船舶（かつては曳舟の他に帆掛け舟があった）の大きさや用途や数が異なる。共通するのは地盤が軟弱なこと、流水速度がきわめて緩やかなこと、船舶航行を考慮しない橋はあり得ないことである。橋のサイズが異なると形式が異なるのが珍しくない中で、その造り方に強い共通性がある。この「多様な状況における統一性、一体性」は地域性がもたらしたものである。

市内交通を小型船舶やゴンドラのみに制限しているイタリアのベニスでも、リアルト橋を代表として数多くの橋梁群があるが、陳腐化を避ける強い意志も働いて様々の橋がある。しかし統一感がある。

スイス・ベルン市の街中を深く抉って流れる川にかかる橋群は、地盤も河川状況も地形も、街中の橋としての性格もほとんどすべてが同一であると言っても過言ではない。この川にかかる橋で、歩道橋を除く六橋を視察したが、すべてアーチ橋で、そのうち二橋はアーチ石橋、他にコンクリートリブアーチや鋼トラスアーチなどがある。類似における多様性が現れている。

流水に弱いシラス地帯を流れる鹿児島の甲突川にかかっていた甲突川五石橋といわれた多スパンのアーチ石橋群は、同一棟梁によって同一時期にかけられた特異な橋群である。類似における統一と同時に群における多様性を強く意識して、架設されていた。

＊統一と多様　地形・地盤、河川条件、材料、技能者、利用状況が似ている場合は、似た構造物になるし、また経験からしても同じにしておくのが安心できる。その中でいかに独自性を求めるか工夫のいるところである。鹿児島の甲突川五石橋は架設条件、材料や形式から石工、建設時期や棟梁までが同じだから、同じ橋になるのが普通である。「多様な状況の中での統一」は美の最高の基本原理と言うが[19]、甲突川五石橋では「類似した状況の中での

多様」を実践していた。しかも美的観点からしても優れた工夫が数多くある。群の中で秩序を保ち、かつ個性あるものとして、統一性を二重アーチ風扇積み壁石や耳石の突き出しに、多様性を水切り、橋面敷石、高欄に現した。構造形式は異っても、この美意識は学びたい。琵琶湖疏水のトンネル抗口の多様性も田辺朔郎独りの仕事である。ウィーンのドナウ運河に同一設計者による橋梁があるとのことである。

一般に都市部の河川に架かる橋は同じような状況になることが多い。パリのセーヌ川、ローマのティベレ川、フィレンツェのアルノ川、東京の隅田川、長崎の中島川などには建設時期が異なるので、技術の進歩（材料特性、河川流量、架設技術）による成果と時代の流行、様式を取り込みながら、前作との統一性、逆の独自性を意識して造られてきたと考えられる。

力学体系も技術体系もなく、まして伝承システムも不十分で個人の経験が次へのエネルギーであった昔も、力学や技術が体系化され教育を通して普遍的知識が普及しても安全性や経済性に押されて均一化傾向の強い現代も、「多様における統一」を金科玉条にしていない技術者のセンスと意気込みは学ばねばならない。

ところが、濱田青陵は「隅田川の如く、加茂川の如く、淀川の如く、市街の緊要部を通過する河流に架せられる並行した多くの橋は、その一個々々のみならず、之を川全体として考えねばならぬ。即ち各橋梁は単調を破って各変化を試みながら、而も其間に突飛な不調和はあってはならない」[20]と言い、加藤誠平は美学における根本原理たる多様性の統一を真理であるとして「橋梁は之を美的対象として見る場合、それを構成する各部材・橋脚・橋台其の他環境の総てを含む各要素から成立っていて、その要素が複雑で数が多いほどその多様性も大であるが、橋梁の美的構成も亦その多様性の統一、換言すればそれ等の要素が或る一つの一貫した何物かを以て纏められた時始めて其所に美的構成が得られるのである」と言う[21]。おそらく近代土木が初めて受けた関東大震災と言う災難から一刻も早く復興するために力を尽くしたであろう両人にとって「多様の統一」は効率を追う上で一つの規範として、認識され、用いられたのではあるまいか。

同じ川筋にかかる橋は、地盤特性、地形、河川特性などの自然環境だけではなく、利用状況もよく似た状況であることが多い（歩行者専用橋は例外。路線線形の関係からくる曲線橋も例外）。したがってその川筋にかかる一群の橋は、力学性からは、近くにあるほど似た橋になっても不思議ではない。この意味では道路や鉄道を跨ぐ跨線橋群も同じ事情にある。この場合あえて同じものにするか、逆にあえて異なったものとするか。中をとって基本は同じで細部で差異を付けるか。その橋に求められる機能性と力学性だけでは決まらない事柄である。

しかし島嶼を経由して海峡を渡る場合は、川筋にかかる場合と異なり、天草五橋、本四連絡橋などに例があるが、地盤や地形、水深、潮流、距離などの自然状況が異なり、航行船舶も違うことが多いので、格別意識しなくても結果的にはかなり異なった独自性のある橋となる。

ハイウェーの跨道橋はその下の道幅が同じだから同じになりやすい上に、経費節減を意識しすぎると完全にワンパターンとなることがある。走行車両から見ると、橋の奥行きは視認しにくく、橋の性格（歩行者用橋、国道橋など）がほとんどわからない。ところが歩行者用か、国道用かで桁や橋脚などに違いが出るものだが、スパンが同じだし橋脚位置も変えにくい。しかも高速走行だから跨線橋の通過頻度が高く（街中と山中での違いはあるが）、細部よりパターンしか認識しにくく、類似点ばかりが印象に残りやすい。しかしハイウェー自身の橋は野を越え、谷越え、川を越えるのでこれは全く別である。

統一や均一は陳腐で在り来りとなり、純粋・完璧は変化に乏しくなって、飽きがくることを知って、対称性の打破や、完璧の中の揺らぎさえ実践していたかつての技術者らは、統一・均一になりやすい状況（同じ権力者、同じ棟梁、橋なら同じ川筋・同じ流量、同じ時代）においても、なお多様性を追求したことを今に生かさねばならない。そのためには、例えば路線として、流域としてあるいは街として共通のテーマを掲げた上で、統一感のある多様性あるいはそれぞれの場に調和する多様性を、行き当たりばったりではなく、かつ流行に流されないで計画し、実現したいものである。

借景・景観

アリストテレスは「一般に、技術は、一方では、自然がなしとげえないところの物事を完成させ、他方では、自然のなすところを模倣する」と言い、カントは「自然は、それが技術のように見える場合に美であったのだが、技術は、それが技術であることをわれわれが意識しつつも、なおそれが自然のように見える場合にのみ美しいと呼ばれうる」と言った[22]。カントの技術は芸術を想定している。自然と人間を取り結ぶ技術を使命とする土木では当然力学的側面に無関心ではおられない。しかしここでは土木のもう一つの側面たる自然と技術の関連について視覚的側面や美的側面に的を絞って考える。

人間が直立歩行し始めて以来、屋外で通常の日常活動を行う時の視線は水平を中心として多少上下に、どちらかと言えば下に振れる。この視線の行方がどこで止まるか、何を捉えるかを考える。日本には盆地ではなくても山の見えない街はない。日常の遠方視線のほとんどは山で遮られる（常に山を見ている）。また、生活視線は変化に富んだ地貌を捉えるから、日本では場を簡単に特定できる。このような日常視線の捉える豊かな日本の自然は、自然のように見える自然であって、これは常に自然への適応性を考えてなされる人為のなせるもので、すべて自然的人為である。

例えば、山や野は本来、自然依存性の強いものであるが、生態、立地、資源、現象の点で人為を否定できないし、川や谷についても同様である。そして生産性、可住性の点では下流になるほど一般に人為依存性が高くなる。人為依存性が極度に高くなる街ですら、街道、田畑、水路、社寺、家屋、庭園など何をとっても日本では自然と完全に決別することはしなかった。これは日本人の自然観からきたものである。日本では人間生存の場としての街を結果として自然から切り離してしまうような巨大で頑丈な城壁なる人工境界で囲む必要はなかったこともその理由であると考えられる。

日本の人為が自然と離れてあり得ないことは、人為依存性の高い街並みや家屋の造作、例えば、生け垣、軒、土壁、縁側、格子戸・障子戸などからわかる。これらは自然と人為の遷移域とも言えるが、むしろ融合域であって、どれも風雨を遮ると同じ感覚で自然を忌避し、遮断すると言うものではない。風を活かし、光を活かし、水を活かし、湿気を活かし、視線を遮断しない。

日本人は昔から自然を日々の生活や活動に適応できるように、「自然がなしとげえないところの物事」を巧妙に完成させてきたが、それらは「自然のように見せる」人為である。自然のように見えて実は自然ではない機能や美を追求した人為や人工物は、不思議にもアリストテレスの言う技術やカントの言う技術美に符合している。自然と対峙する中で獲得してきた自然と技術の一体性である。これが日本の文化であり風土である。日本の自然は人為を加えずに自然に得られたとするならば、それは完全な誤解である。極端に言えば自然と思えるあらゆるものに、人為が加えられているのである。最近は自然をいじりすぎているとの批判があるが、これはむしろ巧妙さの欠如した単純な欧米志向からきたものである。

借景や縮景は、日本の作庭技法とされる。一定区域内に人工の池や水路を造り築山を造り、立木を植えて刈り込む。このように自然を「見立て」た自然、すなわち縮景を造り、これに背景としてあるいは点景として区域外の山や野を借り、あるいは小橋や灯籠などの人工物を配する。こんなことから、時に日本の庭園は自然を矮小化した箱庭にすぎないと揶揄される。これは眼前にある小さな庭なる実体だけに注目するところからくる誤解である。借景は、極度に自然を圧縮し、見立てた縮景の持つ人為性を現実の自然へと発散させ、有限性を無限化するものであり、これを通して自然的人為を実現する実に巧妙な手法である。

また、日本の庭は時には水なきところに水を、山なきところに山を想定するような極端なまでの抽象性を持っている。これは借景でも縮景でもない。虚景ないし無景とでも言うべき完全な人為である。この虚や無は禅問答

カールテオドール橋．大帝を讃える橋の橋頭堡の上にいるこの獅子で外敵を防げるか

ライオン橋（ドイツ・ヴュルツブルク）．さすがにリアルな威風堂々たるライオン．

聖天使橋（イタリア・ローマ）．宮殿を背にして立つのは聖人群．

日本橋．日本橋にも陰に陽に妖怪が潜んでいる．屋根があるので照明灯を．

宝帯橋（中国・蘇州）．紋章は日本とヨーロッパにしかないと言うが，これは紋章だろう．

カールテオドール橋．鉄ハンマーを持つ手をアップ．哲学の街の名橋にて．

だけにあるのではない。虚に実を託し、無に有を見るごとく、一岩や一砂に自然を凝縮し、それらの組み合わせに自然の無限性を見る日本人の融通無碍なる自然観である。人為の庭の中であっても、山川草木など様々な自然に神を想定する多神教をそこに顕在化したものである。

借景にしろ、虚景にしろ、このような日本の庭園は完全な作為に基づく自然的人為による所産であるが、決して自然から離れてあり得ない。もっとも庭と言う非日常は権力者や権威者の自己顕示欲や独占欲のなせる場合が多く、ここに顕れる鑑賞されることを前提としたわびやさび、時にはみやびなどと言われる象徴性や仮象性に託された絶対美だけが、日本人の自然観のすべてではない。

人々の日常的生活を適えるためのあらゆる人為は、田園であれ、都市であれ、やはり自然的人為による借景が基本になっていることに留意すべきである。見え方のみを言うのではないが、この借景こそが先に述べたような意味で、すべての日本人の心情的自然順応志向を視覚的効果を期して実現するものである。こちらは非日常や権威における意図的な抽象性より、人間の生存や生活に重きを置いた自然、技術、美などの巧妙な現実的総合である。この現実的総合たる日常性には、穏やかな自然、過酷な自然をありのままに受け入れること以外に、絶対安全でありたいとか絶対美を評価されたいとの下心からくるような巨大独立や絶対的完璧はない。一つ一つは小さく、目立たないものの連携による総合的調和である。光や陰の扱い、風の扱い、雨や湿気の扱いそれぞれに強さ、弱さが配慮され、しかも一つの家、家並み、街道、川や野あらゆる人為には外からの視線のみならず、利用者の持つ内からの視線にさえ配慮されている。これが日本の景観の原点である。

加藤誠平は「橋梁の美的取り扱い方に概略三つの方法がある」として、消去法、融和法、強調法をあげている[23]。これを否定するものではない。しかしこの区分を迂闊《うかつ》に理解すれば、消去法と言うは人為を消し去ることを、強調法と言うは自然を無視し凌駕することを連想しがちになる。これを意識しすぎれば、人為と自然の融合や調和に価値を置く借景を歪ませ、日本の自然観から見て異質のものを造り出しそうである。人為は人為として明確に主張し、自然は自然として尊重した上で、人為と自然を巧妙に調和させて初めて借景となり、総合となるのである。加藤の美的取り扱いは、橋梁を自然の中の必要悪とする認識からきているように思われる。この点では、吉野川川筋に吉野川橋を含めて大橋梁六橋を、架橋付近の風景との収まりを考えて設計し、架設した増田淳の「容姿強きに過ぎず弱きに失せず」と同じである。両者ともに橋を自然に収めることを強く意識するあまり、橋を橋として見る目、すなわち利用者の内からの視線と言う一番重要な視点を失っている。現に吉野川橋を渡ってみると、どこまで行ってもいつまでも同じ繰り返しで退屈きわまりない。これでは利用者から見た借景から遠いと言わざるを得ない。家屋はもちろん橋でも、人為を自然に収める外からの視線が重要なことは当然であるが、一番重要な自然の中で生き、活動する利用者の視線を無視することがあってはならない。

＊内からの視線　一〇〇〇メートルを超えて対岸がはるか遠くにかすむほどの吉野川河口部にかかる橋を徒歩で渡ることを想定してみる。現在どこまで渡ってきたかがわかるように、例えば縦断を緩やかな曲線にするとか、スパンを極端に変えるとかの工夫があれば、利用すべき対象としても、川の中の人為的異物としても、自然との関係が相当改善されると期待できる。この目から言うと、長さが異なるが隅田川にかかる清州橋や勝鬨橋は両方の視線にかなっている。なお、橋梁を列車や自動車で高速移動する時の利用者からの視線は、歩行者の視線と全く異なった動的視線を考えねばならない。この点の詳しい検討は次著に譲る。

中国・北京郊外にある盧溝橋は長い橋で、橋面はほぼ平坦である。この橋の高欄の子柱の頭に愛嬌あふれる獅子の像が載っているが、この獅子は一つとして同じものがない。仰ぎ見るではなく、見下すではなく、ほぼ水平視線で茫漠たる自然を背景にこれらを見ることができる。親柱を象像が押さえている。この橋は自然の脅威には敢然と抵抗できる反自然の象徴のような存在感を持っている（アーチリング構成法、頑丈な水切りなど力学的配慮が多い）。外からの視線を意識した上で、なおかつ利用者の内からの視線を意識した橋である。マルコポーロが絶賛したのは周知であるが、こんな見方をしたかどうか。

日本における自然と人為の視覚的関係は日常であれ非日常であれ、借景を基本としてきたし、今後も基本とすべきである。自然的人為による借景が日本の自然にかなう人為のあり方、すなわち弱小連携型土木の基本である。

日本に比べればはるかに地貌の変化に乏しく、平坦なヨーロッパでは、屋外における視線の相当量は空と言う不可侵の虚に吸い込まれる。その上、人間生存の地ないし場の特長が少なく、位置を特定するのも難しい。それに加えて、戦い征服すべき自然のもとで生まれた絶対的一神教に支配され、あるいはそれにかしずく世界では、制御可能な自然と不可侵の自然に画然と二分化する自然観の下にある。例えば、多自然河川と言う完全な人為的自然を造り出し、また逆に、完全な成り行き任せの放置した自然がある。日本の自然観とは成り立ちからして全く異なり、実践方法も違っている。

他勢力の侵略からまもるための城壁が、自然を隔絶した人為優先の街つくりを促す。ここでは論理が優先され、明らかに技術の所産たる完璧な直線や曲線を多用した、まさにアリストテレスの言う「自然のなしとげえないところの物事を完成させ」る技術を極めようとするのも理解できる。また初期ルネッサンスにおいて、いかにして自然らしく見せるかを徹底的に極めたレオナルド・ダ・ビンチなど巨匠芸術家の誕生に繋がった。カントの自然的技術美の原点であり、人為的自然の極致である。この技術は日本におけるような小さく、目立たないものではない。人間優先を押し立てた造物主にも代わらんかとする新たな創造である。人為優先の街では地域の核であるよりもむしろ、絶対権威たる神への求心力の拠を実体として認識できる巨大で堅固で、華麗で、神聖なるものを完成させ得る技術への憧れが、遠方からでも確認できる場のシンボルとして求められることになったのである。

＊ランドマーク　ヨーロッパを移動していると、突出したシルエットが聖堂の存在を教え、街に近いことを教える。文字どおりランドマークである。イタリア・ミラノの巨大聖堂、ドイツ・ウルムの高い聖堂など至るところにある。日本の神社仏閣と数において劣らない。聖堂は装飾で飾られ、広場があり、ほとんど人為物で、時に大きな独立樹はあるが、日本の社寺に見るような、森のような木々はほとんど見ない。

ところが日本では地域の小さな鎮守の杜や、各地にある本社本殿の境内、参道至るところに樹齢数百年に及ぶ巨木があり並木があり、鬱蒼とした森がある。これらはすべて人為のなすものであるが、明らかに自然的人為である。これが日本のランドマークである。ヨーロッパのランドマークが人為的突出型であるのに対して、日本のは面的なマークである。

こんなことから欧米では、聖堂といい封建領主のシンボルたる宮殿といい、ギリシャの伝統である自律性の高い建築[24]、すなわち建築間の相互関係を無視しがちになる建築を追求することになる。言うまでもなくヨーロッパの庭園には樹木があり、花が咲き競う自然が満ちてはいるが、噴水と言う人為に加えて、円や直線などの幾何学模様が自然のなしとげえない新しい人為的自然を創り出している。自然美を超えるための並々ならぬ主張によって創造された人工美である。種々の形式の庭園があるのを承知で極端に要約しすぎたきらいはあるが、このヨーロッパの庭園に見る人為的自然による造景に自然を凌駕する意欲を感じても、日本の自然的人為による借景に見られるような自然と共生しようとする概念はない。

ランドマークとしての地域構成法のあり方を言う西欧景観学は、あくまでも人間の視線の行方を人為に当てることに基本を置いたようである。だから、景観学において、都市計画学において、自然と人間の関わりがかくも異なる（自然状況や自然観や、なにより土地に関わる権利意識も異なる）からには、かの地の手法を借りて、例えば都市内の公園率はかくあるべしと数字を決めてもほとんど意味はない。制度や数字は簡単に輸入し、真似られても、地についた文化や習慣は真似られないし、真似るべきものでもない。これは景観にもあてはまる。

＊日本の街の木　一般の認識として、ヨーロッパの公園は木々が満ちているのに、日本の公園には木や自然がないと言われる。公園と言えば街の児童公園を連想するところからの誤解である。少し前までの街の公園は遊具を作り付け、手入れの届かない便所を設け、特定機能のみが課された代わり映えのないものが多かった。街の中の機能を限定しない空間、そこに森が無目的にある空間の役割は、異常時にも正常時にも市民生活にゆとりや豊かさや安心をもたらせてくれる。更地からでも初期管理に意を尽く

せば、約二〇年で森になるとのこと。明治神宮の二〇万本近くの木々は各地から寄進されて植え付けられた人工樹林とのことである。

環境対策としても、あるいは災害対策としても、社寺や庭園に限ることなく、街の無駄地、不用地、危険地、放置地を使って、それらを森に替える試みがあってよい。なぜなら街の中における余裕やゆとりは、計画どおりに事が運ぶ間は、その意義が発揮されないが、森であれば災害時ではなくてもその意義が実感できるからである。先の震災には間に合わなかったが、神戸では今あちこちで木が植えられている。

郷愁と風土

人間には、現実に目にできなくても、郷愁と言う心象的借景がある。道端のお地蔵さんや老大木あるいは峠の一本杉、また街の柿の木坂、小川のどじょうに小鮒やメダカ、祭囃子やうるさいセミの鳴き声、どれもこれもかつて自分の体験した様々に重ねて自由に眼前に描き出せる。しかもこの心象借景には、道や鉄道や、川の土手や橋、駅舎や港など、土木的人工物が切り離せない。むしろそれらが主役でさえある。それは生活や諸活動がそれらの人工物なしにはあり得ないからである。どこにいてもいつであっても自由に描けて、しかも時には場面の異なる自然物や人工物をさえ借り重ねて、かつての実体験以上に美化し誇張して臨場できる。さらには世代を越えた地域の偉人たちとの共通体験すら可能となる。

郷愁と言う借景は、空間を越えるばかりではなく、「一念即ち深広無辺なる」心象が「長劫即ちこれ短劫、短劫即ちこれ長劫なるを知」って時間をさえ越えたる「一即一切、一切即一」の主観的表出である。これは人間の感情や感性が保守的傾向を持つ生来的な一次要素であるばかりではなく、体験を通して獲得される二次要素であることを意味する。自然の場で新しい造営物を造る土木は、それがいかに社会的要請が強くて、しかも用強美なる必然の美に恵まれていると言えども、またさらなる美のために何かで飾っても、人には間違いなく多少を問わず違和感を与えることになる。これは一次要素としての保守的感情に障るからである。郷愁とか懐古は単なる過去へのこだわりにすぎないが、二次要素たる感情の作用によって、過去にとどまって一切の新規な人為を否定するのをよしともしないのである。

エッフェル塔も京都タワーも当初はどこから見てもその背景となることへの違和感があって住民の反対が激しかった。しかしそのうちに慣れが親しみをもたらし、違和感がなくなり、逆に、なくてはならない存在感に変わった。そのことがわかっていても、土木はこれを利用し、見る人たちそれぞれの郷愁について無関心であってはならない。なぜなら郷愁に見る主観、個々に顕れる主観のばらつきにこそ、統一を求め、また多様を求めるがゆえに調和を模索する源があるからである。

人間はその地に調和できるように地域を活かし、誇り、過去を継ぎ、感謝しつつ、なお明日への展望を描いて連綿たる未来への繋がりを意識しているはずである。この人間の感情の総体が風土の本質である。だから世代を継いで形成し、変質するものである。先に風土とは「人間が地域の自然特性に適応して活動する際、世代を越えて受け継いできた自然の中における人間の営為としての万物・万象・万般・心象全般」と言った。先代から受け継いだものにその人の新しい体験を加えて次の世代に引き渡すから、変質は必然的に起こる。生活する地域の自然環境が強い制約となるから、その変質はきわめて緩やかにしか起こらない。だから「風土千年」と言われる。[25] 自然と人間を取り結ぶことを使命とする土木はこの風土の形成や変質に深く関わるだけに、目先のことだけで、過去にこだわり、逆に過去に決別することをしてはならないのである。土木では視覚的側面においても明日への歴史観と総合的な目が他のどの分野よりも必要である。

美を実践する際、これまであげた他に、権威やプライド・気迫や遊び心もまた重要な役割を果たしうるものであるが、ここで詳細を述べるのは省略する。

＊土木にも遊びがいる　公的資金を用いる土木において、少なくとも起業者に「遊び」とか「遊び心」は馴染まないかに見える。多種類の材料特性が把握され数も増えてきた。利用者の目も肥えてきた。社会が豊かになった。様々な造形に対する解析も可能になった。現在は多様な選択ができる。これまでのように力学で決まる形を必然の形と言い、他の要素による造形を動機づけるものを遊び心と言うことにしたものである。現在はまだ歩行者専用橋にしかないが、遊び心による土木が増えてきたのは好ましいことである。

六・四　装飾論の序

装飾の意義

一般に「装い、飾ること」は、美しくありたい、他から良く見られたいと言う人間の基本的願望の一つで、自身の身に着色したり、衣料品や小物を装着したりして飾り、装う。人々の生活習慣や流行や様式の中で、個性を発揮し、場合によっては欠点を隠そうとするもので、きわめて人間的な行為である（なお動物や植物で繁殖に関連してあたかも身を飾るごとく変身し、行動するものがある。これも装飾と言えそうであるが、これは生態学に委ねるべきである）。人間を飾る行為には好みと個性に応じて消極的と積極的がある。生来的に備わった美（あるいは、内面的な美）を強調しようとする時は装飾には消極的であり、否定的になることが多いように思われる。なお、「お飾り」、「飾りもの」は物理的な装飾行為の成果品であることもあるが、ある組織において実像を粉飾して真実を隠そうとする時に使われることがあるとのことで、これは社会学に委ねるべきである。

フランス・コルマールの小橋．活きた花で飾られた橋．窓辺を飾ると同じ感覚で橋を飾る．

浄泉寺橋脚（島根）．武骨なコンクリート橋脚の杉．この杉が地区をまとめ，地域を繋いだ．

水路閣（京都市）．力学的には意味のない装飾．強烈な気迫に打たれる．

橋端の裸婦像．橋になぜ裸婦を立たせる必要があるか．

盧溝橋の象像．この象が橋をまもるのか．この象徴性が頑丈で美しい橋とした．

下鶴橋（熊本）．橋に徳利と猪口とは．盧溝橋親柱に象を配したセンスと同じ．

装飾は人間が何かの目的で作り出す多種多様のもの（美術品を除く人工物）にも適応され、その目的・機能を果たすことに主眼があるのは当然であるが、本来の機能と無関係に、あるいは関係してより強い美的快感を起こすように色々な方式で装飾的行為が施されることが多い。金銀珊瑚で飾るのだけが装飾ではない。

墳墓や墓石は死者を葬り、かつ供養する際の標識であって、これに施される装飾は、死後の世界観、すなわち他界観や死者の地位や貧富の程度によって大きく異なる。中には異常に壮大で派手なものがある。死せるものの威徳、偉業を偲ぶためもあろうが、後継者が権力移行の正当性を印象付けようとの意志があったとも考えられる。再生のシンボでもあり得た。

宗教建築は宗教活動のための空間を確保すること以上に、装飾と言う視覚を通して神を仮想させ、権威を実感させうる精神作用に働きかける仕掛けが多い。特にヨーロッパ各地の聖堂では、装飾が主役でさえある。おそらく、これは精神の集中や高揚のためであって、聖堂内部にはステンドグラス、彫刻、絵画、モザイクなどが、床、壁、柱、天井などを飾っているし、外部の壁、柱、窓枠や尖塔各部には、彫刻、レリーフなどが飾られている。

日本建築にも装飾は多い。寺院や城、家屋の屋根上、妻、欄間や天井に、色々な置物が載っていたり、描かれていたりする。紋、動植物や妖怪など。変わり種として、江戸時代初期の建築に、当時使われていたものと思われる笛、鉦、太鼓、簫、琴、琵琶その他何種類もの楽器が浮き彫りされていることもある。これらを純粋な装飾と捉えるには若干の疑念が残る。それが添付された建築自体の機能とは直接に関係しないこともあって、結果としては装飾性の高い添加物であるとみなせよう。いずれにしても、装飾を広く捉えるべきことを示している。

代々法隆寺の宮大工を務めてきた家系の西岡常一は、鎌倉時代になると木の特性（癖）を知らないで（自然から離れて）組むから、建築がそっくりかえることを述べた後、「建築物は構造が主体です。何百年、何千年の風雪に耐えなならん。それが構造をだんだん忘れて、装飾的になってきた。一番悪いのは日光の東照宮です。装飾のかたまりで、あんなんは・・工芸品です」と、建築における機能性に関係のない装飾に対して嫌悪感を現している。さらに続けて「飛鳥の当時には、飾りなんてほとんどありません。しいていえば、あるのは万字崩しの勾欄ぐらいのものですが、これも上に登った人の転落を防ぐと言う機能があり、単なる飾りやおまへん」[26]と述べる。ややもすれば本来の機能や機能美さえ忘れたがごとくに装飾が充ちることに対して、建築の基本に立ち帰れとの主張であると受け取るべきであろう。

美を感じるか、嫌悪感を感じるかは別として、日光東照宮の建築群は確かに異常と思えるほどの派手さである。

時代のなせる技か、権力のなせる技か、理由は問わずとも、これらは間違いなく日本人が造ったものだし、外国人に混ざって多くの日本人が今も訪れ、驚きと共に賞讃の目でそれらを鑑賞している。韓国の寺院などにおける華やかさとの共通点を見出すこともできよう。

なお、東照宮の絢爛さとは比ぶべきもないが、その西岡が機能主義に徹したと言う法隆寺にさえ、実は鬼や龍の装飾があるのである（龍は後世添付されたそうである）。これは軒の荷重を支える柱としての力学性を期待されるもので、直柱で良いところである。意義は別にして形の上では、ギリシャ建築の柱（エレクティオン神殿、カリアティドの人像柱群、アテネ）やスタチュー・コロンヌ（梁を担った人物像）[27]に見る柱装飾との共通性を連想するのは的外れでもない。ルネッサンス期の彫刻と鎌倉期の彫刻がきわめてよく似ていることはあり得たとしても、[28]遠くギリシャの流行が飛鳥へ伝来したとは考えにくい。カリアティドのそれは、奴隷とか罪人と言うが妙齢の美女に大きな石の屋根を担がせている。法隆寺五重塔では軒屋根の重みを鬼に担がせている。ギリシャ美女の屋根を担ぐこと以外の役割はわからないが、法隆寺の鬼には四方へのまもりと言う役割も課されているのであろう。ここに人間、まして女性ではなく、鬼を配した当時の日本の匠の心根を思えば、ギリシャのそれと比べても詮ないことではあるが、日本人としてはいくらかでも安堵できる。中国では代わることなき権威の象徴である龍は皇帝と同格であったそうだが、日本の龍は神格を持つようである。法隆寺に後世添付された龍は何を担っているか。参拝者が近寄れない高いところをさらに天空目指して昇る龍は、古来水に不自由した奈良の地において風雨を呼び寄せることでも期待されたのであろうか。

住宅の内部、外部にも装飾は多い。気分良く住まうための装いは装飾であり、機能を高める働きもある。これらはインテリアあるいはエクステリアデザイナーの領域であるので、深入りは避ける。

人間が自身を飾ると同じように、人工物を装飾するのに消極的と積極的がある。飛鳥の法隆寺の技術美のように機能に重点を置く場合とか、機能や力学が持つ構造美を強調する時は装飾に消極的で否定的である。これは建造物の装飾を考える上でも非常に重要な点である。

いずれにしても装飾を、その多様さからして直接的視覚による意匠効果だけを目的とした付属物と捉えるのは間違っている。しかもそれらはきわめて個性的な行為であり、美への感性も思考もまた個人的であると言えるほど、多様性に富んでいる。そして装飾について、統一的な規範のようなものは何かを議論して、簡単に結論が出るようなものではなく、それぞれにはその装飾の対象である造形物の機能や建造に至るまでの諸々の背景があると考えるべきである。さもなければ、匠たちが精魂込めて飾る動機に到達できないのである。土木の装飾も全く同様で、単に付属物や棟梁の気まぐれと言いきれないほど多様で凝ったものがあり、視覚効果や土木に課された機能だけからは、その意義が理解できないものが多い。

島根県瑞穂町の浄泉寺境内にある浜田道の橋脚表面に長大な杉の木のレリーフがある。もとよりこれはこの橋脚自体の力学性には何ら資するものではない。大山椒魚が多数生息している豊かな山林が残る地に、いかにも時代物の小振りだけれどこれまでにほとんどお目にかかったことがないほど見事な彫り物のある山門を持つ古刹がキャンバスである。この境内に巨大で無粋な橋脚を立てる必然性はないと確信する地元の拒絶、高速道を早期供用せよとする社会的要求、ルートをねじ曲げる不経済性、これらの三つ巴の確執を取り持ってこの杉が実現したとすれば、この杉は単なる装飾を超えた存在である。

この装飾に意義を認めない意見もあろう。しかし古色然たる境内にそそり立つ無粋極まりないコンクリート柱への造形は自然的人為の典型であり、機能と構造と経済だけを規範と決めつけている現在の日本土木界の固定観念への挑戦である。すなわち自然と人為を結び、既成と新規さえをも結ぶ接景としての新しい試みである。この巨大な杉は、ひなびた里で苔生《む》すことはあっても枯れることなく、土木の理と人間の情を取り結びつつ、いつまでも燦然と輝きを放ち続けることであろう。

橋の装飾

橋は自然的・社会的制約からくる外力、寸法（サイズ）に対して、使用可能材料の特性を適合させようとして決まる主要部材の基本形状の他に、附属物など構成要素が多い三次元構造物である。橋は水平面内の直線的形状の実用品で、また重力に対抗する方式が塔や建築とは異なっている。塔や建築に用強美と言う言葉があるように、橋もまた水平性によって重力に抵抗すると言う力学と言う必然性が生む、生来的な美を間違いなく持っている（技術美）。橋の装飾に関する先人の意見を聞こう。

竹内敏雄は、「古今東西をとわず、種々の建造物が力学的に、また目的論的に不必要な装飾的部分をふくみ、ときには彫刻をそれ自身にとっての装飾としてまとうてさえいることは、歴史的事実である。そしてこれらの装飾的要素がしばしば全体の美的印象にとって若干のプラスとなることもいなまれない。しかし形式美の死命を制するものは、個々の部分に装飾的意匠をこらすことにあるのではなく、それらがすべて一つの有機的全体にインテグレートされてその『創造的綜合』としてのゲシュタルトを形成することにある」[29]と橋の美における装飾の効果と注意を説明するも、なぜ飾るのかを説かない。

竹内敏雄と同じく奇しくも共に橋と塔の美しさをテーマに取り上げた濱田青陵は、装飾に対して異なる見解を述べている。「美的要求とは必ずしも装飾の附加を意味するものではない。他の建築と同様橋梁に於いても構造的に無用なる装飾を附加することは、畢竟綺麗を装い顔面に粉粧を施すのと同じく、多くの場合無用のことである。我々は寧ろ裸体として美はしい建築、橋梁を要求する。・・況んや余計な彫像や装飾を附加するが如きは、寧ろ橋梁の美を破壊する外に何等の効用もない。スパロー氏は羅馬の聖アンジェロ橋の彫像や巴里のポン・ネイフの橋の『アーチ』の上の装飾の如きは、其の排斥す可き装飾の附加として教えている」と、装飾に対しては悪意さえ持つごとく述べている。[30]この「橋と塔」が世に出た当時は、関東大震災からの早期復興が迫られている時であり、鉄筋コンクリートや鋼材の実用化が進められて材料も豊富になって、技術水準が高くなり、技術美こそが本流であったのであろう。当時の造形物を見ると、美の質にこだわったことがひしひしと感じられる。装飾のような金を喰う添加物に頼らなくても、いかようにも美を追究できる状況にあったに違いない。世界の名橋を探し求めてまとめられた「世界橋梁写真集」[31]が世に出た時期とも重なっている。

竹内敏雄は装飾の質について「技術美は、機能の力が形態に直感化されることにかかわっているかぎり、装飾的形式が技術的対象の内から発する合目的的形式とは異質のものとして外から押し付けられるならば、かえって美的効果を減殺し阻害することになる」[32]と、奇抜な装飾を附加する危機感を述べるが、装飾に対して幾分寛容である。構造物の美の考察の中で、塔と言う宗教性、装飾性の高い建築と、実用を本旨とする橋を取りあげて、同じレベルで美を検討した二人が、共に橋に対する装飾への反感と警戒感を述べているのが興味深い。

「ローマ人の偉業は、・・一切の無駄な装飾をほどこさず、簡朴単純な原素的形態をもって偉大きわまる美観を呈するものであった（ただあの聖天使橋は、後世しばしば補修をくわえられ、現在ではベルニニの作にかかる高欄があるほか橋路の両側六個所の台座に彫像を配している）。ところが中世の石像橋は、・・ようやく装飾性をましてくる。さらに近代、・・あらゆる手をつくして、豊饒な、変化にとんだ形象を橋の外観にあたえようとする風がいちじるしくなる。この細部手法の巧緻化、彫塑的附属物の添加は局部的には造形美に寄与するところがあるとしても、橋梁全体にとってはかならずしも積極的効果をもたらさず、むしろ橋体自身のテクトニックな構造をまぎらわしくし、その美の顕現をさまたげているのではないか」[33]。これは聞くべき説で、橋に何かを附加すれば装飾になるとの安易さを戒めている。

普通、装飾は意匠行為と考えられ、構造技術者は装飾を付属物としか見ない。「橋は本来構造体の骨格がそのまま人の目にさらされるものである。最近、外装材で覆われた都市内高架橋、逆に骨組みをデザインの表徴として表面に出す建築物が見られるが、共に例外といってよい。装飾があっても、橋では付加物にすぎない」[34]。なぜ例外として排除するか理由はわからないが、技術美を重視して悪いわけがない。しかしこれは技術の粋を集めた長大橋に対しては言い得ても、圧倒的に数の多い、圧倒的に利用者の多い中小橋梁には全く通用しない。そもそも構造や機能だけで決めて得られる単調な造形のどこに技術者がやりがいを感じて、打ち込めるだろうか。まして、外からの視線も内からの視線も無視した機能だけを満たす単調な橋を、人が格別の感情を持って眺め、利用するだろうか。橋を使う人が、その単調な在り来りから、いずれは違和感を消し去ると期待できるだろうか。このような橋は必要悪になるだけであろう。

小林豊は「橋は詩である」をテーマに、失われたものの在りし日の歌と物語を綴り、人との交流のあとをたずねた[35]。そこには外観の印象からいくら技術美を賛美されても、コンクリートと鉄からなる近代橋は人間を拒否していて詩情を覚えないと、新しい橋への怨みが満ちている。あえかな日本の自然における土木のあり方への保田與重郎の指摘がある（第一章）。おぞましいものの筆頭に高速道路をあげた女子高校生の詩がある（第六章）。高架橋に対する芦原義信氏による文化性欠如の指摘もある（第六章）。他に上田篤は日本各地の身近にある日常の橋を取りあげ日本人が橋に対して抱いてきた感情を詩歌や伝説をひもといて解きあかそうとした[36]。これらの人たちが関心を持つ橋はどれも技術者が精魂傾けて造る長大な橋ではない。日々使い、目にする、あるいは目に入り、手で触れる身近な日常の橋への関心であることに留意すべきである。橋の一面しか見ていない点はあるが、これが橋に対する普通の人の感情なのである。

これに対して、現代の橋に偏狭な懐古趣味を持ち込むなとか、経済性から逃れられないとか、仕様書で縛られていると言い訳したり、技術の困難さを訴えがちになる。それでは、彼らの思いを解せるには至るまい。なぜなら経済性にも技術にも仕様書にも、橋の主役たる人間の心を繋ぎ止め、感動させるものがないからである。今日もなおそれを主張するようなら、それは人やそのための人為を自然の中に収めることを使命とする土木のあり方にふさわしいとは言えない。いつの時代でも技術や資金は課題であった。それを乗り越え美を目指したからこそ、今も素晴らしい土木を目にできるのである。

装飾だけが、単調を破り、風土性や歴史性を担うとは思わない。すべての土木は技術と経済だけを指針にして、技術者が造り与えればよいとする旧来の固定観念が新しい時代にはそぐわないのである。仮に未曾有のスパンに挑戦するなら、それを実現する技術者は渾身の力で立ち向かう。技術者であればその幸運を願い、共に完成の喜

軒柱を担ぐ美女．ギリシャ神殿エレクティオンが有名．奴隷にしろ女神にしろ酷い．

疏水トンネル．命を懸ける大仕事だから美にこだわった．どの孔口にも多様な美．

法隆寺木の柱廊．エンタシス柱をこの方向から見ても真価は不明．先細りは確認できる．

都民広場の裸婦像．老若男女が集まる場に裸婦不要．裸の王様以外は屋外にあわない．

法隆寺屋根梁を担ぐ鬼．法隆寺には装飾はないと言うが，直柱で良いところの鬼は装飾．

永済橋（中国・河北）．アーチリングがずれて基礎が浮き，なお橋上にトラックが行き交う．

びを分かつであろう。しかしそこに橋を橋として見る目、すなわち利用者の目がなければ、技術者としての満足感はありえても、橋としての魂は成就されない。

橋全体と、橋の部分のそれぞれが、人により、状況により、時により、それを取り巻く自然の応援を得て、美の対象になり得る。このような美の伝承者が多くなるような橋つくりを目指すことは、豊かな現在なら可能なはずである。橋のように自然の中にあって、複合機能を託されたものの強みを活かさねばならない。

少しくどいが、橋は日常生活に役に立つ（便利、快適、安全）だけではなく、見た目に美しく、周りの風景にとけ込み、また新しい光景となるべきものである。それを苦楽の多い日常生活の中で格別の意志を持って踏み越え、また何気なく無意識のうちに通り過ぎる。だから橋は感動を呼び、歌や絵となり、映画となるのである。また郷愁となって過ぎた昔と触れあえる場となる。たとえ時は流れていて、橋は替わっていても、越え、渡る同じ橋だからである。ここが美的評価を得たいと作り出され、主観でしか生きられない造形物との違いである。

＊見る橋　渡るより見るために訪れたくなる橋もある。これまで見た中で、観光客が多かった橋を思い起こせば次のとおり。ドイツのカールテオドール橋、アルテマイン橋、フランスの芸術橋、スイスのカペル橋、スペイン・セゴビィアの水道橋、イタリアのリアルト橋、ベッキョ橋、聖天使橋など。韓国の錦川橋、烏鵲橋。中国の盧溝橋、楓橋、玉帯橋、十七孔橋。日本では錦帯橋、通潤橋、宮崎の綾照葉吊り橋、熊本の樅の木轟吊り橋、徳島の葛橋など。もちろん観光客は気紛れであるから、人が訪れないからといって陳腐だとは言えない。島根のらかん橋、鹿児島の矢櫃橋、江口橋、大分の高野堂眼鏡橋、熊本の市木橋、楠浦橋、山口の天津橋、白須川橋梁など、数多くの素晴らしい橋があちこちにある。

各地の橋の装飾

実際に各地の橋を視察して歩くと、人間と言うものはいかに装飾を多用してきたかがわかる。橋の機能を補強するもの、構造を補強するものなど格別の意匠効果を持つものがある他に、橋の機能や構造には全く関係のない、言わば無用なる添加物が厳然としてあり、装飾効果を発揮している場面によく出くわす。

＊中国石橋の装飾　数年前中国旅行で合計二〇基程度のアーチ石橋を視察した。視察し始めてほどなく中国の石橋の古さ、凄さ、素晴らしさ、多彩さばかりではなく、それらには牛、象などの動物の他に、日本の神社でよく見る狛犬以上に変形された得体の知れない妖怪が数多くあった。日本の狛犬程度ばかりなら格別の注意を引かなかったであろうが、これに気付いてから、さらに注意してみると種々の妖怪の他に紋章（紋章は日本とヨーロッパにしかないといわれているが）、文様などの浮き彫り、その他日本では見られない細工や武将などもあった。中国で見たそれらは単に美観的な捉え方をするだけにしては、あまりにもバラエティに富んでいた。趙州橋修復に携った方々と面談してそのことを尋ねた。当然彼らも中国の古い橋には装飾の多いこと、特に妖怪が多いことを承知されていたし、書物にもとりまとめられていた。

しかし妖怪の意義について明確な返答はなかった。

韓国の古い橋には、庭園や神域にあるもの、日常のものを問わず、多くの妖怪が目立つように、また目立たぬように付加されていた。

ヨーロッパでは、マリアやキリストをはじめ天使や聖職者や武将の他に、実在の動物に植物はむろん、妖怪の他に悪魔が橋の各部位に付加されている。紋章もあるが、ヨーロッパの橋で目立つのは、礼拝堂、橋頭堡、商店や日除け雨避けの天蓋が橋の端や上にあることである。ヨーロッパの橋で興味深いのは、人間が大変な努力と工夫を重ねて完成したものであるにもかかわらず、そしてそれがわからないわけではないのに、悪魔のなせる橋ととなえ、讃えることである。しかもこのような讃え方をする場合に限って、近辺に悪魔の装飾がないのである。むしろ逆にマリア像を掲げていることがある。

それに比べると日本は例外的に少ない。それでも探せばあるもので、中国、韓国にもある擬宝珠の例は多数、妖怪一例、生活用具一例、鶴亀の瑞祥もの一例、他は最近地域興しに関連したと思われる動物などがある。

日本において悪魔や鬼と神の関係は、鬼神と言う言葉からもわかるとおり複雑なものであるが、韓国や中国でも、そしてヨーロッパでも似ていて、時には忌避され、時には崇拝される極端な関係にある。橋のように自然のまっただ中にある何物にも代え難い貴重なものをまもるために、悪魔や神が使い分けられたのであろう。

装飾は橋の使用の便利さや安全性に関係するものもあったが、どう考えても橋の機能性や安全性に直接関係のないものも多く目についた。いずれにしても、装飾は明らかに橋の意匠に相当の影響を与えるもので、一切合切の付加物をまとめて装飾と言うことにした。装飾の多様性から、橋の美や装飾は決して意匠的に云々するだけでは本質に迫れないし、日本における装飾の少なさには特別の理由があったに違いない。

このことは、装飾行為は自然観に無縁でないことを予感させる。この点を考えなければ、土木、特に橋における装飾の意義を完全に理解できないが、装飾論の詳細はここでは省略する。

終章

本書では、脆弱な日本を心配するだけではなく、何とかして「持続可能な日本」を展望しようと思った。あくまでも日本に根を降ろして、歴史認識を手始めに、自然と環境、人間と社会、景気と経済、科学と技術、美と醜に区分けして、なぜ脆弱だと憤り、また心配をするのか、どうすれば「持続可能性」を担保し、あるいは展望でき、また提案できるのか、これまでの来し方を含めて思うところを記した。ささやかな波紋が起こればと考えてのことである。

その際、従来の土木の体系では考慮されないかあるいは考慮されなかったが、本来土木と言うものが持つべき諸々を強く意識した。これが「土木哲学への道」なる副題を付した理由である。こうすることによって、国を支える土木と言う技術あるいは工学の全貌を明らかにすることができたものと自負している。

以下各章ごとの主たる論点を簡単に記して、執筆の意図を明らかにしておきたい。

序章ではまず土木の由来を述べた後、戦後しばらくして日本中の話題になった蜂の巣城闘争で掲げられた「理、情、法にかなう公共事業」を参照しながら土木の要件や目的を掲げて、土木への導入とした。

次に、歴史では、過去への憧憬より明日への歴史観を持つことが持続できる日本の背骨になると確信している。

韓国の地下鉄駅で見た「歴史の罪人」に衝撃を受け、土木に顕れた強烈な持続への執念を感じた。また、歴史を歪めることが学術や学説の形成過程で起こりうる可能性を指摘した。歴史における客観的な検証の困難さからの心配である。さらに、存在や非存在の証明の困難性にも触れ、環境影響評価のあり方を簡単に論じた。

土木は公共のもの、公共のものは客観でなければならない、そのために知と理に基づく技術を拠にしてきた土木をあながちに非難する気はない。しかしこのために感性を蔑《ないがし》ろにしてきたこと、感性を否定することから人間不在の土木に傾いてきたこと、それが今日の土木を巡る混乱に無関係ではないことは認めなければならない。社会の合意のないところに土木はない。この混乱を解く鍵は感性にあるとの信念を披瀝した。

一般には安全性を高めれば危険が小さくなると考えられる中で、完全な予測ができない自然と我儘な人間を相手とする土木では、安全性を強調するほど危険不感症を生み出し危機管理能力が低下すること、安全を過大に評価すると安全神話が生まれ、安全過敏症を生み出していたずらに不安感を増長させることを述べた。

貶《けな》し、貶《おとし》めるだけではなく、展望や代案の提示ある真の批判こそが「持続可能な日本」への道と考えている。特に土木が批判を避けられない理由や、批判に応じるのに主張が必要なことを述べた。

第二章では、土木の目で見て自然を区分した後、自然環境が人間の生き方、すなわち倫理の形成に影響を与えること、これが土木には巨大完璧と弱小連携となって現れることを述べた。そして日本の自然や環境を特長付ける気象や地象を簡単に紹介した。また、将来の出来事を予測する意味を考え、日本のような緩急片々する自然とどう付き合うべきか、より正確な予測をすること、その予測の持つ問題点を少し具体的に述べた。

自然における人間のあり方（環境倫理と言われるもの）はセンセーショナルな形で提起される。理想と現実がこれほどずれるのは、「利の獲得」と同じレベルで「害の分担」を考えないところにあると確信している。小さくなった地球でなお「利の獲得」ばかりでは人間の持続はない。自然や土地の私有が開発の原動力であり同時に環境破壊の元凶であった。土地の尊厳なくして自然保護はないこと、自然は利用も分担も地域の責任において地域に委ねられていること、上下流問題を解く鍵は正義においてしかないこと、世代間問題では循環技術なくして解決のないことなどが主要な論点である。先進国の心得では、先進国以外を途上国にしてしまう不当性や先進国の傲慢さを述べた。資源管理では、正当な人間中心主義の必要性や捕鯨問題に懸かる感情論には感情論で強く対決すべきことを述べた。ここに示した環境観については、多々批判があろうことは承知している。あえて割り切った考えを示したのは、簡単に実現できそうにない環境原理で人類の行動を縛ろうとしても、逆に持続を停止させることになりはしないか、むしろより現実的により永い持続をささやかに目指すこと、そのためには何をなすべきかを考える方が望ましいと考えたからである。

環境危機を意識して使われる「持続的発展」の欺瞞性を指摘し、世代や地域を越えた正義、しかも「害の分担」を厭わない正義を構築する必要性を強く主張した。ここに日本の持続性があるとの強い思いがあり、また、やはりあり得ないかとの心配も少しはある。

最後に、環境適応性土木として安全感の転換と循環土木にふれた。リサイクルされて得られる低品質材の有効な使い道の開発が、緊急の課題であると確信している。

第三章では、日本人をどう見るかを各位に聞き、特に日本人の「曖昧さ」の評価における大江健三郎氏を僭越にも批判した。「曖昧さ」は日本人の特質で、今更否定できない。ただ国際社会では「曖昧」な言動をしてはならない。反対に、夏目漱石の内発論に強く賛同した。

本章の最大の目的は倫理と道徳の違いや意義を述べることにあった。これらを明確にしないままでは日本の持続性が途切れるとの思いからである。なぜなら倫理なる用語を正しく用いないで、例えば環境倫理や技術倫理といってそれぞれのあり方を規定しようとしても、主体が曖昧なままで混乱するだけである。

民主主義の諸問題のうち、個人のエゴに対しては相当肩入れしているが、政界、官界、学界とマスコミ界に対しては大胆に批判した。この四界が社会へ大きな影響を与えるからである。特に情報化時代においてなおマスコミの役割は重大である。マスコミの倫理綱領まで持ち出したのは、非難するだけではなく、展望なり対案なりあって初めて公器たり得ると考えてのことであり、少数者を尊重した民主主義の実践と言う難題に対する実際的運用のあり方を社会の諸問題を介して指し示し、啓発するに相応しい機関であると確信するからである。

教育は自律、責任、道徳など基本的人格を形成する役割を持っている。管理教育、優しさ教育、客観評価教育への危惧がある。技能教育も人格や創造性の形成に役立つと確信している。

本章でひつこく倫理や正義や民主主義や教育にこだわったのは、これらから生まれる戦略性こそが環境問題、土木問題、ひいては日本国の持続にとって不可欠の基本的問題であると確信するからである。

社会適合性土木としては、社会意志の合意形成に関する私見をとりまとめた。

第四章。人間に目標がいる以上に社会にも目標がいる。これまでの目標が達成され、きわめて豊かになり、付随

円明園残橋（中国・北京）．二度も西欧軍に破壊された廃墟に残る．往時の華やかな香りがある．

ロット橋（イタリア・ローマ）．断橋になっても自立できるのは半円リングか真円リングだから．

簡単に壊れない橋．強震でリング石がずれて撤去される前の破壊実験．約50トンメートルの衝撃．

こんにゃく橋（徳島）．洪水で桁が流されてもワイヤーで回収できる．早期降参の壊れないが面倒な橋．

阿川潜り橋（山口）．ここまで水面に近い橋は珍しい．残念にもこの橋の一部が流された．

愛媛の潜り橋．離合できない，増水すれば渡れない不便な橋．しかし，ない不便よりは便利．

して生まれてきた問題を述べた。これからの目標として、環境危機に直面しつつある今、廃棄対策、資源対策としての循環技術の開発とその実践をあげた。環境問題において経済観の転換および景気の意味を介してアメリカ観の転換の必要を述べた。景気と環境や景気と土木の関係を論じた。資本主義の問題として、市場の役割と危険性、資本主義における規制の重要性を指摘した。コスト主義を貧しい時代の経済学の理念とし、豊かな時代の経済学の出現を要望した。国際化の中で、日本の自律のないことの危険性を聖徳太子に代わって代弁した。日本の持続可能性は日本の独立性を高めることが基本要件との思いからである。いくつかの国の国際戦略に触れ、中でも進退窮まって繰り出された「社会主義市場経済」に込められた中国内外に向けた戦略の巧妙さを抉り出した。景気に見る即時性、経済性に見る即金性は、持続できる日本や土木を想定する上では障害であると断じた。

第五章における、技能の重要性、「理工離れ」や「物真似」へのくどいほどのこだわりは、人間の生存にとって欠くべからざる技能（とその体系としての技術）を評価しない、あるいはできない世間への痛烈な皮肉のつもりである。対極として金と言う即物的、即時的、快楽的なものにしか関心を示さなくなった日本人。金なしの生存はあるが、技なしの生存はない。特に日本が技を体系化し、体現化して生計を立てることを選んだのを忘れては、日本の持続が危ぶまれ、土木の持続も危ぶまれる。

人間の生存の技を出自とする技術の排他性などの魔性や非人間性は、技術の本性ではなく、技術者たる人間や資本主義論理のもたらすものである。個人の技が集団の技に変わると技術になると考えられるが、そのとたんに非人間性や魔性などの悪意が生まれる。お節介とは思うが、工学に身を置く者への戒めのつもりで書いた。

第六章。かつての社会を支えた土木には、今見れば稚拙ではあってもそこから緩急片々たる自然において生存や利便への技を実現しようとした強烈な意欲が感じられるものがある。その意欲が土木の視覚的側面たる美への執念となっている。当時の意欲や執念に比べると、最近はあまりにも消極的であることが本章の発端である。豊かな社会、価値観の多様化した社会の中で、財政逼迫からコスト縮減の動きが起こり、それがますます没個性化に拍車をかける。まして今日は説明のしやすさから偏った理のみに傾き、土木にとって無視し得ないはずの感性が蔑ろにされて陳腐化していること、それが土木に対する社会からの反発になっているとの思いから美を取りあげた。見過ごしがちな土木の醜についても、忸怩たる思いを滲ませたつもりでいる。

土木の美的側面は、長大橋における技術美や景観美に包含されるものではない。現に圧倒的に数が多く、ために人目によく触れる日常の橋において美はもちろん醜さえ省みられていない。哲学者や文芸評論家からの励ましや叱責、普通の人の直観からくる嫌悪感を、コストや技術を口実にして省みないとすれば、まさに独善であり、土木は社会からかけ離れるばかりである。

だから、本章では先人の論究の後をたどりながら、各地の視察によって得た知見を併せて紹介した。作庭の技法には不案内であるが、各種土木が庭園と同じく人間と自然の接点にあることから、そこに自然観が顕れると考え、非自然に自然を想定する虚景は観念の所産としても、人為を自然に取り込む借景は、作庭の技法だけではなく、自然の中に人為を納める土木にとって原則とも言うべき自然的人為の一つと捉え、人為が自然を凌駕する人為的自然の上で成り立つ西欧景観学への強い傾きへの懸念を表した。

橋の美に関する検討や、特に装飾の意義についての検討は、多少の言辞で尽くせるものではない。本章では基本の部分に触れるにとどめたのが心残りである。

本書のタイトルは大仰であるが、少し無理があっても本意は「持続可能な日本」を展望することであり、それを支え、実現するための「持続可能な土木」のあり方を想定したものである。土木に永年関わっていることもあるが、日本なしの土木はないし、土木なしの日本もないと思うからである。

ここに示された独断に対して多々批判はあろうし、またなければならない。批判に対抗できる主張であり得たか否かはおくとして、来るべき世紀には安定した穏やかな日本であり続ける上で役立つなら、あるいはこの独断を契機として、そのために幅広く議論が起こり、より善い実践を引き出す力になり得るなら、これほど幸いなことはない。

謝辞

本書をとりまとめようと考えたきっかけは、一九九三年鹿児島県で起こった八・六災害に際し、江戸時代末期に建設された巨大なアーチ石橋の流失から派生した移設問題への関わりである。機会を頂いた鹿児島県、鹿児島市の関係各位や、同問題を通して直接間接にご支援ご協力頂いた多くの方々に深甚なる敬意を捧げる。

本書に掲載した写真撮影のための視察は(財)鹿児島県建設技術センター、(財)鹿児島県環境技術協会および(財)河川環境管理財団からの支援を得て行うことができた。各地の視察旅行のうち、中国では「中国石橋」の主編者上海設計工程院陸徳慶氏、筆者が湘潭大学在任以来ご指導いただいている王友雲先生、趙州橋修復に取り組まれた北京設計工程院胡達和氏および夏樹林氏にお世話になり、韓国では済州大学校金南亨氏に案内頂いた。ヨーロッパ旅行でも各地で多くの方からご支援を得た。さらにいまだ面識の機会を持たないが「中国石拱橋研究」の著者の一人唐寰澄氏からは文書を通して種々のご教示を得ている。関西大学図書館には室原文庫閲覧についてお世話になった。各地の視察の中で、突然の訪問者であるにもかかわらず丁寧に対応頂いた福岡市香椎宮宮司および島根県瑞穂町浄泉寺住職のご母堂や山口県鹿野町漢陽寺住職には、一見関係なきように見える各位の日々の活動と我々が目指す土木の活動において共有すべき点が多いことにこと寄せて一方的に押し掛けたものである。ここにあわせ記して各位に謝意を表するものである。

小牧建設会長小牧勇蔵氏および元鹿児島市助役日高又弘氏からは先輩として鹿児島大学着任以来御教示を頂いてきたことは本書に活かされていると確信している。また移設問題以来友誼を通じて本稿を精読の上貴重な批判や指摘を頂いたほつま工房(株)の迯目英正氏や写真の提供や各種相談に応じて頂いた(株)秋山環境デザイン研究所の秋山裕史氏、(株)建設技術コンサルタンツの中島一誠氏、大福コンサルタント(株)の阿久根芳徳氏、また筆者の研究教育活動を支えている鹿児島大学工学部の技術専門職員愛甲頼和氏、共に仲間としての心情を越えて謝意を表する。

本書刊行について一方ならぬ力添えを頂いた技報堂出版編集部小巻慎氏にはことさらなる謝辞を捧げる。また新日本写真協会会員の宮崎茂氏から美しい写真の提供を受け、本書に花を添えられたことを喜んでいる。

最後に、調査旅行に同行したのをきっかけに土木に強い関心を持って広い観点から議論を展開し、ついには「土木史研究」に投稿するに至った妻吉原不二枝ならびにそのような非専門家からの投稿を受け付け、会員との共通の議論の場を提供している土木史研究委員会(土木学会)をここに紹介して広範な方面からの議論を誘いたい。

参考文献・資料・備考

第一章

[1] 例えば、日野幹雄「土を築き木を構えて」（森北出版）。原文の意味は、昔の悲惨な生活振りの記述を受けて「だから聖人は作った。そのために土を築き木を構えて家を造り、棟《むね》を上《あ》げ宇《ひさし》を下げて風雨を遮り、寒暑を避けた。このようにして多くの民を安心させた」。

[2] 佐々木信綱「万葉集」（岩波文庫）によると、「太宰師大伴卿、酒を讃むる歌一三首」として示された中の一首である。その中にある「生者《いけるもの》つひにも死ぬるものにあれば今ある間《ほど》は楽しくをあらな」なら、酒飲みの歌であるのは納得できる。しかし本文にひいた歌に込められた捨て鉢な心情は、酒を讃える心情とは思えない。

[3] 例えば、鴨長明の「ゆく川の流れは絶えずして、・・」、枕草子の「春はあけぼの」など。また、今昔物語（巻三一第二二話）に「讃岐國の満濃の池を頽す國司のものがたり」との表題の下「今は昔、・・高野の大師の・・築きたまへる池なり。池の廻り遥かに遠くて堤《つつみ》高かりければ、更に池とはおぼえで、海などとぞ見えける。広さはかなた幽かなるほどなれば・・田を作るに、干魃する時なれども・・この池に助けられてありければ國の人みな喜び合へること限りなし」と、自然への積極的な働き掛けが示されている。また最近は、あちこちの街の句碑などを見かけることが多くなった。例えば、東京の街を歩いていると法然上人の「池の水は人の心に似たりけりにごりすむことさだめなければ」に行き会ったりする。自然を人生に照射している作品が多い。

[4] 日本古典全書「今昔物語六」（朝日新聞社）。三六二頁より一部引用。

[5] 保田與重郎「日本の橋」（東京堂、昭和一四年）。五二～六二頁（初出は芝書店、昭和一一年）。

[6] 例えば、松下竜一「砦に拠る」（筑摩書房）。

[7] 吉村昭「関東大震災」（文春文庫）。土地を提供の件は二八二～二八三頁、震災予防調査会委員の見解は一〇六～一〇七頁。

[8] 塩野七生「ローマ人の物語」（新潮社）では、これをポンテフィクスマクシムス＝最高神祇官と記している。

[9] 有名な青洞門、福岡の宮原橋、春吉橋など枚挙にいとまはない。橋端に出資者名などを記して顕彰し、感謝を表す石碑も意外に多く残されている。しかし風化していたり、取り扱いの悪いのがある。このような先人の功績を粗末にすることがあってはならない。一番古いものとか有名なものだけが貴重なのではない。

[10] 倉野憲司他校注「古事記祝詞」（岩波書店）。日本古典文学大系1、二六七頁。

[11] 鬼頭秀一「自然保護を問い直す」（ちくま新書）に環境倫理の種々の主張が紹介されている。リン・ホワイトの「キリスト教的世界観が環境破壊の根源だから、新しい宗教観が必要」に対し、パスモアの「人間は神の代理人たる執事にすぎない」が紹介されている。

[12] 法隆寺の宮大工棟梁西岡常一の直弟子の宮大工小川三夫氏のテレビインタビューより。

[13] 近藤喬一「三角縁神獣鏡の謎2、黒塚以前の研究」、UP、三〇九号、一九九八・七。

[14] 諫早眼鏡橋を移設復元した山口祐三氏のポルトガル説に対して、九大教授太田静六博士の中国説。

[15] 武部健一「中国名橋物語」（技報堂出版）。二六七〜二六八頁。

[16] 例えば、前出[15]の三六、二九四頁や羅英・唐寰澄共著「中国石拱橋研究」（人民交通出版社）の二三三頁や茅以昇編「中国古橋技術史」（北京出版社）の七一頁には存在の可能性を書き、スケッチを描くものの実写の写真はない。また宮本裕・小林英信共訳「橋の文化史」（鹿島出版会）、二八〜三一頁。成瀬勝武著「橋」（河出書房）、一七頁。

[17] 二宮翁夜話57。中村幸彦編集「安藤昌益・富永仲基・三浦梅園・石田梅岩・二宮尊徳・海保青陵集」（筑摩書房）、日本の思想18。

第二章

[1] 和辻哲郎「風土」（岩波文庫）や久保田展弘「日本多神教の風土」（PHP新書）を参照した。

[2] 土木学会編「土木工学ハンドブック上巻」（技報堂出版）。成瀬勝武「橋」（河出書房、昭和一六年）、一七九頁。なお、成瀬の「橋」では東京帝大の地震計の記録を紹介しているが、記載されている振幅と周期、水平加速度の数値に対応関係がない。記載の加速度は八〇〇ミリメートル毎秒毎秒であるが、振幅周期から概算すると一八〇センチメートル毎秒毎秒となる。

[3] 寒川旭「地震考古学」（中央公論社）。

[4] 高橋義隆訳ゲーテ「ファウスト」（新潮文庫）。

[5] 石弘之「イースター島の教訓」、UP、三〇三号、一九九八・一、一〜六頁より、筆者要約。

[6] 環境庁のホームページは http://www/eic.or.jp。

[7] 下筌・松原ダム問題研究会編「公共事業と基本的人権―蜂の巣城紛争を中心として―」（帝国地方行政学会）および関西大学下筌・松原ダム総合学術調査団編「公共事業と人間の尊重」（ぎょうせい）の二点を同調査団の研究成果報告書と見ることができる。この他に建設省九州地方建設局筑後川ダム統合管理事務所「松原下筌ダムの記録」が起業者からの報告である。なお、関西大学図書館の室原文庫に室原が収集した関連書籍・各種資料等が収集保管されている。当時の各種新聞切り抜きや室原氏への私的文書もある。電力側の関連資料として九州電力用地部「下筌・松原・柳又発電所の建設の経緯について」（非売品）がある。

[8] 梅原猛氏の持論で、あちこちの文献で目にできる。例えば吉本隆明、中沢新一との対談集「日本人は思想したか」（新潮文庫）、梅原猛「森の思想が人類を救う」（小学館）など。

[9] 高橋在久「東京湾の埼」、未来、No.三八三。

[10] 柏木博「夢の機関と世界支配」、図書、一九九八・六。

[11] 沼田真「自然保護と言う思想」（岩波新書）、九〇頁に「種および生態系の持続可能な利用」がある。

[12] 山本茂編「西洋の歴史（古代・中世編）」（ミネルヴァ書房）、一四八頁。

[13] 金子史郎「ポンペイの滅んだ日」（原書房）。

[14] 弓削達「ローマはなぜ滅んだか」（講談社現代新書）。

[15] 前出[11]八頁に自然保全を広義の自然保護と位置付けている。

[16] 海砂問題については、中国新聞の次に示すホームページに詳しい。http://www.chugoku-np.co.jp/saisyu/index.html

[17] 会計検査院報告。

第三章

[1] 高階秀爾「フィレンツェー初期ルネサンス美術の運命」（中公新書）。

［2］荻生徂徠の評価は、平凡社百科事典「荻生徂徠」および「荻生学」より引用、補作した。

［3］本居宣長の衆・・「くず花」もしくは「秘本玉くしげ」の解説。

［4］吉村昭「関東大震災」（文春文庫）。

［5］河野純徳「聖フランシスコザビエル全書簡」（平凡社）に日本人観が多く記されている。例えば、書簡90ゴアのイエズス会員にあてて（一九四九・一一・五、鹿児島より）「・・この国の人びとは今までに発見された国民の中で最高であり、日本人より優れている人びとは、異教徒のあいだでは見つけられないでしょう。彼らは親しみやすく、一般に善良で、悪意がありません。・・名誉心の強い人びと・・貧しいことを不名誉とは思っていない」。なお、ヨーゼフ・クライナー編「ケンペルのみた日本」（NHKブックス）にも引用されている。

［6］ヨーゼフ・クライナー編「ケンペルのみた日本」（NHKブックス）、芳賀徹「ケンペルと比較文化の眼」一四九頁。

［7］常光徹編「妖怪変化」（ちくま新書）のコラム④で、小熊英二の「日本人改造論」（明治一七年）を紹介している。

［8］三好行雄「漱石文明論集」（岩波文庫）、一一七頁。明治四四年八月「現代日本の開化」。

［9］ルース・ベネディクト著・長谷川松治訳「菊と刀」（社会思想社）。

［10］経済企画庁のホームページ http://www.epa.go.jp. より。平成一一年度年次経済報告（平成一一年七月）と「経済社会のあるべき姿と経済新生の政策方針」（平成一一年七月五日）。

［11］望月信亨「仏教大辞典」（世界聖典刊行協会）。

［12］「ゲーテ格言集」（新潮社）、六六頁。

［13］新聞倫理綱領（一九九二年十月七日修正）は二〇〇〇年六月二一日大改訂された。新綱領は http://www.pressnet.or.jp/info/rinri.htm 参照。

［14］放送倫理基本綱領（平成八年九月）。

［15］前出［12］一三八頁。

［16］前出［12］六八頁。

［17］久保田展弘「日本多神教の風土」（PHP新書）、二〇六頁。

［18］二宮尊徳「三才報徳金毛録」は奈良本辰也他校注「二宮尊徳、大原幽学」（岩波書店）、日本思想体系52に収納。同書三六頁。

［19］山本七平「日本人とは何か（上）」（PHP文庫）、一八三頁。

［20］高田好胤「薬師寺好胤説法」（学生社）、一一〇頁。

［21］建設省のホームページ http://www.moc.go.jp による。「コミュニケーション型国土行政の創造に向けて」は平成一一年六月に掲載。

第四章

［1］橋本寿朗「戦後の日本経済」（岩波新書）、一四三～一四七頁。

［2］「ゲーテ格言集」）新潮社）、一五二頁。

［3］ゲーテ・高橋義孝訳「ファウスト」（新潮社）、一一一五一～一一一五二行。

［4］ゲーテ。格言集に「豊かさは節度の中にだけある」がある。同書一三九頁。二宮尊徳の「分度を考える」は収入に見合った消費によって生計をたてることで、二宮翁夜話の八五話や一六五話にある。

［5］三田村鳶魚著、朝倉治彦編「江戸の旧跡・江戸の災害」（中公文庫）。

［6］井上ひさし「四千万歩の男（蝦夷篇）」、講談社日本歴史文学館22。

［7］新約聖書翻訳委員会訳「新約聖書福音書」（岩波書店）、九八頁。マタイによる福音書6章34節「だから明日のことを思い煩うな。なぜなら、明日は明日自身が思い煩ってくれる。今日の苦しみだけで、今日はもう十分である」。

［8］足尾や安中の鉱毒、熊本や新潟のイタイイタイ病など水質汚染、四日市、川崎や神戸など大気汚染、大阪空港や軍事基地周辺の騒音、この他に悪臭、振動、地盤沈下に加えてスモン病、サリドマイド、血液製剤などによる薬害や森永ヒ素ミル

ク中毒、カネミ油症などの食品中毒など様々の公害が顕在化した。

［9］第二章［16］参照。

［10］各地の地域振興に成果をあげた二宮尊徳は、幕府の御普請役に取り立てられた。

［11］二宮尊徳夜話一三話「道を論じて倹と吝とを明す」は、中村幸彦編集「安藤昌益・富永仲基・三浦梅園・石田梅岩・二宮尊徳・海保青陵集」（筑摩書房）、日本の思想18に収録されている。

第五章

［1］高田好胤「薬師寺好胤説話」（学生社）、一五〇頁。

［2］山本七平「日本人とは何か(上)」（PHP文庫）、一七七頁。

［3］司馬遼太郎「この国のかたち二」（文春文庫）、六七頁。

［4］山本七平「日本人とは何か（下）」（PHP文庫）、三二五頁。

［5］ベルト・ハインリッヒ編著、宮本裕・小林英信共訳「橋の文化史」（鹿島出版会）、二二四～二三二頁。

［6］水田紀久「富永仲基」（筑摩書房）、日本の思想18の解説。

［7］有馬朗人「日本人は独創的である」、第9回朝日ヤングセッションヨン講演会、協和発酵工業発行（平成九年非売品）。

［8］司馬遼太郎「この国のかたち二」（文春文庫）、二一七頁以降。

［9］司馬遼太郎「手堀り日本史」（集英社文庫）、一七八頁。

［10］竹内敏雄「塔と橋—技術美の美学—」（弘文堂）、一三八頁。

［11］「明治以前日本土木史」（土木学会、同編纂委員長田辺朔郎）、昭和一一年六月。

［12］高橋裕「現代日本土木史」（彰国社）、九八頁。

［13］前出［5］一四八頁。

［14］羅英・唐寰澄「中国石拱橋研究」（人民交通出版社）。

［15］中国のホームページに近代の石橋を含め多数掲載されている。http://www.iicc.ac.cn/economic/survey/road/wggq.htm 参照。

［16］前出［14］八七頁。

第六章

［1］ドニ・ユイスマン（吉岡健二郎他訳）「美学」（白水社）、一九頁。

［2］前出［1］、一二三頁。

［3］佐々木健一「美学辞典」（東京大学出版会）、一二頁、一九九五年。

［4］竹内敏雄「塔と橋—技術美の美学—」（弘文堂）、三頁。

［5］鷹部屋福平「橋—美の条件—」（東海大学出版会）、一五頁。

［6］芦原喜信「続・町並みの美学」（岩波書店）、一九三頁。

［7］前出［5］二〇頁。

［8］前出［1］二八頁。

［9］前出［4］三頁。

［10］濱田青陵「橋と塔」（大雅堂、昭和二三年（オリジナルは序に岩波書店、大正一五年三月とある）、一九頁。

［11］前出［10］三八頁。

［12］ブルーノ・タウト（篠田英雄訳）「建築芸術論」（岩波書店）、昭和二三年、一三六頁。

［13］前出［12］一三八～一三九頁。

［14］佐治晴夫、新潮45、17巻2号、一〇四頁。

［15］前出［4］八頁。

［16］高階秀爾監修「西洋美術史」（美術出版社）、ゴシックは六〇～六一頁、バロックは一〇二～一一四頁。

［17］中野振一郎による小論（読売新聞）、一九九八年一一月七日夕刊。

［18］高階秀而「芸術空間の系譜」（鹿島出版会）。

［19］前出［1］一六頁や前出［3］一九頁。なお［3］に竹内敏雄は「多様における統一」を最高の形式原理とみなしているとの解説あり。また加藤誠平は「多様における統一」へ賛意を表している。後出［21］。

［20］前出［10］三七頁。

[21] 加藤誠平「橋梁美学」(山海堂出版部、昭和一一年)、一三三頁。
[22] 前出[3]、アリストテレス説は三八頁、カント説は二九頁。
[23] 前出[21]五頁。
[24] 前出[18]四九頁。
[25] 佐々木綱他「景観十年風景百年風土千年」(蒼洋社)。
[26] 西岡常一「木に学べ」(小学館)、二五~二六、七二頁。
[27] 前出[18]三七~四九頁。
[28] 「西洋美術館」(小学館)、三七〇頁。
[29] 前出[4]八一~八二頁。
[30] 前出[10]三六頁。
[31] 大河戸宗治他7名審査・監修「世界橋梁写真集」(シビル社)、一九二六年。
[32] 前出[4]、二九~三〇頁。
[33] 前出[4]、八五~八六頁。
[34] 伊藤学「橋の造形」(丸善)、一八頁。
[35] 小林豊「橋の旅」(白川書院、一九七六年)。
[36] 上田篤「日本人と橋」(岩波新書)。

索引

【あ・い・う・え・お】

【か・き・く・け・こ】

【さ・し・す・せ・そ】

【ま・み・む・め・も】

【や・ゆ・よ】

【ら・り・る・れ・ろ】

【わ】

吉　原　　進（よしはら すすむ）

1941年7月　京都生まれ
1966年3月　京都大学工学部土木工学科卒業
1968年3月　京都大学大学院工学研究科修士課程土木工学専攻修了
　　　4月　京都大学工学部助手
1974年3月　京都大学工学博士
　　　4月　鹿児島大学工学部助教授
1979年6月　鹿児島大学工学部教授．現在に至る

1979年9月～1980年8月　アメリカ合衆国デラウェア大学客員研究員
1993年2月～1994年4月　中国湖南省湘潭大学外国人教師
1995年～現在　中国，韓国，ヨーロッパ各国へ各2回，および日本各地において橋梁等土木事業の視察調査

主な著書　建設系のための振動工学，森北出版（1990）
　　　　　パソコンによる振動シミュレーション，森北出版（1992）
　　　　　実感！中国—門外漢日語老師的—，東洋出版（1997）

持続可能な日本－土木哲学への道　　定価はカバーに表示してあります

2000年5月22日　1版1刷発行
2002年2月1日　1版2刷発行
ISBN4-7655-1611-3 C1012

著　者　吉　原　　進
発行者　長　　祥　隆
発行所　技報堂出版株式会社
〒102-0075　東京都千代田区三番町8−7
（第25興和ビル）
電話　営業（03）（5215）3165
　　　編集（03）（5215）3161
　　　FAX（03）（5215）3233
振替口座　00140-4-10
http://www.gihodoshuppan.co.jp

日本書籍出版協会会員
自然科学書協会会員
工学書協会会員
土木・建築書協会会員

Printed in Japan

装幀　海保　透　　印刷・製本　興英文化社

落丁・乱丁はお取替えいたします